HONGOS

Eduardo Bazo

Hongos

Descubriendo su papel en la naturaleza,
la cultura y la tecnología

Pinolia

© Editorial Pinolia, S. L., 2025
Calle de Cervantes, 26
28014, Madrid

© Eduardo Bazo Coronilla, 2025

www.editorialpinolia.es
info@editorialpinolia.es

Colección: Divulgación científica
Primera edición: marzo de 2025

Depósito legal: M-2101-2025
ISBN: 979-13-87556-22-8

Maquetación: Irene Sanz
Diseño cubierta: Óscar Álvarez
Impresión y encuadernación: Liberdúplex S.L.

Printed in Spain - Impreso en España

A todos aquellos que, de una manera u otra, han inoculado en mí la dulce afición por la micología. Muy especialmente a la memoria de Celestino Gelpi (1947-2020), cuyas aportaciones al conocimiento y divulgación de los valores de esta disciplina han inspirado a tantos.

ÍNDICE

PRÓLOGO

Por Carlos Lobato

Efectivamente, como refiere el propio autor en el título, los hongos son mucho más que descomponedores y así queda reflejado en esta maravillosa obra.

Prologar un libro es una gran responsabilidad y para nada es una tarea sencilla, por lo que he decidido imaginar esta obra como un ser fúngico con una seta bioluminiscente que emerge de la tierra oscura de la ignorancia para iluminarnos con la luz del conocimiento que guarda. Al igual que los hongos tejen una intrincada red de micelio bajo la superficie del terreno en el que crecen, en este libro, Eduardo ha hilado un entramado de ideas, argumentos y referencias que se entrelazan perfectamente y que, sin duda, conseguirán asombrar al lector.

Las páginas del libro podrían ser las laminillas de la seta, delgadas estructuras planas que albergan un tesoro oculto. Al igual que estas láminas finas y delicadas que se encuentran debajo del sombrerillo de muchos hongos, las páginas están perfectamente organizadas al presentar la información con precisión, rigor y detalle. Cada hoja de papel, al igual que cada laminilla, está dispuesta de manera ordenada y se engarza con las demás, lo que permite que el lector absorba el contenido gradualmente, al desvelar las maravillas del mundo fúngico con cada vuelta de página. En ellas, el autor ha sembrado las esporas de su pensamiento, un cúmulo de ideas que, al ser leídas, se dispersan y germinan en la mente del lector.

Cada una de las personas que lean este libro, al sumergirse en estas líneas, se convertirá en un receptor de esporas, al adquirir la información y la fascinación por los hongos, al ampliar los conocimientos y la admiración por estos organismos tan esenciales y tan a menudo incomprendidos y, en definitiva, al aprender sobre los asombrosos seres que habitan en nuestro planeta.

El texto en sí mismo, fluido y cautivador, con ese modo de escribir claro, directo y puro al que nos tiene acostumbrados el autor, podría compararse con el micelio, una red subterránea de hifas que conecta y sustenta a los hongos. El conocimiento y la sabiduría contenidos en estas líneas se entrelazan, formando una malla en la que no solo encontraremos información y curiosidades sobre los hongos, sino un entramado de conversaciones mundanas en la barra de un bar, relatos históricos, citas célebres e información precisa, rigurosa y correcta. En cada capítulo encontraremos un complejo y maravilloso ecosistema en el que, por supuesto, los hongos desempeñan el papel principal, pero conviven armoniosamente con el cine, los videojuegos, la cocina y, sobre todo, la historia. Eduardo es un erudito, una persona que posee amplios conocimientos de muchos ámbitos del saber y aquí queda reflejado a la perfección.

El sombrerillo es la parte más visible de la seta. A veces gracias a formas extrañas y otras veces gracias a colores llamativos, suele ser la parte que atrae nuestra atención a simple vista y podría ser equiparable al título y a la portada de esta obra, que contienen la información que nos incita a abrirlo y sumergirnos en multitud de historias micológicas.

Finalmente, no podemos olvidar el pie de la seta, que a modo de tallo sostiene el sombrero y lo conecta con el micelio inmerso en el sustrato. En esta analogía, la dedicación y los conocimientos de Eduardo podrían ser el pie que sustenta y eleva toda la estructura de su obra. Su pasión y compromiso con la divulgación, en este caso con la micología, y su arduo trabajo de documentación han hecho posible que ahora tengamos la oportunidad de explorar el mundo de los hongos desde una nueva perspectiva, mucho más global, amplia y, a la vez, cercana.

Para terminar, solo me queda concluir que este libro es una estructura viva, un organismo completo que refleja la complejidad, la importancia y la belleza de los hongos. Al adentrarnos en sus páginas, nos movemos entre las laminillas, absorbemos el conocimiento del micelio, convirtiéndonos en portadores de esas esporas de conocimiento. Así como los hongos desempeñan un papel fundamental en los ecosistemas, los libros son esenciales para el desarrollo de la sociedad. Ambos son agentes de transformación, capaces de generar nuevos aprendizajes, inspirar a las personas y conectarlas entre sí. En esa labor, Eduardo es un maestro y esta obra es una muestra más de ello.

INTRODUCCIÓN

«Cuanto más sabemos de los hongos,
menos sentido tiene todo sin ellos».
Merlin Sheldrake

«La realidad es para la gente
que carece de imaginación».
Hayao Miyazaki

Tiene ante usted un particular volumen sobre hongos. En mi favor, debo decir que no se trata de uno de esos arduos y áridos trabajos enciclopédicos que se elaboran de diferentes materias científicas. No es el objetivo de este libro por varias razones. En primer lugar, porque los botánicos no podemos querer saber de todo. Y le aconsejo desconfiar de quien presuma de ello. Yo, sin ir más lejos, de lo que más sé es de plantas que habitan los ecosistemas acuáticos continentales. Era a lo que me dedicaba cuando investigaba, hasta el momento en que colgué la bata para dejar paso a la creación y gestión de espacios verdes urbanos. Como ocurre con la botánica, a la micología se acercan tres grupos distintos de personas: micólogos, expertos y estudiosos de la materia; micófilos, personas que tienen algunas nociones de la materia y su afición les lleva a aprender y querer saber más de esta disciplina científica; y, por último, los micófagos, personas a las que solo les interesan los hongos —y sus cuerpos fructíferos, a los que llamamos setas— si son comestibles... ¡o si les sirven para pagar un «viaje» sin salir de la provincia! Por cierto, por si se lo está preguntando, yo pertenezco al segundo grupo. Y me atrevería a decir que usted, querido lector, también se encuadraría en esta misma categoría.

Como asistente —y en menor número de ocasiones, ponente— a diferentes jornadas micológicas, he tenido la posibilidad de observar el escaso interés que despierta entre la población el mundo fúngico y de ahí surge este volumen. De hecho, el origen de esta colección se remonta a una agradable tertulia mantenida con los asistentes al Aula de la Experiencia en una localidad cercana a la mía. Allí, me atreví a lanzar a estos aplicados estudiantes la siguiente pregunta: «¿Qué interés podría tener el estudio de los hongos? ¿Qué han hecho por nosotros?». La pregunta era pretenciosa, porque estos organismos, *per se*, no tienen que hacer nada por nadie más que por ellos mismos, asegurando su supervivencia y un legado genético que dejar a la descendencia.

Acertadamente, muchos de estos alumnos —que, aunque jubilados, siguen teniendo la inquieta mentalidad de su niñez— atinaron a decir que, gracias a su inestimable colaboración, sabemos elaborar vino, cerveza o pan. Algunos, incluso, nos han aportado fármacos que nos resultan tan familiares como la penicilina, que ha salvado centenares de miles de vidas en todo el mundo. No obstante, la respuesta fue mucho más acertada que cuando se la lancé a los alumnos de ESO y Bachillerato que, ya fuese por desidia o desinterés, prefirieron dar la callada por respuesta.

Y lo cierto es que los responsables de que la respuesta dada por unos y otros resultase incompleta —¿el silencio puede considerarse una respuesta?— debe achacarse sin paliativos a los científicos y divulgadores. Pecamos de mirar el mundo desde una especie de atalaya de marfil sin pararnos a pensar si nuestros vecinos comprenden los entresijos de los hallazgos científicos más inmediatos. En determinadas materias partimos con desventaja. Y una de ellas es la micología. Para muchos de nosotros, niños de la EGB, los hongos eran esos organismos que el profesor metía en el «cajón desastre» —por tratarse de un popurrí de seres vivos donde se mezclaban hongos, bacterias y algún que otro animal detritívoro— de los descomponedores. ¡Ni que los hongos solo supiesen desarrollar la labor de un anónimo operario en una planta de reciclaje! Si a esto le sumamos el miedo patológico a morir envenenados por setas tóxicas, temor que se nos ha ido inculcando desde nuestra más tierna infancia… Tenemos abonado el terreno de la indiferencia para con este grupo de seres vivos. La micología, como otras disciplinas, requiere de cautela: en clase de Física nos enseñaron el principio de conservación de la cantidad de movimiento no para disuadirnos de montar en un vehículo, sino para mostrarnos los peligros de hacerlo de manera irresponsable y sin tomar las precauciones pertinentes. Confío en que, entre todos, seamos capaces de revertir este agravio. El hecho de estar leyendo estas líneas ya sirve para poner una piedra más en la cimentación de esa «nueva micología» que aquí le traigo. ¡Porque el mundo de los hongos puede ser maravilloso!

Piénselo un poco. Los hongos nos han ofrecido fármacos como la ya citada penicilina y otros antibióticos, pero también se encuentran detrás del procedimiento para obtener alimentos sin lactosa, ya que la enzima lactasa se obtiene de hongos como *Kluyveromyces* o, más recientemente, a través de procesos industriales que incluyen a representantes del género *Aspergillus*. Asimismo, también nos han aportado nuevos materiales —o, en algunos casos, nuevas formas de fabricación— y herramientas de interés agronómico. Porque los hongos también pueden ser los mejores aliados de un agricultor. Lamentablemente, el desconocimiento de la *funga* —conjunto de individuos que conforman la comunidad micológica de un lugar— ha permitido que actualmente también se encuentren sometidos a las perturbaciones del medio inherentes a las actividades humanas. ¡Se están extinguiendo y no nos estamos dando cuenta!

Los hongos son descomponedores, qué duda cabe, pero también hacen muchas más cosas. Si desea averiguarlo, solo tiene que pasar la página y comprobarlo con sus propios ojos. Le invito a descubrir el mágico mundo que habita entre nosotros.

UNA HISTORIA DE TERROR

«El infierno está vacío; todos
los demonios están aquí».
William Shakespeare

«Soy el conjunto de todas sus pesadillas,
sus peores sueños hechos realidad.
Soy todo lo que les da miedo».
It, Stephen King

«Pues yo le tengo pánico. Me da miedo la idea de morir envenenado por comer una seta tóxica o venenosa. ¿Tú sabes si es común este miedo mío?». Estas fueron algunas de las preguntas con las que me abordó Curro Jr., propietario del bar donde suelo tomar café diariamente. Y aunque casi siempre suelo tener una respuesta satisfactoria para sus inquisitivas cuestiones, en esta ocasión no supe qué decir. Es cierto que la micofobia existe, aunque no deja de ser una conducta poco común y parece estar frecuentemente vinculada a experiencias más o menos traumáticas. Según diferentes expertos en el estudio de la psique humana, este miedo, que podemos definir como la manifestación de una creencia generalizada en la que todos los hongos resultan potencialmente mortales o venenosos, muestra un fuerte componente cultural. Este condicionante se remontaría a los albores de nuestra historia, cuando nuestros ancestros nos debieron advertir sobre los peligros de consumir hongos silvestres sin precaución. Y de una manera u otra, cuajó. Vaya si cuajó.

Lo que los psicólogos y etólogos no saben precisar es en qué momento de nuestro devenir como especie animal se produjo este hito. Sabemos que los humanos cavernícolas que habitaron Tassili n'Ajjer —desierto del Sáhara, cerca de la frontera con Malí y Libia— hacia el milenio XI a. C. ya realizaron pinturas rupestres donde aparecen representados cuerpos de aspecto humanoide cubiertos por setas. Estas pinturas, según Earl Lee, demostrarían que nuestros antepasados hacían uso de las setas en, al menos, algún tipo de ritual chamánico hasta ahora desconocido para nosotros. Esto podría revelar que la micofobia es un subproducto cultural humano de origen más reciente, pues nuestros antepasados no parecían temerlas, considerándolas enteógenos divinos —etimológicamente, la voz griega *entheos* significa «dios dentro», mientras que el sustantivo *genos* deriva del verbo *gignomai*, «llegar a ser, convertirse»—. Esta circunstancia ha hecho que sean muchos autores los que se pregunten en qué momento de nuestra historia evolutiva apareció este miedo irracional, sin que tengamos aún una respuesta satisfactoria y unitaria.

La mayor parte de los historiadores vinculan la aparición de la micofobia con intrincadas cuestiones de índole religioso. Y creo que no les falta razón, pues cuando los frailes españoles llegaron a evangelizar el Nuevo Continente se encontraron con que los mexicas usaban los hongos psilocibios —nombre vulgar con el que se conocen a más de doscientas especies fúngicas de los géneros *Psilocibe, Inocybe, Mycena, Panaeolus, Agrocybe* o *Conocybe*, entre otras— en diferentes rituales y ceremonias religiosas. Así, el consumo de estas setas psicotrópicas durante la celebración de unas prácticas consideradas «poco ortodoxas» por los españoles terminó por demonizarlas. Acabaron por convertirse en tabú. De una u otra forma, la Iglesia católica y su doctrina desincentivan la recolección y uso de este recurso natural por considerarlo pecaminoso.

Fresco de Plaincourault, sito en la abadía francesa de Saint-Savin-sur-Gartempe. En él aparecen representados Adán y Eva flanqueando al hongo psicoactivo *Amanita muscaria*, quien hace las veces de árbol del conocimiento del bien y el mal.

Si nos retrotraemos aún más en el tiempo, algo similar ocurrió con los misterios eleusinos, cuya práctica se consideró que debía ser erradicada una vez Teodosio I ordenó cerrar en el 392 los escasos santuarios donde todavía se desarrollasen estos «impúdicos» cultos a la diosa Deméter. Hoy día sabemos que el famoso *kykeon* que consumían los peregrinos después de su ayuno era una bebida fermentada a base de cebada y poleo. Las visiones de los «eleusinos» se deberían, como en el caso de Santa Teresa de Jesús, al consumo de cebada parasitada por el hongo *Claviceps purpurea*, vulgarmente conocido como cornezuelo

23

del centeno. Recordemos que de este hongo se ha conseguido aislar un potente metabolito con actividad psicoactiva: la amida de ácido D-lisérgico o LSA, precursor del LSD. Empero, aún quedan reminiscencias de estos misterios eleusinos en la eucaristía católica, donde cada domingo nos dan «a comer y beber» el cuerpo y la sangre de Cristo, momento en que «contactamos» con Dios. El singular paralelismo entre ambos ritos se hace aún más palpable si estudiamos detenidamente algunas de las primeras imágenes cristianas, especialmente de algunos frescos, donde la «fruta prohibida» del jardín del Edén toma aspecto de *Amanita muscaria*. Así aparece representado, por ejemplo, en el fresco conocido como *Plaincourault*, ubicado en el techo de la abadía francesa de Saint-Savin-sur-Gartempe y donde la serpiente que tentó a Adán y Eva se enrosca sobre lo que algunos historiadores definen como árbol-hongo.

Huelga decir que con el tiempo estas setas se fueron camuflando y adoptaron la silueta de otros objetos, momento en que la micofobia se completó. ¿Qué mejor forma de pretender erradicar el consumo de algo que ocultándolo para siempre? Si sumamos a la ecuación anterior el influjo que la Iglesia católica ha tenido —y tiene— en nuestro devenir cultural y en el desarrollo de buena parte del pensamiento occidental, el objetivo se ha cumplido con creces: en la actualidad, el consumo de setas es una práctica vista con recelo por una parte —mayoritaria— de la población occidental. Ya se sabe que de lo prohibido a lo demoníaco —y el terror que esto conlleva entre la feligresía— hay un paso, ¿verdad?

Sin embargo, más allá de cualquier tipo de consideración religiosa, hay hongos que despiertan micofobia por ser ejemplares realmente terroríficos. No exagero cuando le digo que podrían ser protagonistas de las películas más taquilleras del género zombi. El primer nombre de esta particular lista de pavorosas entidades es el de un ser vivo que responde a la denominación de «hongo diente sangrante». Bajo el que los angloparlantes conocen como *bleeding tooth fungus* se esconde en realidad *Hydnellum peckii*, un representante de la familia Bankeraceae que tiene la capacidad de micorrizar a una amplia variedad de coníferas —ejemplares del género *Abies* incluidos—. Fue descrito en 1913 por el micólogo estadounidense Howard James Banker —a ver si averigua de dónde procede el nombre de la familia micológica anterior— y se conoce su presencia en el continente europeo, Norteamérica y, más recientemente, en Corea e Irán. Este «macabro» espécimen fúngico simula, como es de esperar, la morfología de un molar humano, con una particularidad: que cuando sus cuerpos fructíferos son aún jóvenes e inmaduros, secretan una sustancia de color rojo brillante que recuerda a la sangre que aparece en las estructuras dentarias de quienes sufren gingivitis. Esta sustancia rojiza, llamada atromentina, está siendo sometida en la actualidad a numerosos ensayos clínicos; el motivo es que parece presentar propiedades bactericidas, además de otras similares a las descritas para la heparina —un fármaco prescrito para la prevención de coágulos o trombos—.

Hydnellum peckii, también conocido como hongo diente sangrante. La «sangre» que desprende este cuerpo fructífero es rica en atromentina, un compuesto con propiedades anticoagulantes.

Otro de esos representantes fúngicos que también despertarían la imaginación y curiosidad de George Romero y su cine «de muertos vivientes» sería el conocido como «hongo dedos de muerto». *Xylaria polymorpha* es un representante de la familia *Xylariaceae*, un ascomiceto saprofítico que crece sobre madera en descomposición o árboles lesionados y en proceso de pudrición —siente predilección por la haya—. De entre sus parientes más cercanos quizá reconozca a las colmenillas (*Morchella* spp.) o las trufas (*Tuber* spp.); sin embargo, *X. polymorpha* no tiene interés gastronómico alguno. Se trata de una especie que, como su propio nombre indica, presenta un cuerpo fructífero de aspecto variable, hasta el punto de que el ojo inexperto puede confundirla con madera quemada… o las carcomidas y huesudas manos de un zombie. No obstante, eso no implica que este microorganismo no tenga interés agronómico. Se sabe que las plantas que establecen relaciones no antagónicas con hongos del género *Xylaria* presentan una serie de ventajas frente a aquellas que detestan su presencia en las inmediaciones de sus raíces. Numerosos estudios *in vitro* han demostrado la producción masiva de metabolitos activos que, producidos por el hongo, se distribuyen por todos los tejidos de la planta hospedadora protegiéndola del ataque de fitopatógenos o de los herbívoros que la intenten depredar. Xilaramida, xilarina, globoscina o maldoxina son algunos de los metabolitos con actividad antifúngica con los que cuentan; una batería química muy útil para defenderse del ataque de *Fusarium oxysporum*, un hongo temido —y temible— en la práctica agrícola. Y no precisamente por su aspecto.

Fusarium oxysporum es un hongo de la familia Nectriaceae que ha protagonizado varios de los capítulos más terroríficos de la historia reciente de la humanidad. Los daños que ha causado han sido de tal calibre que ha dado origen a la acuñación del término «agroterrorismo». Quizá usted lo ignore, pero fue el único responsable de la conocida como enfermedad de Panamá —que fue especialmente virulenta en la década de los años sesenta—. La resistencia de este hongo a los fungicidas convencionales acabó exterminando a multitud de bananos (*Musa* x *paradisiaca*) de la variedad 'Gros Michel' y hundiendo en la pobreza más absoluta a un país que lo había apostado todo al suministro y exportación de bananas con destino a Estados Unidos —dando origen, de paso, a la expresión «república bananera»—. Este episodio mostró a la administración estadounidense el poder devastador de este agente biológico, así que por qué no utilizarlo en beneficio propio, ¿verdad?

Justamente en eso consistió el «Plan Colombia», una de las muchas infamias que ha intentado esconder bajo la alfombra el gobierno de EE. UU. Este acuerdo bilateral, firmado en 1999 por las administraciones de Bill Clinton y Andrés Pastrana, tenía como objetivo específico «generar una revitalización social y económica, buscando terminar el conflicto armado interno en Colombia y crear una estrategia común antinarcótica». Con este pretexto, el gobierno de Bill Clinton lanzó sobre diferentes regiones andinas centenares de millones de esporas de *Fusarium oxysporum f. erythroxylii*. En principio, este hongo solo debía atacar a las plantaciones de coca (*Erythroxylum coca*) andinas; sin embargo, se lanzaba sobre algunas de las comarcas con mayor índice de biodiversidad del planeta, como pueden ser el Alto Putumayo, el Magdalena Medio, la Sierra Nevada de Santa Marta, los Andes, el Alto Caquetá, el Alto Napo o la Amazonía Occidental. La magistral idea del gobierno estadounidense pronto se demostró una chapuza debido, en buena parte, a que esta forma fúngica era poco específica, ya que atacaba a otras especies vegetales que no formaban parte del plan inicial de lucha contra el narcotráfico. Clinton no solo no acabó con el narcotráfico, sino que acrecentó el fenómeno dando lugar a mayor cantidad de plantaciones. De manera concomitante vio como la opinión internacional se ponía en su contra al considerar ilegal esta práctica bajo la óptica de la Convención para la Prohibición de las Armas Biológicas. Se antoja poco ético «aniquilar» aleatoriamente cultivos y otras especies vegetales con la excusa de erradicar el narcotráfico.

¿Le resulta terrorífica esta forma de intentar acabar con las plantaciones de coca? Pues no debería, tan solo medio siglo antes el propio Gobierno de Estados Unidos desarrolló una bomba anticultivo: la M115. La producción de este proyectil, de 227 kg de peso, comenzó en 1953. Según consta en las especificaciones de esta arma, se trata de una bomba de racimo M16A1 modificada para propagar la roya del trigo y el centeno (*Puccinia graminis*) durante el conflicto librado por las tropas estadounidenses en territorio vietnamita. El agente infeccioso, particulado y seco, se adhería a un vector de peso ligero, generalmente plumas de oca o similares. De esta forma, «la bomba de plumas» podría cubrir una zona más amplia —las pruebas desarrolladas en Fort Detrick establecieron que podía provocar unos 100 000 focos de infección diferentes en un área de 120 km^2—. Bajo mi punto de vista, esta bomba habría sido considerada un arma agroterrorista al marcar como objetivos preferentes de ataques bélicos «recursos agropecuarios del adversario, lo que buscaba causar daños a su sector alimentario y, por consiguiente, a su economía, medio ambiente o moral». Afortunadamente, a pesar de ser plenamente operativas, jamás se utilizaron sobre terreno enemigo. ¡Y no será porque el proyecto AGILE y la operación Ranch Hand (1962-1971) no dieron lugar a tropelías!

Seguramente usted conozca el «agente naranja», uno de los herbicidas y defoliantes utilizados durante la guerra de Vietnam. Inspirados por la llamada «Emergencia malaya» británica, los estadounidenses utilizaron una mezcla 1:1 de dos herbicidas hormonales: el 2,4-D o ácido 2,4-diclorofenoxiacético y el 2,4,5-T o ácido 2,4,5-triclorofenoxiacético. Dado que no soy químico y que esta parte de la historia es ampliamente conocida voy a obviar adentrarme mucho más en ella. No obstante, debe saber que junto al agente naranja existía toda una panoplia de activos químicos igual de coloreados: violeta, verde, blanco, rosa, azul… Los colores solo servían para identificar el contenido de los herbicidas en los bidones donde se almacenaban. Eso sí, el uso de todos ellos pretendía conseguir un efecto dual. Primero, reducir drásticamente la masa arbórea, con lo que el ejército estadounidense dejaría al descubierto a los vietcongs que les emboscaban aprovechando la espesura de la selva. Segundo, estas hormonas sintéticas, esparcidas sobre extensas áreas agrícolas, desembocarían en una evidente falta de suministros y víveres que haría que las tropas vietnamitas se desmoralizaran. El plan era perfecto. Ciertamente, no usaron bombas M115, pero el objetivo era el mismo: matar de hambre a los vietnamitas.

Imagínese cuánto miedo puede provocar un arma biológica elaborada a base de esporas de *P. graminis*. ¡La utilización de un arma de semejante calibre habría originado hambrunas muy severas! Por ejemplo, según datos de la FAO —Organización de las Naciones Unidas para la Alimentación y Agricultura—, se estima que solo la Unión Europea consume unos 108 millones de toneladas métricas de trigo. ¿Se hace una idea del desabastecimiento que originaría que una mente perturbada diese rienda suelta a esta fantasía bélica? No lo imagine, pues actualmente Kenia, Etiopía, Sudán, Yemen o Uganda se encuentran librando una guerra contra este agente biológico. Concretamente, contra la raza Ug99 de *Puccinia graminis*, de la que se han descrito varias *forma specialis*, es decir, este hongo se ha especializado en el ataque a huéspedes específicos como, por ejemplo, la avena, el centeno, el trigo o incluso la grama basta que usamos para tapizar nuestras zonas verdes urbanas.

Aunque los científicos se encuentran trabajando en el desarrollo de cultivares de gramíneas resistente al Ug99, algunos de ellos, como el trigo, son cultivados en un rango ambiental muy variado. Asimismo, el Ug99 tiene la designación TTKS, es decir, que se trata de un hongo virulento en la gran mayoría de cultivares de trigo. Esta peculiaridad obliga a los diferentes

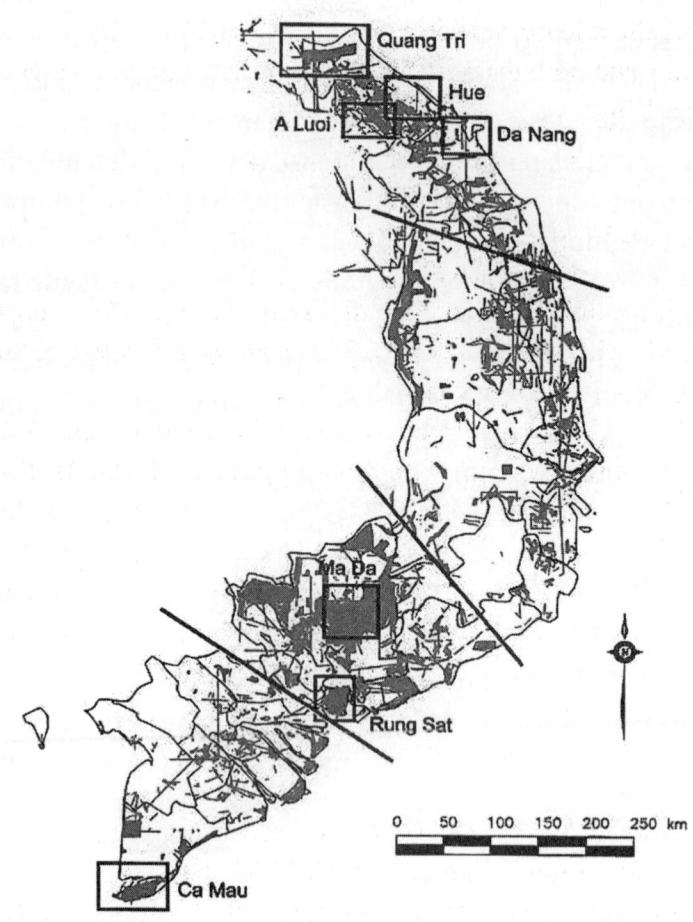

Mapa de Vietnam del Sur. Aparecen sombreadas las distintas zonas rociadas
con herbicidas por el ejército estadounidense en el periodo 1965-1971.

programas de investigación y desarrollo a conocer y trabajar de
manera global, conociendo minuciosamente las peculiaridades
y adaptaciones regionales de cada uno de ellos. Sirva un dato
para poner en contexto todo el relato anterior: en el año 2005
esta roya acabó con el 80 % de la cosecha de trigo en las regiones
anteriormente citadas.

¿Verdad que ahora sí dan miedo los hongos? A la comunidad científica le quitan el sueño. Una situación terrorífica con un guion que no habría sido capaz de escribir ni el mismísimo Stephen King.

Para saber más

Bazo Coronilla, Eduardo. *Fungi Terror Picture Show.* Portal web de Hidden Nature: 2019. https://www.hidden-nature.com/fungi-terror-picture-show/

Bravo Díaz, Luis. *Farmacognosia.* Madrid: Elsevier España, 2003.

Buckingham Jr., William. *Operation Ranch Hand: The Air Force and herbicides in Southeast Asia 1961-1971.* Washington D.C.: Office of Air Force History. United States Air Force, 1982.

Guzmán, G., Wasson, R. y Herrera, T. «Una iglesia dedicada al culto de un hongo, «Nuestro Señor del Honguito», en Chignahuapan, Puebla». *Boletín de la Sociedad Mexicana de Micología* 9 (1975): 137-147.

Pastrana, Andrés. *La palabra bajo fuego.* Barcelona: Seix Barral, 2006.

Samorini, Giorgio. «Los árboles-hongo en el arte cristiano». *Cáñamo* número especial (2001): 150-156.

Stellman, Jeanne. M. y Stellman, Steven D. y cols. «The extent and patterns of usage of Agent Orange and other herbicides in Vietnam». *Nature* 422 (2003): 681-687.

VV. AA. (2007). *Sounding the alarm on Global Stem Rust: An assessment or race Ug99 in Kenya and Ethiopia and the potential for impact in neighboring regions and beyond.* 30 pp. https://web.archive.org/web/20070729144609/http://www.globalrust.org/uploads/documents/SoundingAlarmGlobalRust.pdf

UN BOTÁNICO EN EL ESTADIO

«Ese césped de Las Gaunas en plan patatal.
Un mediocre de segunda era el Villarreal.
El fichaje de Karembeu al Madrid salió fatal,
como la etapa de Yubero en la Real».
Odio eterno al fútbol moderno, F.R.A.C.

«El fútbol es evolución constante».
Frank de Boer

Reconozco que se ha apoderado de mí el espíritu de un viejo gruñón. Con cada año que pasa, siento mayor desapego por ese deporte que de niño me encandilaba. Puedo decirlo alto y claro: ¡odio el fútbol moderno! Antaño, ir a ver un Betis-Burgos era todo un acontecimiento. Al menos para mí, conste. Ansiaba que mi padre me llevase al Sánchez Pizjuán a ver jugar a Bebeto —por aquel entonces, militando aún en el Deportivo de La Coruña—, rogaba poder irme un poco más tarde a la cama para ver los resúmenes en *Estudio Estadio*, me enamoré del juego de un señor llamado Jorge «Mágico» González, del Barcelona del «Dream Team»… Todo antaño me parecía mejor. El fútbol era más trepidante. ¿Cuándo voy a volver a ver a la Sociedad Deportiva Compostela proclamarse subcampeona de invierno? Ahora ya no tiene emoción quién suba o descienda, salvo que seas aficionado de ese equipo. Esa promoción jugada a doble partido... ¡Eso sí que era emoción! Lo único que me parece mejor ahora que antaño son los terrenos de juego. Ahí no hay discusión posible. Y lo digo desde el conocimiento que da dedicarse a la jardinería —disciplina que incluye la instalación de céspedes para prácticas deportivas—.

Ya no vemos esos «patatales» en los que jugaban nuestros ídolos. O, al menos, los de este niño nacido y criado en la segunda mitad de los años ochenta del pasado siglo. Los terrenos de juego lucían, comparados con los tapetes donde hoy se disputan finales de Champions o Mundiales, un aspecto deplorable desde Murcia hasta A Coruña. No obstante, los campos de césped no eran todos iguales. Los céspedes se adaptaban —y se adaptan, aunque cada vez menos, como veremos en unos momentos— a los diferentes climas existentes en nuestro país. Por ejemplo, hasta el siglo XXI los terrenos de juego de los estadios de la mitad norte de España presentaban un tapete formado a base de *raygrass* (*Lolium perenne*) mezclado con un poco de *Pou pratensis*. Este tipo de césped aguanta muy bien las bajas temperaturas y, sin ir más lejos, es el que puede apreciarse en los campos de entrenamiento del Atlético de Madrid en Majadahonda. Obviamente, en el sur, el césped debe soportar un clima seco y un calor intenso. Por este motivo, estadios del sur de España como el Nuevo Mirandilla o el Benito Villamarín apuestan por sembrar *Cynodon dactylon* var. 'Bermuda' —bien sea 419 o Celebration, que son las dos que más éxito parecen tener entre los clubes—. Implantando este tipo de césped se aseguran dos cosas: ahorrar agua y que no pierda su característico color verde, algo que únicamente ocurre cuando la temperatura baja de los 10 ºC. Asimismo, muchos de los clubes del sur de España lo que hacen es resembrar con *raygrass* sobre el tapiz de 'Bermuda', con lo que consiguen —si esta última ha enraizado satisfactoriamente— una buena estabilidad. ¿Para qué? Sencillamente, para reducir al máximo la posibilidad de formar *chuletas* o trozos de césped que «saltan» después de realizar un lanzamiento de falta o un saque de esquina. Si usted es futbolero, recordará este fenómeno a la perfección. Al finalizar la temporada 93/94, el F. C. Barcelona decidió cambiar y remozar su tapete verde, con consecuencias nefastas. Los motivos por los que esto ocurrió fueron una siembra realizada en un momento erróneo —debió hacer mucho calor o el riego fue insuficiente— y una arena inadecuada para albergar este nuevo césped. El resto de asuntos, no sujetos al ámbito de la jardinería o la botánica, ya se dirimieron a su debido tiempo en los juzgados.

Sin embargo, voy a dedicarle a Xavi Hernández unas palabras aprovechando esta perorata: el pasado 16 de abril de 2023 el entrenador del equipo blaugrana se quejó amargamente en rueda de prensa de que el césped del Coliseum Alfonso Pérez no era lo suficientemente corto. Muchos fueron quienes le acusaron de llorón, alegando falta de autocrítica después de que fuese incapaz de ganar en Getafe. Algunos periodistas le han apodado de manera despectiva «jardinero», algo que me ofende enormemente. Cualquier persona que sepa leer conocerá que el reglamento para la práctica del fútbol establece que el césped del terreno de juego debe tener una altura comprendida entre los 20 y los 30 mm. Y aunque pueda parecer un capricho, no lo es. Un corte de césped demasiado corto debilita su patrón de crecimiento y lo haría susceptible a la aparición de malas hierbas —el trébol (*Trifolium* spp.) o el *kikuyu* (*Cenchrus clandestinus*), por ejemplo—, mientras que no cortarlo lo suficiente haría del terreno de juego un hábitat perfecto para babosas y ratones. En conclusión, mantener el césped en los márgenes anteriormente descritos es una estrategia que favorece que la superficie de juego se mantenga en un estado saludable y vistoso. No olvidemos que sobre ella deberemos disputar, al menos, diecinueve encuentros ligueros por temporada.

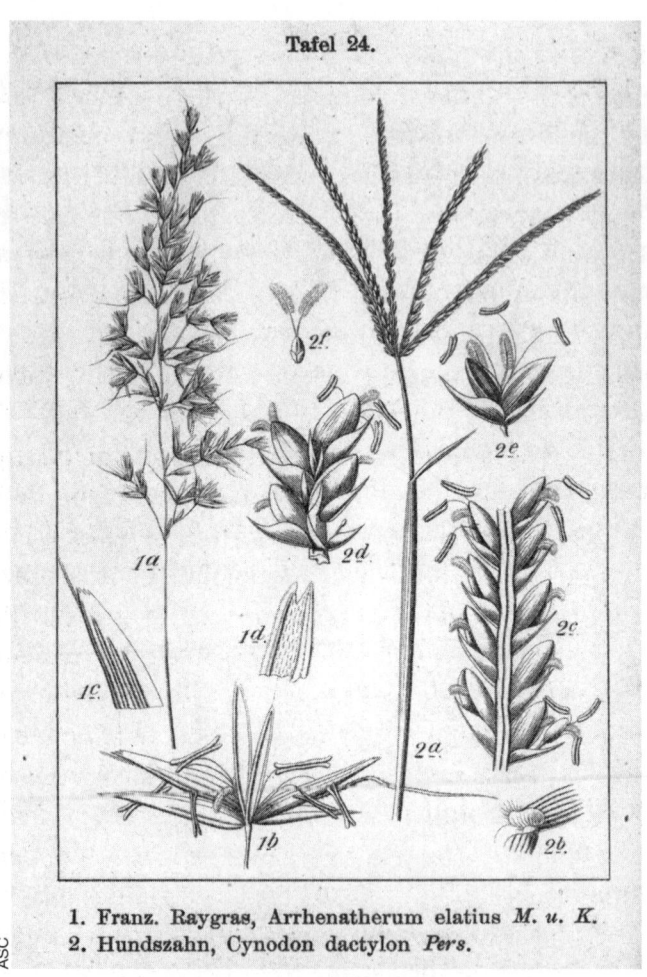

Tafel 24.

1. Franz. Raygras, Arrhenatherum elatius *M. u. K.*
2. Hundszahn, Cynodon dactylon *Pers.*

Ilustración extraída del libro *Deutschlands Flora*
realizada por Jacob Sturm. En ella aparece dibujado
el *raygrass*, identificada con el número 2.

Como ve, la altura del césped no es un capricho establecido
por la Liga de Fútbol Profesional —o LFP—. Como tampoco lo
es que debe tener unos valores de tracción comprendidos entre
45 y 60 N/m, o que la totalidad del terreno de juego debe estar
cubierta y debe mostrar, además, un color uniforme —las franjas claras y oscuras se deben a la dirección del corte durante la

siega del césped y ayudaban, hasta la irrupción del VAR, a los jueces de línea a tomar referencias visuales—. Que el terreno de juego tenga una cobertura uniforme implica que no puede tener calvas, como sí ocurría con el tapiz de aquellos estadios de mi infancia. De esta forma, desterramos de nuestras retinas —y casi que del imaginario colectivo— aquellas imágenes de campos pelados y grama amarillenta… o esas otras otras donde se jugaba en auténticos barrizales.

A priori podría parecer que cobertura, dureza y micología no tendrían relación alguna entre sí —ni con el fútbol—, pero nada más lejos de la realidad. La dureza es un parámetro que se vincula frecuentemente con la humedad. Un terreno de juego muy húmedo podría dar lugar a la aparición de hongos. Por este motivo, los suelos arcillosos y limosos donde históricamente se sembraban las alfombras de césped se sustituyeron por los actuales suelos de arena —el del Camp Nou de las *chuletas* era, presuntamente, arena de playa—. De esta forma, al drenar mejor el suelo, nos evitamos la aparición de hongos. Como contraprestación, necesitaremos un mantenimiento más intensivo en lo que a riego y suministro de nutrientes se refiere. Además, si la arena se compacta, la superficie se volverá más dura que si el suelo fuese de arcilla o limos. Todo en esta vida tiene pros y contras, ¿verdad? Asimismo, la implantación de suelos arcillosos o limosos junto con un drenaje ineficiente permite el desarrollo de enfermedades fúngicas como la fusariosis estival —*Fusarium roseum* o *F. tricinctum*, que afectan preferentemente a terrenos de juego sembrados con *raygrass*— o la podredumbre radicular, provocada por el oomiceto *Pythium aphanidermatum*.

Imagino que no está familiarizado con los nombres anteriores, pero puedo asegurarle que han provocado más de un quebradero de cabeza a los clubes de fútbol profesional. Sin ir más lejos, la podredumbre radicular ha azotado en más de una ocasión a algunos clubes de la primera división española. A finales de 2012 nos enteramos de que la Rosaleda sufrió las consecuencias de un ataque de *Pythium*, hecho que puso en jaque que el Málaga Club de Fútbol pudiese disputar como local —y en un terreno de juego óptimo— un partido de Liga de Campeones ante el Milán. El resultado: después de tratar con fungicida, los operarios del club debieron resembrar a toda prisa para paliar los estragos de este microscópico e indeseable «visitante». Pocos meses después, en agosto de 2013, atacó en Logroño, lo que obligó a la Unión Deportiva Logroñés y la Sociedad Deportiva Logroñés a anular parte de su pretemporada. Igual usted no lo recuerda, pero un enfermizo futbolero como yo tiene muy vívida en su memoria la imagen de un césped en muy mal estado. Lo que he puesto líneas arriba, extracto de la canción *Odio eterno al fútbol moderno* del grupo de rap gaditano F.R.A.C., es una realidad por muchos conocida... ¡aunque no por muchos explicada! ¿Cuántos de ustedes sabían que el Estadio Municipal de Las Gaunas se asienta sobre la confluencia de varios cursos de agua subterráneos? De hecho, esto obligó a principios del presente siglo a modificar el proyecto arquitectónico inicial.

No obstante, la humedad no es el único factor que favorece la aparición del hongo de la pudrición de las raíces —¿adivina cuál es el principal daño causado al césped?—. Asimismo, una deficiencia en calcio puede acelerar su aparición, fenómeno que se incrementa si se fertiliza en exceso con abonos nitrogenados —más de 20 kg por hectárea y mes—. Si los tres factores coinciden espacio-temporalmente, los efectos devastadores se hacen presentes en 24 o 48 horas. En el caso de Las Gaunas, incluso conocemos la cronología de los hechos. O, como suelo decirles a mis clientes, la «crónica de una muerte anunciada»:

- **15 de julio:** aparecen los primeros síntomas. El césped está moribundo. La banda oriental del terreno de juego está completamente pelada y el color del tapete vira del verde al característico amarillo pajizo.

- **23 de julio:** el concejal de Deportes del Excmo. Ayuntamiento de Logroño, Javier Merino, visita las instalaciones para inspeccionar los trabajos desarrollados por los operarios encargados de devolver al terreno de juego su aspecto característico. El césped parece ir recuperándose, aunque su estado aún debe mejorar.
- **26 de julio:** vuelven a saltar todas las alarmas. El hongo ataca de nuevo, en esa ocasión, de forma mucho más virulenta.
- **Desde el 26 de julio al 25 de agosto** (fecha del inicio liguero): el césped ha sido tratado con fungicidas. Se retira la materia vegetal muerta de la banda oriental del campo, ubicada en umbría. En esta misma zona se realizan tareas de resiembra, previa oxigenación del terreno. Asimismo, la nueva semilla se «receba» con arena de sílice para protegerla frente las altas temperaturas. La zona resembrada se regará con pequeños disparos de los aspersores con el objeto de hidratar la zona. La U. D. Logroñés y la S. D. Logroñés deben buscar un nuevo terreno de juego donde realizar la pretemporada y los entrenamientos correspondientes. No es aconsejable pisar la zona recientemente resembrada cuando la hierba está naciendo.

Para evitar este tipo de contratiempos, muchos clubes han optado por hacer uso de nuevas tecnologías, hecho que ha propiciado también que el aspecto de los terrenos de juego haya cambiado por completo si los comparamos con aquellos de los años ochenta y noventa. Y es que desde hace aproximadamente una década, casi todos los equipos cuentan con su *greenkeeper*. Estas personas son las encargadas de velar por el buen estado del césped antes de que se disputen los encuentros. Es más, por encima de ellos, LaLiga ha implantado la figura del coordinador para la calidad de los terrenos de juego, una persona con amplios conocimientos en jardinería. Ante estas exigencias impuestas por LaLiga, muchos clubes son los que han optado por implantar césped híbrido, o lo que es lo mismo, una combinación de césped natural con césped artificial. Se trata de una superficie adaptada e idónea para la práctica de deportes como el fútbol, el rugby o, incluso, el béisbol. De hecho, se comenzó a utilizar en la ciudad británica de Huddersfield debido a que el terreno tenía dificultades para soportar las actividades inherentes a la práctica de las dos primeras disciplinas deportivas arriba citadas. Su implantación internacional es tal que en el Mundial de Fútbol de 2010, celebrado en Sudáfrica, se jugó por primera vez sobre este tipo de superficie. Aunque, a decir verdad, ya en la Eurocopa de Portugal 2004 algunos terrenos de juego contaban con instalaciones de césped híbrido.

Actualmente, algunos de los estadios que cuentan con tecnología de césped híbrido son el Old Trafford, el Allianz Arena, el Parque de los Príncipes, el Etihad Stadium, los ya mencionados Peter Mokaba y Mbombela de Sudáfrica… y en España, el Santiago Bernabéu, el Camp Nou o el RCDE

El RCDE Stadium, casa del Real Club Deportivo Español de Barcelona, es uno de los múltiples estadios en todo el mundo que han optado por la tecnología de césped híbrido para desarrollar la práctica deportiva del fútbol

Stadium. En este caso, es la tecnología de materiales la que parece haber desterrado para siempre a los botánicos y los tratados de jardinería de las gradas. Para Bill Shankly —entrenador del mítico Liverpool que, como reza la estatua erigida a su memoria a la entrada de Anfield, «hizo feliz a la gente»—, el fútbol era «solo cuestión de vida o muerte». ¡Vaya si lo era! Que les pregunten a los encargados del mantenimiento del césped. ¿Quieren saber si el estado del césped es importante? Que se lo digan a Julio Cardeñosa, a quien aún le pesa haber fallado aquel gol ante Brasil en el Mundial de Argentina de 1978. Todo por culpa de un «inocente» bote del balón sobre un terreno de juego impracticable.

PARA SABER MÁS

Consejo Superior de Deportes. *Reglamento General de la Liga Nacional de Fútbol Profesional*, 2023. https://assets.laliga.com/assets/2023/07/25/originals/9a45630fd7225dfbbc98dc839ea70ee0.pdf

Gallardo Guerrero, Ana María. «Análisis de la satisfacción de la práctica deportiva en los campos de fútbol de césped natural y artificial de la Región de Murcia desde el punto de vista del gestor, el entrenador y el deportista», tesis doctoral (Universidad Católica San Antonio de Murcia, 2009). https://repositorio.ucam.edu/bitstream/handle/10952/45/TESIS%20DOCTORAL%20PDF.pdf?sequence=1&isAllowed=y

González Moreno, Miguel Ángel. «Fútbol e ingeniería: Evolución histórica de los terrenos de juego de campos y estadios del fútbol español a través del fútbol navarro». *Cuadernos de fútbol* 95 (2018): 1-44. https://www.cuadernosdefutbol.com/2018/02/futbol-e-ingenieria-evolucion-historica-de-los-terrenos-de-juego-de-campos-y-estadios-del-futbol-espanol-a-traves-del-futbol-navarro/

Monje Jiménez, Rafael. J.. *Manejo de céspedes con bajo consumo de agua*. (2ª ed.). Sevilla: Consejería de Agricultura y Pesca de la Junta de Andalucía, 2006.

Plaats-Niterink, A. J. «Monograph of the genus Pythium». *Studies in Micology* 21 (1981): 1-242.

Ruiz Suárez, Jorge Iván. «Manual de uso y procedimiento técnico para el mantenimiento y protección del césped en el estadio El Campín durante un evento masivo», tesis doctoral (Universidad Católica de Colombia, 2017).

Venegas, Carlos. «Pythium ultimum, la amenaza inesperada». *Revista Oficial de la Asociación Española de Greenkeepers* 63 (2017): 46-49.

PODREDUMBRES MILLONARIAS

«In vino veritas, in aqua sanitas».
Plinio el Viejo

«Vino, enséñame el arte de ver mi propia historia,
como si esta ya fuera ceniza en la memoria».
Jorge Luis Borges

Ser botánico es gratificante, pero también un auténtico suplicio. En multitud de ocasiones me han hecho preguntas que me han dejado en manifiesto fuera de juego. Las peores suelen ser planteadas por esos que dicen ser «amigos», subconjunto poblacional que, curiosamente, rara vez acepta un «no sé» por respuesta. «¿Cuál es la mejor marca de vino del mundo?». Este es el tipo de preguntas que me hace Curro Jr., el propietario del bar donde cada mañana voy a tomar café. Imagine mi cara de estupefacción. ¡Más aún a primera hora de la mañana! ¿Quién osa a las siete de la mañana lanzar una duda de tal calibre? Y más, sin ser yo enólogo. Por supuesto, mi expresión de asombro solo sirve para dar paso a un «pues vaya botánico estás tú hecho».

Y no es que a Curro Jr. le guste especialmente el vino. Lanza este tipo de preguntas solo por el amor a chincharme. Curro Jr. es experto en lo que los gaditanos llaman «dar carga». No obstante, de sus puyas casi siempre saco una enseñanza o una reflexión. En esta ocasión fue un audio de WhatsApp en el que empezaba debatiendo la cualidad del vino como elemento cohesionador y catalizador social. Soy consciente de que esta idea es controvertida, pero ningún historiador ha sabido —a mi juicio— argumentar de manera convincente los motivos que provocaron que su consumo se extendiera desde las inmediaciones de los Montes Zagros hacia el resto de Occidente. Nadie duda de que el vino carece de valor nutritivo, por lo que podría decirse sin cortapisas que ha desempeñado un papel elitista a lo largo de la Historia, estando presente en la firma de grandes pactos y celebraciones desde la Antigüedad. Aunque no me atrevería a calificarlo de «consejero».

La unión existente entre el hombre y el fruto de la vid —y del trabajo del hombre— es absoluta. No es de extrañar, por tanto, que esta bebida haya acabado formando parte de nuestra cultura. ¡Si hasta don Alonso Quijano libró una batalla con cueros de vino a los que confundió con el gigantesco Pandafilando! Eso por no hablar del fenómeno vasco de ir de *txikitos*, que no es más que parar en la cantina a tomar unos tragos de vino al acabar la jornada laboral. El origen de la palabra está vinculado con el precio de un vaso de vino, que durante muchos años costó una perra chica —5 céntimos de peseta—. De esta forma, este singular nombre fue calando entre la población y, por extensión, los bilbaínos que bebían txikitos —que rondaría el 100 % de la población adulta masculina— pasaron a ser conocidos como *txikiteros*. ¡Y tienen hasta su propio día! El 11 de octubre es el *Txikitero Eguna*, día de la Amatxu de Begoña. Si ya lo canta Oskorri: «Aita semeak tabernan daude». O lo que es lo mismo: «Padre e hijo están en el bar». ¡Eso sí que es crear una «común unión» con el vino!

Aunque si de comunión hablamos… tampoco es extraño que algunos monasterios contaran con su propia «fábrica» vitivinícola. ¿De dónde cree que proviene la Denominación de

Origen Vinos del Priorato? Los historiadores coinciden en que la región catalana de El Priorat surge cuando los monjes cartujos de la Provenza se establecen en Tarragona en el siglo XII a petición de Alfonso II, rey de Aragón y conde de Barcelona. El motivo de su viaje era muy sencillo: repoblar la zona. La leyenda cuenta que al atravesar la Sierra del Montsant, los monjes se encontraron con un pastor que les contó que había visto a unos ángeles ascender las laderas del Montsant por los peldaños de una escalera y desaparecer entre las nubes. Esta semejanza narrativa con el famoso pasaje de «La escalera de Jacob» fue entendido por los ministros de Dios como una profecía y en ese mismo lugar decidieron construir su cartuja, dándole el nombre Scala Dei. Junto a la cartuja, los monjes plantaron las primeras viñas con las que elaboraron vino de misa. Posteriormente, muchos pueblos colindantes con la cartuja, como Porrera, Poboleda, Torrojoa o Gratallops se vieron sometidos al dominio feudal del prior, quien decidía plantar viñas. Como toda esta zona fue quedando bajo la administración política de este cargo eclisiástico, la región pasó de llamarse Cartoixa a El Priorat. Seguro que cuando pruebe nuevamente uno de sus caldos recuerda esta historia que le acabo de contar.

Se estima que en España se consumieron en el año 2022 unos 10,3 millones de hectolitros de vino. Vinos de todo tipo: fino, noble, oloroso, amontillado, chacolí, palo cortado, trasañejo, sobremadre, pajarete... Hay para todos los gustos. O debería decir casi todos, porque hay uno que no acaba de ser bien acogido por los consumidores: el sabor a corcho. Estos vinos, en realidad, contienen trazas de TCA o TBA —tricloroanisol y tribromoanisol, respectivamente—. Tanto el TCA como el TBA no se producen naturalmente durante el proceso de maduración del vino, sino que es consecuencia de la presencia de hongos del género *Aspergillus*, *Cladosporium* o *Penicillium*, que en ocasiones colonizan las paredes y techos de las bodegas. De esta forma, cuando estos hongos son expuestos a compuestos clorofenólicos —agentes antimicrobianos utilizados en el recubrimiento de la madera de las barricas que cobijan los caldos—, dan lugar a esta ristra de productos que otorgan a los vinos un particular olor a cartón mojado. Cantidades en el orden de los nanogramos de guaiacol, 2-metilsorboneol, 1-octen-3-ol —alcohol de setas— o los ya mencionados TCA y TBA pueden tirar por la borda todo el trabajo realizado en la bodega y estropear toda la producción vinífera de una empresa. Este es el motivo por el que se abren las botellas de vino en presencia del comensal y el *maître* le da el corcho. ¡Es para que lo huela y detecte la presencia de estas indeseables sustancias! Por la misma razón le da a probar el caldo, pues el paladar y el olfato humano se acostumbran con suma facilidad a ellas. Es decir, es más fácil detectar su presencia en el vino cuando este no se ha probado aún que cuando ya nos hemos tomado dos copas.

ASC

Botrytis cinerea desarrollándose sobre una fresa. Especialmente llamativos resultan los coniodóforos, estructuras reproductoras que emergen al exterior a modo de pilosidades blanquecinas.

No obstante, la vitivinicultura es experta en hacer virtud de sus defectos. Aunque quizá sería más correcto decir de sus contratiempos. Si hay un cultivo que es delicado sacar adelante, ese es el de la uva. A las podredumbres ácidas, provocadas por bacterias y levaduras transportadas por la mosca del vinagre *Drosophila melanogaster*, se suman las podredumbres fúngicas. Estas, como su propio nombre indica, son producidas por el ataque de hongos como *Aspergillus niger*, *Alternaria* spp., *Rhizopus nigricans*, *Cladosporium herbarum* o *Botrytis cinerea*. La mayor parte de estos hongos se encuentran en el medio ambiente y precisan, casi siempre, de una puerta de entrada —picaduras o heridas provocadas por la lluvia o el granizo, comúnmente—. Asimismo, la agresividad de cada uno de ellos depende de factores como la temperatura, la humedad o el grado de madurez del racimo. Un ejemplo de esto último que acabo de exponer lo encontramos en la podredumbre gris y la podredumbre noble.

En ambos casos, ambas enfermedades están provocadas por el mismo agente patógeno: el hongo *Botrytis cinerea* que, tal como nos indica su nombre científico, recubre a las uvas de una especie de ceniza —las esporas tienen un característico color grisáceo—. Así, mientras la podredumbre gris es indeseable, la noble es deseada por los agricultores. En un primer momento, una espora de *B. cinerea* germina en la superficie de una uva, generando un micelio interno más o menos ramificado. Este micelio se extiende por el interior de todos aquellos órganos o estructuras atacadas, evolucionando más o menos rápidamente en función de las temperaturas. De esta forma, los micólogos establecen lo que se conoce como la «regla del 15-15» para referirse a su evolución: para que *Botrytis* se desarrolle, se requiere en las zonas afectadas de la planta un periodo mínimo de 15 horas en el que la temperatura media mínima sea de 15 ºC. Este es el motivo por el que las lluvias de carácter tormentoso que sobrevienen durante la época de maduración de la uva son especialmente favorables para la propagación del hongo desde los focos primarios. Si por el contrario una vez iniciado el desarrollo del micelio el ambiente fuera fresco y seco, el ataque del hongo transcurre sin la destrucción de los frutos —como sí sucede en el caso anterior, correspondiente a la podredumbre gris—. En este caso, el ataque de *B. cinerea* ocasiona una sobremaduración de las uvas que tienen el aspecto de pasas enmohecidas que dan origen a vinos densos de colores ambarinos, dulces —recuerdan el sabor de los orejones, los membrillos o incluso la miel— y con gran cantidad de azúcares. ¡Todo un curioso ejemplo de biotecnología alimentaria!

Huelga decir que la producción de vinos botrificados es más costosa y compleja que la del convencional. Sin ir más lejos, los rendimientos de mosto de este tipo de vinos rondan los 15-25 hl/ha, mientras que para una misma hectárea de vino sin sufrir los ataques de la podredumbre noble rondan los 120 hl. Si quiere encontrar vinos botrificados en el mercado, le recomiendo que busque los de Finca San Blas, bajo la Denominación de Origen Utiel-Requena. De hecho, en 2016, este mismo vino obtuvo el «Platinum Best in Show» al mejor vino dulce en el mundial que cada año organiza la prestigiosa revista británica *Decanter*. Un vino perfecto para maridar con queso azul o *foie* fresco. Si lo prefiere, puede también adquirir el Château Simon de D. O. Barsac.

Este proceso de vinificación puede parecer novedoso y estar sujeto exclusivamente a los caprichos de los *gourmets* y *sommeliers* más exigentes, pero la realidad es bien diferente. Hay documentos húngaros —con más o menos ficción mística— que parecen certificar que el primer vino botrificado fue elaborado en 1630 en la región de Tokaj-Hegyalja por Laczkó Máté Szepsi. Reconozco que esta leyenda está bien tirada, pues esta zona de Hungría es propensa a desarrollar podredumbres nobles en sus vides y sus vinos gozan de fama internacional. No obstante, la *Nomenklatura* del botánico Fabricius Sziksai, publicada en 1576, ya menciona la elaboración de vinos dulces a partir de uvas enmohecidas. Blanco y en botella… vino de Sauternes. Y hablando de Sauternes: Jancis Robinson menciona en su obra *The Oxford Companion to wine* que hasta el mismísimo George Washington llegó a contar con una reserva de 30 docenas de botellas de Château d'Yquem, ¡un vino blanco dulce botrificado!

Actualmente, existen numerosas zonas vitivinícolas que elaboran y comercializan vinos botrificados. A las ya mencionadas zonas de Tokaj (Hungría) y Sauternes (Burdeos, Francia), hay que añadir algunos Valdeorras o ciertos albariños de Rías Baixas. Sin embargo, ninguno de ellos alcanza los desorbitados precios de los Beerenauslese o los Trockenbeerenauslese, producidos en Alemania y Austria a partir de uvas variedad 'Riesling' y, en menor medida, 'Gewürztraminer', 'Ortega', 'Chardonnay', 'Huxelrebe' o 'Welschriesling'. Para que se haga una idea, una botella de 75 cl. de vino Trockenbeerenauslese del año 2000 puede rondar en el mercado los 400 euros. El motivo de estos precios se debe a que su producción es particularmente difícil y costosa, pues se requiere que los racimos de uvas estén completamente pasificados. Además del bajo rendimiento que impone esta particularidad, cabe destacar que su contenido alcohólico es muy bajo, encontrándose entre el 5-9 % de alcohol en volumen. Para que se haga una idea de lo que le cuento, una cerveza belga como La Chouffe tiene un 8 % de alcohol en volumen.

La técnica y el conocimiento botánico han posibilitado que lo que en un principio se consideraba un fenómeno de nefastas consecuencias económicas para los agricultores hoy sea visto como un producto de oportunidad. La podredumbre noble es, en no pocos casos, controlada por el vitivinicultor. Me atrevería a decir que hasta deseada. Algo similar ocurre con algunos espirituosos patrios, los conocidos como «vinos de hielo», que se elaboran a partir de uvas que han sido recolectadas después de la primera helada del año. En otras condiciones, esta particularidad habría hecho que el productor se deshiciera de esta parte de la cosecha; sin embargo, alguien debió advertir que esta uva, debido a esta circunstancia, ofrecía una mayor concentración de azúcares. La

ASC

Imagen de una bodega en la región de Tokaj, Hungría,
famosa por la elaboración de vinos botritizados.

observación de este tipo de fenómenos, que ya conocía Plinio el
Viejo, no fue más que la antesala de lo que más tarde sería piedra
angular de la agronomía: el conocimiento de nuestros cultivos
y todo cuanto les rodea y afecta. Y lo mismo ocurre en el caso
de *Botrytis cinerea*. El estudio de su ciclo de vida ha propiciado
no solo que sepamos combatirlo —en el caso de que nos ataque
en forma de podredumbre gris—, sino que seamos capaces de
manipularlo en nuestro beneficio propio. ¡Hacer de un defecto
toda una virtud! Vale, el vino no es ningún producto de primera
necesidad. ¿Pero quién dice que no podamos hacer en un futuro
próximo algo similar con otros agentes patógenos de origen fúngico? Mientras ese día llega —si lo hace—, piense que la botánica
ha posibilitado que, de lo que aparentemente era una fruta putre-
facta, hayamos sido capaces de elaborar caldos tan preciados y
sabrosos como algunos de los anteriormente citados.

Brindemos por el conocimiento botánico y la ciencia. *Prost!*

Para saber más

Chartier, François. *Papilas y moléculas: La ciencia de aromática de los alimentos y el vino.* Barcelona: Planeta Gastro, 2017.

Harding, Julia, Robinson, Jancis y Thomas, Tara Q. *The Oxford Companion to wine* (5ª edition). Reino Unido: Oxford University Press, 2023.

Johnson, Hugh y Robinson, Jancis. *Atlas mundial del vino* (8a edición). Barcelona: Blume, 2021.

Liu, Di, Chen, Qinglin, Zhang, Pangzhen y cols. «The fungal microbiome is an important component of vineyard ecosystems and correlates with regional distinctiveness of wine». *American Society for Microbiology* 5, nº 4 (2020). https://journals.asm.org/doi/epub/10.1128/msphere.00534-20

Miller, Frederic P., Vendome, Agnes F. y McBrewster, John. *Late harvest wine: Wine, grape, vine, dessert wine, Riesling, Raising, Botrytis cinerea, Noble rot, Sauternes (wine), Tokaji, German wine, Ice Wine.* Estados Unidos: Alphascript Publishing, 2010.

VV. AA. *Bullipedia. Vinos VII: El origen y la evolución del vino.* Girona: El Bulli Foundation, 2024).

Zimdars, Sabrina. *Role of glutathione and Botrytis cinerea laccase activities in wine quality.* Göttingen: Cuvillier, 2020.

ENEMIGO PÚBLICO NÚMERO UNO

«Hay que cumplir con el viejo ritual.
Tú tienes permiso para vivir
y yo libertad para matar».
Los Carnívales, Comparsa de Martínez Ares (2019)

«En la civilización del capitalismo
salvaje, el derecho de propiedad
es más importante que el derecho a la vida».
Eduardo Galeano

Harold Frederick Shipman. Este es el nombre del mayor asesino en serie conocido por la humanidad. Quizá su nombre no le resulte familiar pero... ¿verdad que sí le suena el apodo de «doctor Muerte»? Era el seudónimo con el que se conocía a este médico homicida. Shipman (1946-2004) fue acusado de matar y asesinar a, al menos, 218 pacientes. Porque ese es el número que la policía británica dio como más probable, aunque solo se le pudieron atribuir 15. Por este motivo se le condenó a una pena de privación de libertad de 1 000 años. Todo un escándalo que sacudió a la opinión pública británica —y política, pues se vieron obligados a modificar algunas leyes sobre cuidados médicos—. Si desea conocer más sobre este asunto, la serie *Ley y orden* dedicó un capítulo en el que los detectives Robert Goren y Alexandra Eames investigan a un doctor acusado de ser un asesino en serie. Las semejanzas llegan al punto de tratar la drogadicción del personaje durante su juventud, algo que trascendió durante el juicio a Shipman —se supo que había falsificado recetas para hacer uso personal de petidina, un potente opioide sintético que actúa como depresor del sistema nervioso central—.

Harold Shipman solo encabeza una lista de sádicos donde aparecen otros muchos nombres: Luis Alfredo Garavito, Gilles de Rais, Kampatimar Shankariya, Martin Rohác, William Unek, Aleksándr Pichushkin, Cedric Maake, Ronald Dominique... La lista sería insuperable. Y eso contando únicamente a asesinos de origen humano y obviando citar a virus como el ébola o a bacterias como *Staphylococcus aureus*, que también se cobran vidas —y muchas, además—. No obstante, aunque la lista incluyese a todos y cada uno de los seres vivos capaces de acabar con la vida humana, seguirían faltando algunos nombres. Concretamente, el del asesino más sanguinario jamás conocido que, casualmente, no ataca al ser humano. ¿Le ayudaría que le dijese que su origen es sudafricano? Como lo veo despistado, le diré su nombre y apodo: *Batrachochytrium dendrobatidis* (Bd). Sí, es un hongo; sin embargo, pronto descubrirá por qué sus tropelías merecen coronarlo como «el mayor asesino de la historia».

B. dendrobatidis es un hongo quitridio de hábitats dulceacuícolas cuya ubicación taxonómica es confusa —de ahí que junto a su nombre aparezca la abreviatura *inc. sed.*, de *incertae sedis* o «posición incierta»—. A pesar de que aún no conocemos sus relaciones de parentesco con el resto de familiares fúngicos, tenemos constatado que en tan solo 50 años es responsable directo del declive poblacional de 500 especies de anfibios ¡y la extinción de 90 taxones! Se trata de la especie invasora más destructiva conocida. Y los números adquieren un cariz todavía más dramático si mencionamos que, actualmente, se conocen unas

8 000 especies diferentes de anfibios —un tercio de las cuales habitan en el continente americano, especialmente afectado por su presencia—. Por si fuese poco, su primo, *Batrachochytrium salamandrivorans* (Bsal), ha devastado múltiples poblaciones de salamandra común (*Salamandra salamandra*) en Países Bajos. El epíteto *salamandrivorans* nos da una idea de cuáles son sus aviesas intenciones.

Lithobates catesbeianus o rana toro americana. Esta especie de anfibio es uno de los muchos taxones que actúan como reservorio natural del hongo *Batrachochytrium*, responsable de la quitridiomicosis.

Para completar este rompecabezas faltaría saber cómo este hongo se ha diseminado tan rápidamente por todo el mundo. La respuesta es simple: gracias a la mano humana tanto Bd como Bsal han alcanzado el rincón dulceacuícola más remoto del planeta Tierra. Muchos expertos herpetólogos afirman que su expansión se ha visto acelerada por la globalización y el tráfico de especies exóticas de anfibios como mascotas. Por supuesto, cuando nos cansamos de nuestras mascotas, como nos da pena sacrificarlas o entregarlas a entidades capacitadas para mantenerlas, las liberamos al medio sin tener en cuenta los posibles perjuicios que pueda ocasionar al ecosistema. ¡Cuánto daño ha hecho la pena! Piénselo fríamente, «la pena» es responsable de que actualmente encontremos en muchos cursos fluviales carpas koi (*Cyprinus carpio* var. *koi*) —o que encontremos cerdos vietnamitas pululando por Castellón o Miraflores de la Sierra—. Sea por pena, descuido o imprudencia, hay fuertes indicios que apuntan a que *B. dendrobatidis* se ha extendido por todo el mundo tan rápidamente gracias al comercio de anfibios como animales de compañía. Se sabe que numerosas especies de anfibios, como por ejemplo la rana toro americana (*Lithobates catesbeianus*), hacen las veces de reservorio del hongo al mostrarse resistente a la enfermedad que provoca —que recibe el nombre de quitridiomicosis—. En conclusión, la cría y comercialización de estos animales como mascotas ha favorecido la transmisión de la enfermedad por todo el planeta y, por supuesto, eso incluye a España. Que le pregunten al «padre» Ebro, que no ha escapado a ninguna de estas plagas bíblicas modernas.

Para añadir más incertidumbre a todo este asunto, cabe destacar que la patogenia de esta enfermedad cutánea ha sido muy difícil de determinar debido a que no se han detectado alteraciones anatomopatológicas constantes en ningún órgano interno. Así, el único signo clínico observable es la muda excesiva de la superficie epidérmica, siendo más frecuente en el abdomen y las extremidades. Atendiendo a esta información, ¿cómo explicamos semejantes tasas de mortalidad en todo el mundo? Existen dos hipótesis que no son excluyentes entre sí para intentar poner cordura en este poliédrico asunto. La primera de ellas establece que Bd liberaría enzimas proteolíticas —o compuestos con actividad similar— que, una vez absorbidos por la permeable piel del anfibio, causarían su muerte. Por su parte, la segunda sugiere que los daños producidos por el hongo sobre la función cutánea provocan perturbaciones en el equilibrio osmorregulatorio, cuyo desenlace pasa por la irremediable muerte del animal. En 2009, Voyles y sus colaboradores publicaron un artículo en la prestigiosa revista *Science* titulado «Pathogenesis of Chytridiomycosis, a cause of catastrophic Amphibian declines» («Patogénesis de la quitridiomicosis, causa del declive catastrófico de los anfibios») que apoya esta segunda línea de trabajo. En el caso de ranas arborícolas verdes australianas (*Litoria caerulea*) enfermas se observaron reducciones en las concentraciones plasmáticas de sodio y potasio de un 20 y un 50 % respectivamente.

Sin embargo, hay una tercera hipótesis que cobra fuerza en la actualidad. Esta surge después de que Lips y su equipo fueran capaces de recuperar ADN de *B. dendrobatidis* de entre una muestra de rocas y es la siguiente: si existen especies de anfibios que son insensibles a la quitridiomicosis y pueden incluso actuar como reservorio del hongo, ¿cabe la posibilidad de que anfibios y Bd hayan estado en contacto «desde siempre» y ahora, como consecuencia del impacto humano y la degradación de los ecosistemas acuáticos, la micosis se haya hecho más patente? Es indudable que la contaminación —eutrofización— de los ecosistemas acuáticos continentales depaupera ostensiblemente el hábitat de este grupo animal. Incluso hay estudios que apuntan a una inmunodepresión de anfibios como consecuencia de estar sometidos a semejante estrés. Sin ir más lejos, Bosch, en su estudio sobre la mortalidad masiva por quitridiomicosis en los anfibios del Parque Natural de Peñalara apunta a una drástica variación del pH en las charcas. Este aumento en el pH volvió a los anfibios más vulnerables al ataque de *B. dendrobatidis*.

En resumen, como diría mi estimado Juan Carlos Aragón, «el mal es obra del hombre, porque no hay demonio más grande que él». Pero no todo está perdido, pues este fascinante animal que es el ser humano es capaz de lo peor y también de lo mejor. Recientemente, zoólogos y microbiólogos han aunado esfuerzos en busca de un aliado común en la lucha frente a la quitridiomicosis. Así, se ha observado que al someter a los anfibios

Notophtalmus viridescens, vulgarmente conocido como tritón del este, es uno de los hospedadores de *Batrachochytrium salamandrivorans.*

a «baños de bacterias» se reducen sus posibilidades de sufrir el ataque de Bd —y presumiblemente también de Bsal, pues para cuando usted lea esto, los estudios ya serán concluyentes—. El tratamiento consistiría en «rebozar» con *Pseudomonas reactans* o *Janthinobacterium lividum* a los anfibios y dejar que sean los metabolitos secundarios con actividad antifúngica que fabrican estos seres microscópicos quienes los defiendan del ataque del hongo. En 2012, Muletz y sus colaboradores demostraron que en condiciones de laboratorio es posible inocular el suelo con *Janthinobacterium* para que esta pase a establecerse finalmente en la piel del anfibio. Los resultados demostraron que, bajo estas condiciones de desarrollo, los anfibios que contaban en su piel con bacterias del género anteriormente citado tenían un 50 % menos de probabilidad de sufrir quitridiomicosis. La idea de favorecer a determinadas comunidades bacterianas en el medio natural plantea un nuevo escenario de trabajo: por un lado, se hace necesario encontrar bacterias capaces de colonizar el suelo de los ecosistemas donde se desarrollan los anfibios y mantenerse el tiempo suficiente en él como para entrar en contacto con estos vertebrados. En el estudio realizado por el grupo de Muletz, la concentración de *Janthinobacterium* fue decayendo progresivamente hasta ser casi imperceptible transcurridos cuarenta y dos días. En segundo lugar, hay autores que consideran que esta técnica, de llevarse a cabo sin un férreo y estricto protocolo de actuación, podría estar desestabilizando los ciclos normales de materia y energía del ecosistema sin ser conscientes de los posibles efectos. Por esta razón, este último grupo de investigadores aboga por seguir estudiando las comunidades microbianas del suelo hasta obtener una alternativa mejor. Lo que sí parece claro es que este tratamiento se realizaría —entiéndase el énfasis en el condicional— solo si fuese estrictamente necesario y previa elección del lugar, que preferiblemente sería una zona de elevada densidad de anfibios.

Batrachochytrium dendrobatidis —y su prima hermana *B. salamandrivorans*— están actualmente en el punto de mira de todas las grandes agencias de inteligencia —científica— del mundo. Parece que los días de gloria de este peligroso «asesino» van llegando a su fin, no sin antes haber dejado tras de sí un reguero de víctimas con nombres y apellidos. Y es que, como dijo Cicerón: «Cuando mejor es uno, tanto más difícilmente llega a sospechar de la maldad de los otros». No obstante, somos humanos, o lo que es lo mismo, albergamos en nuestro interior todos los males y demonios. Incluido el asesinato por ignorancia.

Para saber más

Lips, Karen. «Overview of chytrid emergence and impacts on amphibians». *Philosophical Transactions of Royal Society B.* 371 (2016). https://royalsocietypublishing.org/doi/epdf/10.1098/rstb.2015.0465

Muletz, Carly R. y cols. (2012). «Soil bioaugmentation with amphibian cutaneous bacteria protects amphibian hosts from infection by Batrachochytrium dendrobatidis». *Biological Conservation* 152 (2012): 119-126.

Schechter, Harold. (2003). *The serial killer files: The who, what, where, how and why of the World's most terrifying murderers.* Nueva York: Ballantine Books, 2003.

Voyles, Jamie. y cols. «Pathogenesis of Chytridiomycosis, a cause of catastrophic amphibian declines». *Science* 326 (20099: 582-585.

VV. AA. *Manual de las pruebas de diagnóstico para los animales acuáticos.* Organización Mundial de Sanidad Animal, 2023. https://www.woah.org/fileadmin/Home/esp/Health_standards/temporary_esp/2022/2.01.01_INF_BATRACHOCHYRIUM_ESP.pdf

¿PUEDEN LOS HONGOS SALVAR EL MUNDO?

«Con el viento y con el agua hizo el tiempo que las piedras
se desgranaran rodando hasta convertirse en tierra.
Después llegaron los hombres, con ellos también la guerra.
Encontraron agua clara y se miraron en ella
y enturbiaron el espejo que tenían las estrellas».
Como todo mortal, El Cabrero

A pesar de que desde determinados *think tanks* se defienda lo contrario, la contaminación ambiental es una realidad. En su definición más laxa y academicista podríamos definirla como la presencia de sustancias nocivas en un sistema que provoca que se vuelva inseguro o incluso peligre su integridad. Ese «sistema» puede ser un ecosistema, un medio físico o un organismo vivo. Asimismo, el contaminante que origine esta alteración negativa puede tener naturaleza química o física —como, por ejemplo, la radiactividad, el calor... ¡o incluso el ruido!—. Por más que los Santis, Javis y Donalds del mundo repitan lo contrario, no es una moda *hippie* surgida al fragor de movimientos político-sociales. Para exponer el asunto, los libros de ecología mencionan con frecuencia el episodio conocido como el Gran Hedor —*Great Stink*— que los vecinos londinenses sufrieron en el verano de 1858. El problema era, ni más ni menos, consecuencia directa de lanzar al río Támesis y sus afluentes desechos humanos sin tratar. Eso sin contabilizar la existencia de unos 200 000 pozos negros, que también debían aportar su particular matiz a la fragancia. ¡Debía dar gloria pasear por el centro de la capital de los hijos de la Gran Bretaña!

No obstante, este caso es anecdótico si lo comparamos con lo que fue la primera legislación medioambiental de la que tenemos conocimiento. También se promulgó en Reino Unido —más concretamente, Inglaterra—, solo que en 1272. Ese mismo año, el rey Eduardo I —apodado «Piernas Largas»— prohibió en todo Londres la quema de carbón, concienciado del problema de contaminación del aire que sufría la ciudad. Puesto en contexto, lo cierto es que el *smog* británico es muy anterior al nacimiento de Shakespeare, ya que hasta el siglo XII la mayoría de sus habitantes quemaban madera como combustible. A medida que la ciudad crecía, los bosques se reducían y, por consiguiente, la madera escaseaba —y se encarecía, obviamente—. Esta situación obligó a las clases populares inglesas a usar «carbón marino» —del que tenían grandes depósitos frente a la costa nororiental—. De esta forma, cambiaron con presteza su principal fuente de energía y comenzaron a quemar carbón blando bituminoso para calentar sus hogares. Sin embargo, en el proceso de combustión, gran parte de su energía se malgastaba en producir humo en lugar de calor. Humo de carbón a la deriva saliendo a través de cientos de chimeneas y combinándose con niebla natural. ¡Ya tenemos nuestra pintoresca estampa londinense! «Preocupado» por la calidad del aire que respiraban sus súbditos, Eduardo I acabó sancionando a todo aquel que fuese atrapado quemando o vendiendo carbón marino, el cual acabaría siendo torturado o ejecutado. Como ocurre con casi todas las leyes ambientales, esta tampoco tuvo recorrido —ser pionero es, a veces, ingrato—. La realidad fue que tan regia orden no disuadió a nadie de usar carbón blando bituminoso y dado que la necesidad era más imperiosa que el cumplimiento de la ley, violarla suponía un castigo, a lo sumo, equivalente a morir de frío.

Los ingleses siguieron contaminando, quizá porque a una parte de la población la salud y supervivencia le iba en ello. Sin embargo, en la actualidad no andamos mucho mejor. Contaminamos nuestros ecosistemas sin que existan sanciones para aquellos que realizan este tipo de actuaciones que, qué duda cabe, afectan a nuestra calidad de vida y restan salubridad a cuanto nos rodea: fauna, flora, suelo, calidad del aire, calidad de las aguas… En junio de 2023 conocimos que una empresa química destinada a la fabricación de productos de limpieza ubicada en Monterrey (México) había estado realizando vertidos ilegales sobre el río La Silla desde, al menos, febrero de 2023. En el momento en que he escrito estas líneas, la administración sigue sin sancionar a la empresa por esta irregularidad. Lamentablemente, los ejemplos que se podrían enumerar tienden a infinito, pero no es el objetivo de este libro estudiar pormenorizadamente cada uno de los casos de contaminación ambiental que han quedado sin sanción o dónde esta ha sido muy inferior al impacto ambiental causado. ¿Recuerdan el vertido de lodos tóxicos en Aznalcóllar? Pues detrás hay una historia de terror de la que solo conocemos una pequeña parte, a menos que el lector sea ecólogo o vecino de la zona, que le ha visto el pelaje a todos y cada uno de los responsables de esta ignominia.

Los desmanes de ricos y poderosos —y aquí incluiríamos a las grandes multinacionales— casi siempre quedan impunes y quienes pagamos las consecuencias de semejantes tropelías somos los «curritos» de a pie. ¿Sería de este tipo de actitudes de las que nos pretendía prevenir Vladimir Lenin en su obra *El imperialismo, fase superior del capitalismo*? A decir verdad, ignoro esta respuesta. De lo que no me cabe duda es de que no contaba con una revolucionaria arma: la biorremediación, una rama de la biotecnología capaz de eliminar contaminantes y toxinas del medio con la ayuda de organismos vivos. Estos organismos pueden ser plantas, bacterias, hongos o enzimas y subproductos metabólicos que degradan o secuestran al contaminante y los retiran del medio.

La idea de utilizar micelios fúngicos para restaurar entornos y ecosistemas degradados fue apuntada en 2001 por el micólogo Paul Stamets. De esta forma, la micorremediación solo se dedica a potenciar y utilizar en nuestro beneficio algo que conocemos de los libros de texto de nuestra infancia: hongos y bacterias son agentes naturales encargados de la descomposición de la materia orgánica, reciclando y devolviendo al ciclo de materia y energía los sillares básicos que usarán posteriormente los «organismos superiores». De esta forma, son capaces de utilizar los residuos tóxicos anteriormente señalados y degradarlos hasta liberarlos en la naturaleza en «formas más simples» e inocuas. Sin ir más lejos, existen zonas contaminadas con plásticos donde se hacen crecer gírgolas o setas de ostras

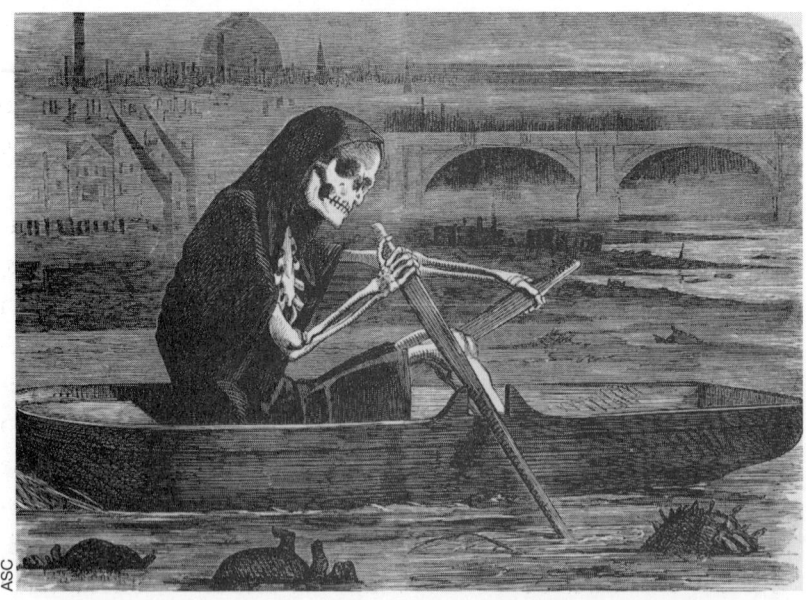

Viñeta satírica publicada en el número 35 de la revista *Punch Magazine* en 1858. En ella puede verse a la muerte navegar las aguas del Támesis, que se convirtió en un caudal de desechos.

(*Pleurotus ostreatus*). ¡Menuda forma de convertir un desecho en un recurso gastronómico!

Otro caso similar es el de Rajput Yogita y sus colaboradores, quienes consiguieron que hongos como *Schizophyllum commune, Jelly* spp. o *Polyporus* spp. degradaran el verde malaquita —también conocido como verde de anilina—, un colorante que se usa tradicionalmente para teñir papel o tejidos como la seda, la lana o el nylon —también se usa en piscicultura para combatir la enfermedad provocada por el parásito *Ichthyophthirius multifiliis*—. Así, después de diez días, *Jelly* spp. había conseguido degradar el 99.7 % del colorante, mientras que *S. commune* y *Polyporus* spp. habían conseguido transformar, respectivamente, el 97.5 y el 68.5 % de verde malaquita. Algunos pensarán que no tiene mucho sentido emplear esfuerzos en eliminar del medio un producto cuyo uso está prohibido en España por su potencial carcinogénico. Sin embargo, la ciencia es internacional. Los estudios —y el interés social que estos puedan suscitar— no se restringen únicamente al ámbito de nuestro país, autonomía o barrio. ¡La ciencia busca ser internacional! De hecho, lo es. Y esto queda de manifiesto en el mismo momento en que aún existen zonas del mundo donde el verde de malaquita contamina aguas y todo cuanto toque.

Y hablando de aguas contaminadas, Prasad y sus compañeros determinaron que hongos como *Pleurotus floridianus, Pleurotus sajor-caju, Agaricus bitorquis* o *Volvariella diplasia* son eficaces bioabsorbentes de metales pesados si estos se encontraban en solución acuosa. De entre ellos, demostraron ser especialmente eficientes secuestrando cobre, zinc, cadmio, plomo o níquel. Curiosamente, estos elementos metálicos también se encontraban en los lodos del desastre de Aznalcóllar, que también afectó al Parque Nacional de Doñana el 25 de abril de 1998, quince años antes de los resultados del estudio reseñado hace unas líneas. ¿Ve lo que le digo? En un primer momento podríamos pensar que los estudios de Prasad solo son extrapolables a la región de la India donde fueron realizados, pero lo cierto es que sus conclusiones son valiosas desde un punto de vista global. Sin ir más lejos, estoy convencido de que muchos de los ecólogos que trabajaron en el proyecto de restauración del área de Aznalcóllar —y cuyas labores impulsaron la creación del actual Corredor Verde del Guadiamar— habrían pagado una fortuna por disponer de esta información. Toda propuesta para revertir los daños causados habría sido bienvenida. Y esta idea, vista con la perspectiva que da el tiempo, habría supuesto un alivio a tanto sufrimiento. Porque igual usted lo ignora, pero hay actividades que aún no se pueden realizar en esta zona; por ejemplo, los animales domésticos tienen prohibido pastar en la zona, puesto que el suelo aún alberga contaminantes en su seno.

Entonces, ¿pueden los hongos ayudar a salvar el mundo? Esta misma pregunta se la planteó en 2005 el micólogo Paul

Agaricus bitorquis es una seta comestible que tiene la particularidad de secuestrar y eliminar del medio metales con elevada ecotoxicidad como el cobre, el plomo o el zinc.

Stamets —yo únicamente se la he tomado prestada—, al que ya hemos citado anteriormente y a quien volveré a mencionar posteriormente. Aquí acabo de mostrarles algunos ejemplos de todo el potencial que demuestran tener estos incomprendidos e infraestudiados seres. Estudiarlos no solo nos permite conocerlos mejor, sino utilizarlos —incluso— en beneficio propio. Stamets, en su libro *Mycelium running: How mushrooms can help save the world* afirma que cultivar hongos es lo mejor que podemos hacer para salvar el medio ambiente. Lo asombroso de esta obra, de la cual únicamente he querido recoger brevemente un aspecto de cuantos aborda, es descubrir la posibilidad de capitalizar el poder digestivo del micelio fúngico y orientar esta función hacia la descomposición de desechos tóxicos y contaminantes. ¡Y creando paralelamente un valor añadido, pues algunos de estos hongos son comestibles! Queda, no obstante, un pequeño problema por resolver: de todos los hongos que conocemos —aproximadamente 150 000 especies, de entre los 2 y 4 millones totales que se estiman—, solo unos pocos pueden ser cultivados por el ser humano.

Esta reflexión nos traslada inevitablemente a otro escenario: ¿estamos perdiendo aliados en la lucha por hacer del planeta Tierra un lugar más habitable y confortable para las generaciones venideras? Piénselo, todos los ejemplos que he mencionado con anterioridad se cimentan o están referidos al conocimiento que tenemos sobre hongos «macroscópicos» —o que podrían verse, *a priori*, a simple vista—. Curiosamente, en 2020, investigadores del Real Jardín Botánico, del Consejo Superior de Investigaciones Científicas y del Western Australian Herbarium hallaron una especie de hongo ameboide extremófilo —denominada *Clastoderma confusum*— que habitaba sobre plantas endémicas del desierto de Little Sandy (Australia) como *Acacia aneura* o *Callitris collumellaris*. Este individuo, que en su fase de máximo desarrollo apenas alcanza el medio milímetro de tamaño, no sabemos qué función juega —si es que juega alguna—, pero sabemos que se desarrolla sobre la corteza de las especies arbóreas antes citadas. Imagine ahora cuántas *C. confusum* pueden estar a la espera de ser descubiertas en una cucharada de arena de la Amazonia. ¿Y si nos está esperando una especie fúngica con un gran potencial biorremediador? Para ello hacen falta recursos económicos y personal cualificado. Los trabajos sobre «micromicetos» del Padre Unamuno o del sevillano Romualdo González Fragoso —uno de esos becados por la prestigiosa Junta para la Ampliación de Estudios e Investigaciones Científicas de los que nunca nos acordamos, a pesar de que describió 13 géneros y 550 especies nuevas para la ciencia— sirvieron para asentar las bases de la micología actual; ahora solo es cuestión de seguir construyendo sobre su legado.

Lamentablemente, después de esta defensa a ultranza sobre la necesidad de conocer mejor el ya obsoleto reino Fungi, uno se pregunta por qué la mayor parte de los planes de estudios en biología no cuentan con una asignatura exclusiva sobre micología. Una realidad que daría para reflexionar largo y tendido.

Para saber más

Halliday, Stephen. *The Great Stink of London: Sir Joseph Bazalgette and the cleansing of the Victorian Metropolis.* Gloucestershire, Reino Unido: Sutton Publishing, 1999.

Kapahi, Meena y Sachdeva, Sarita. «Mycoremediation potential of Pleurotus species for heavy metals: a review». *Bioresources & Bioprocessing* 4, nº 32 (2017). https://link.springer.com/article/10.1186/s40643-017-0162-8

Knight, Karina J. y Lado, Carlos. «Clastoderma confusum (Myxomycetes: Amoebozoa), a remarkable new species of slime mould from Western Australia». *The Journal of the Western Australian Herbarium* 31 (2020): 35-40. https://florabase.dbca.wa.gov.au/science/nuytsia/942.pdf

Sáenz Arteche, Idoia, Forja Pajares, Jesús y Gómez Parra, Abelardo. *Contaminación por metales pesados del estuario del Guadalquivir. Efectos del accidente minero de Aznalcóllar sobre el medio físico y los organismos marinos.* Cádiz: Servicio de Publicaciones de la Universidad de Cádiz, 2003.

Stamets, Paul. *Mycelium Running: How mushrooms can help save the world?* Nueva York: Ten Speed Press, 2005.

VV. AA. *Historia natural: Vida de los animales, de las plantas y de la tierra. Vol. 3.* Instituto Barcelona: Gallach de Librería y Ediciones, 1925-1927. http://simurg.csic.es/view/990001320200204201

Yogita, Rajput, Simanta, Shit, Aparna, Shukla y Kamlesh, Shukla. «Biodegradation of malachite green by wild mushroom of Chhatisgrah». *Journal of Experimental Sciences* 2, nº 10 (2011): 69-72.

LOS HONGOS TAMBIÉN ENTONAN EL GORIGORI

«Ambos sabemos lo que los recuerdos pueden traer.
Traen diamantes y óxido».
Diamonds and rust, Joan Baez

«Que se pierdan los linces es como perder a Mozart.
Probablemente nadie se va a morir
por falta de Mozart o de linces.
Pero el mundo y la humanidad han
perdido una parte de sí mismos».
Miguel Delibes de Castro

La primera vez que escuché hablar del gorigori tenía unos cuatro o cinco años. Había fallecido una prima de mi abuela materna en un poblado cercano a mi domicilio y los adultos debían ir a velar su cuerpo. Por supuesto, a los niños esta práctica nos estaba vetada por ser poco apropiada, por más que el chiquillo sea un preguntón incansable —como era mi caso—. Como desde muy niño asimilé aquel verso de Silvio Rodríguez que afirma que «si saber no es un derecho, seguro será un izquierdo», me contaron que iban a hacer una fiesta en honor a una señora muy mayor que se marchaba muy lejos para siempre. Al parecer, en esa celebración, iban a cantarle una tonadilla especial que se entona en las despedidas. Lo que no supe es que el viaje únicamente era de ida. De esta forma tan inocente fue como, con los años, comprendí que el gorigori era un canto lúgubre que se entona —aunque cada vez con menos frecuencia— durante los sepelios. Por cierto, me resulta curioso que el origen etimológico de la palabra esté relacionado con el término latino *gurges* —garganta— y nació, al parecer, como una forma popular de remedar los cantos lúgubres entonados por los sacristanes durante los oficios de difuntos. Por el contrario, no está claro aún si esta práctica empezó teniendo un marcado carácter burlesco o si fue fruto del sentir popular que, a su forma, replicaba estas piezas propias del canto gregoriano.

Los individuos de las diferentes poblaciones de animales, plantas, algas u hongos también perecen, igual que ocurre con nuestros seres queridos —a fin de cuentas, los humanos no dejamos de ser animales—. En ambos casos, algunos nos dejan recuerdos que ofrecen una leve idea de cómo eran o se comportaban: imágenes, objetos que siempre llevaban consigo… Asimismo, muchas de estas pertenencias aparecen con frecuencia «enterradas» en el fondo de viejos «baúles» a la espera de que algún motivo las haga salir nuevamente a la luz. En otras ocasiones, se nos marchan tan calladamente que no dejan siquiera descendencia que pueda recordarles. Y pocas cosas más dolorosas existen en la vida que el hecho de que nuestra figura no sea capaz de despertar ningún recuerdo —o eso nos dice desde pequeños la Iglesia católica—. Esto último es, justamente, lo que ha ocurrido con muchos taxones fúngicos que se han marchado para siempre sin que nadie les haya echado jamás en falta.

Aquellos lectores con conocimientos en paleobotánica que estén leyendo estas líneas seguramente recuerden el caso de los *Prototaxites*. Los *Prototaxites* son un género de hongos actualmente extintos que existieron en el Silúrico y el Devónico —hace entre 420 y 370 millones de años—, momento en que desaparecieron para siempre del acervo genético. Son los fósiles de hongos más populares —se ha escrito mucho sobre ellos—, puesto que tenían hábitos arborescentes. Para que se haga una idea de su aspecto y magnitud, imagínese una oreja de gato (*Helvella fusca*) de hasta ocho metros de altura. Si lo desea y le resulta más sencillo, puede probar a cambiar la oreja de gato por una trufa negra (*Tuber melanosporum*). Estos dos nombres solo sirven para ejemplificar algunos de los parientes vivos que tiene —aunque su posición filogenética aún no ha sido resuelta y hay quienes aseveran que *Prototaxites* sería un género de líquen—. Cuán raro no resultaría este ejemplar fúngico a ojos de la comunidad científica que hasta el paleontólogo John William Dawson lo clasificó en 1859 como una conífera extinta. No lo culpe, pues hasta el año 2007 no supimos, gracias a los trabajos de Boyce y sus colaboradores, que no hacía fotosíntesis y que la relación de isótopos C-12 y C-13 no se asemejaba a la encontrada en otros fósiles vegetales. Esto venía a indicar que la mayor parte de su carbono procedía de otras fuentes distintas a la atmósfera. Asimismo, hemos descubierto que la familia *Prototaxites* estaba compuesta por, al menos, tres integrantes: *P. loganii*, *P. southworthii* y *P. taiti*. Para que nos entendamos, los *Prototaxites* son «unos privilegiados», pues después de dejar esta vida han aparecido varias imágenes suyas —los fósiles son impresiones en roca, mientras que las fotografías lo son en papel—. Por desgracia, otros no tienen la misma suerte. ¡Y algunos de ellos nos han dejado recientemente! A ver si le suena alguno de los siguientes nombres.

Nuestra primera parada en este particular obituario fúngico la vamos a realizar en Chile, concretamente en tres áreas aledañas a Santiago —Maipú, Lo Cañas y Melipilla—. Allí se desarrollaba un taxón muy reconocido por haber sido protagonista de varias intoxicaciones. Fue descrito por primera vez en 1936, momento en que se le otorgó su nombre: *Lepiota locaniensis*. Sabemos que desarrollaba sus carpóforos durante el invierno austral —de mayo a junio— y que prefería como hábitat los pastizales semiáridos. La última vez que fue visto con vida un individuo de esta especie corría el año 1946. Desde ese mismo instante, el prestigioso micólogo chileno Waldo Lazo intentó seguir su rastro. Incluso en regiones cercanas y con ecosistemas similares, como Viña del Mar, Pumanque o Peñuelas, la búsqueda resultó infructuosa. Lamentablemente, pasó 1946, 1952, 1964, 1967… y nos plantamos en 1982 sin que nadie tuviera noticias de este vecino. Como cantara Rubén Blades en su *Desapariciones*: «Busca en el agua y en los matorrales. ¿Y por qué es que se desaparecen?».

Butyriboletus loyo, una de las dos especies fúngicas chilenas recogidas por la Unión Internacional para la Conservación de la Naturaleza en su Lista Roja de Hongos bajo la categoría «En peligro de extinción».

Las razones son múltiples. La primera de ellas es, sin lugar a dudas, su restringida área de distribución. Del mismo modo, existen numerosos estudios que correlacionan el declive de hongos con un aire contaminado. Las tres poblaciones conocidas del taxón se ubicaban en las inmediaciones de una metrópolis como Santiago, el núcleo urbano más fuertemente contaminado de este país sudamericano. De hecho, las áreas en las que estas setas fueron recolectadas por Lazo se encuentran actualmente dentro de los límites de la propia ciudad. En el hipotético caso de que al bueno de Waldo —al que tuve el placer de conocer días antes de ser condecorado como miembro honorario de la Asociación Micológica de Chile— se le pasase por alto su presencia durante sus posteriores —y repetidas— visitas a la zona, el desarrollo urbanístico habría supuesto el punto y final a su existencia. No obstante, los criterios adoptados por la Convención sobre el Comercio de Especies Amenazadas —también llamado CITES— asume la extinción de un taxón después de que este no haya podido ser localizado o ubicado en la naturaleza durante un periodo de cincuenta años. Y a pesar de que no existían indicios de su presencia ni en el más remoto rincón de Chile, hubo de esperar hasta 1996 para que su defunción fuese debidamente certificada.

El hecho de que haya escogido este ejemplo chileno no es baladí. Chile es un país pionero en la protección de hongos. De hecho, es uno de los pocos países en tener en cuenta a estos seres vivos en la elaboración de sus informes de evaluación de impacto ambiental —la famosa Ley 19300, de 1994, sobre las Bases Generales del Medio Ambiente—. Actualmente, cuentan con dos especies fúngicas en peligro de extinción según la Lista Roja de Hongos de la Unión Internacional para la Conservación de la Naturaleza: *Butyriboletus loyo* y *Gastroboletus valdivianus*.

Hemos hablado del pasado, ya sea remoto o reciente. No obstante, no querría cerrar este capítulo sin hacer referencia a una situación de extinción en tiempo real. Me estoy refiriendo al caso del hongo conocido vulgarmente como «oreja de cerdo». *Gomphus clavatus* —este es su nombre científico— presenta un cuerpo fructífero en forma de embudo y plegado que recuerda la oreja de este animal —textura incluida—. Este ejemplar fúngico tiene la particularidad de desarrollar micorrizas con árboles como las hayas (*Fagus* spp.) o los abetos (*Abies* spp.).

Atendiendo, por tanto, a esta peculiaridad, podemos inferir que se desarrolla en áreas subalpinas y montañosas provistas de bosques maduros compuestos, en su mayoría, por los taxones anteriormente relatados. ¿Por qué he dicho inferir? Pues por una razón muy concreta: este hongo se encuentra en grave peligro de extinción como consecuencia de la alteración a la que se ve sometido su hábitat. La acidificación y eutrofización de los suelos forestales como consecuencia del aumento en los niveles de nitrato ha dado lugar a una propuesta de inclusión —junto a otros 32 representantes fúngicos— en el Convenio de Berna por el Consejo Europeo para la Conservación de Hongos. Por si esto fuera poco, aparece citado en la Lista Roja de casi una veintena de países europeos.

Sin ir más lejos, Reino Unido ya la considera extinta, puesto que no se ha vuelto a ver desde 1927. De hecho, hay autores que apuntan además a que su desaparición de las islas británicas pudo verse acelerada debido a su utilización con fines gastronómicos. Aunque es cierto que hay testimonios de su consumo por parte de los sherpas que habitan en el Parque Nacional Sagarmatha (Nepal), análisis químicos realizados recientemente a ejemplares recolectados en Turquía han revelado que es capaz de bioacumular cadmio en valores que excedían la ingesta máxima recomendada por el Comité Científico Europeo de Seguridad Alimentaria. ¿Podría ese hecho explicar los trastornos gástricos ocasionados en aquellos que han dicho probarla? También hay testimonios que aseveran que la «carne» de *G. clavatus* resultaba muy amarga al paladar. Tendría que preguntarles a mis químicos de cabecera, Daniel Torregrosa y Ginesa Blanco, si el cadmio tiene sabor amargo. Puesto que ellos saben todo lo que este humilde servidor ignora, me comentaron que ni siquiera otorga un sabor particular al agua contaminada con él; es más, las cantidades de cadmio en los alimentos que resultan dañinas son tan bajas que apenas tendríamos oportunidad de recordar su sabor —en el caso de tenerlo—. En otras palabras, el individuo muere antes de «pillarle el gusto» a este elemento químico o a los compuestos que forma.

Gomphus clavatus es un taxón que se encuentra
actualmente en peligro de extinción como
consecuencia de la alteración humana
del medio en que se desarrolla.

Entre las medidas que se plantean para la conservación de la «oreja de cerdo» se encuentran la reducción de la contaminación del aire y la limitación del uso de fertilizantes nitrogenados en áreas de cultivo cercanas a sus poblaciones. ¿Serán estas condiciones necesarias y suficientes para evitar su extinción? *Chi lo sa?* Pero se antojan cambios insuficientes. No porque yo sea muy listo y vea el futuro. Simple y llanamente es que no estamos por la labor de hacer sacrificios, por más nimios que parezcan. Hasta hace escasas décadas pensábamos que los hongos eran seres vivos capaces de resistir casi cualquier cosa. Hoy, gracias a grandísimos profesionales dedicados al estudio de este grupo taxonómico, sabemos que estos organismos son tremendamente específicos de su sustrato y que un determinado taxón fúngico puede crecer única y exclusivamente sobre la tronca de un árbol viejo específico. Esto nos plantea un debate de mayor calado: ¿podemos conservar la biodiversidad destruyendo ecosistemas maduros y creando o sembrando en su lugar ecosistemas jóvenes? Los hongos parecen manifestar que este derroche de bonhomía compensatoria no es suficiente para preservar a estos organismos que, aunque en el colegio calificaban de descomponedores, parece que juegan el papel de organizadores silenciosos del ecosistema. Quizá no lo hayamos sabido hasta ahora, pero nunca es tarde. O eso se dice, porque en algunos casos el tiempo parece que se agota. Bastaría con repasar los ejemplos anteriormente narrados, ¿verdad?

Espero que después de leer estas líneas hayamos conseguido cambiar algunas ideas preconcebidas que teníamos sobre estos organismos. Ya sabe lo que dice nuestro refranero: «Malos y hongos no nacen solos». Por cierto, no me gustaría terminar dejando pasar por alto un par de estrofas del *Dies Irae* que me parecen muy oportunas. Este famoso himno fúnebre, atribuido al franciscano Tomás de Celano —biógrafo de San Francisco de Asís— manifiesta lo siguiente:

Quid sum miser tunc dicturus?
Quem patronum rogaturus,
cum vix iustus sit securus

[...]

Oro supplex et acclinis,
cor contritum quasi cinis,
gere curam mei finis.

***

¿Qué alegaré entonces, pobre de mí?
¿De qué protector invocaré ayuda,
si ni siquiera el justo se sentirá seguro?

[...]

Te ruego compungido y de rodillas,
con el corazón contrito, casi en cenizas,
que cuides de mí en el final.

Pobre de nosotros como empiecen a desaparecer hongos.

Para saber más

Boyce, C. Kevin y cols. «Devonian landscape heterogeneity recorded by a giant fungus». *Geology* 35 n° 5 (2007): 399-402.

Congreso Nacional de Chile. Ley sobre las bases generales del Medio Ambiente, 2023. https://www.bcn.cl/leychile/navegar?idNorma=30667&idVersion=2023-09-06&idParte=

Costello, Mark J., May, Robert M. y Stork, Nigel E. «Can we name Earth's species before they go extinct?». *Science* 339 (2013): 413-416.

Dahlberg, Anders y Croneborg, Hjalmar. *The 33 threatened fungi in Europe.* Estrasburgo: Council of Europe, 2006. https://rm.coe.int/168074686e

Hueber, Francis M. «Rotted wood-alga-fungus: the history and life of Prototaxites Dawson 1959». *Review of Palaeobotany and Palynology* 116 n° 1-2 (2001): 123-158.

Simonetti, Javier A. y Lazo, Waldo. «Lepiota locaniensis: an extinct Chilean fungus». *Revista chilena de Historia Natural* 67 (1994): 351-352.

INVASORES POCO USUALES

> «¿Qué pueblo no ha sido en alguna ocasión
> responsable y víctima de una invasión territorial?».
> Erasmo de Rotterdam

El 1 de septiembre de 1939 Adolf Hitler anunció la invasión de Polonia después de alegar que soldados regulares polacos se habían adentrado en Alemania con la intención de atacar la nación. Lo que empezó siendo un montaje nazi se convirtió en el preludio para justificar la invasión del país vecino. Frente al *Reichstag, der Führer* —el jefe o caudillo— dejó claras sus intenciones belicistas al pronunciar unas palabras que han pasado ya a los anales de la historia:

Esta noche, soldados regulares polacos han disparado por primera vez contra nuestro territorio.

Con estas palabras, Hitler y el resto de altos cargos del Partido Nacionalsocialista Obrero de Alemania —heredero a su vez del Partido Obrero Alemán—, culminaron su estrategia del *lebensraum* o teoría del espacio vital, obra del geógrafo Friedrich Ratzel. Según las tesis planteadas por Ratzel, de marcado corte imperialista, el espacio vital es toda aquella área de influencia de un estado imprescindible para que pueda existir como tal. Si el Estado no posee ese espacio físico, según los postulados de Ratzel, tiene el legítimo derecho de extender sobre esa área que escapa a su control su influencia cultural, comercial e incluso física. Bajo el pretexto de que en algunas zonas de Polonia se hablaba alemán, Hitler encaminó a los suyos a la conquista de «su» espacio vital, no sin antes aderezar estas tesis geopolíticas de su característico discurso xenófobo y supremacista.

La «Operación Himmler», como se conoce a esta maniobra, tuvo un recorrido fugaz de apenas veinticuatro horas. El 31 de agosto de 1939, media docena de miembros de las SS —los mismos que, al parecer, estuvieron implicados en la colocación de la bomba en la estación ferroviaria polaca de Tarnow— irrumpieron a punta de pistola en la emisora de radio de Gleiwitz haciéndose pasar por alborotadores polacos y usando las ondas para lanzar proclamas contra el Führer y el Tercer Reich.

Por supuesto, la invasión de Polonia no fue más que el culmen de todas las decisiones anteriormente adoptadas: la retirada de Alemania de la Sociedad de Naciones y de la Conferencia de Desarme, la reincorporación al país germano del Sarre y Renania, el rechazo de las cláusulas del Tratado de Versalles, el *Anschluss* o unión política de Austria o la ocupación de las zonas de Checoslovaquia de habla germana —según lo dispuesto en la famosa Conferencia de Múnich—. Si alguien pensó que aquella conferencia serviría para asegurar la paz, no tardaría mucho en salir de su error. El 3 de septiembre de 1939 —tan solo dos días después del discurso pronunciado por Hitler en Berlín— Francia, Reino Unido y los países afines que conformaban la Comunidad Británica de Naciones acabaron declarando la guerra a Alemania. El resto es de sobra conocido y ha sido analizado en infinidad de ocasiones: invasiones, bombardeos, bloqueos, transportes de mercancías y soldados hasta el más recóndito lugar de nuestro planeta… Sin embargo, durante el conflicto bélico también tuvieron lugar otro tipo de invasiones menos conocidas —por ocurrir silenciosamente—, aunque no por ello menos dramáticas: las invasiones biológicas.

El ejemplo más conocido es el de la llegada a la isla de Guam en 1940 de la culebra arbórea parda o *Boiga irregularis*, un colúbrido nativo de la costa septentrional de Australia, Papúa Nueva Guinea y la mayor parte de las islas noroccidentales de Melanesia que ha acabado provocando la extinción de numerosas especies de aves —incluidas muchas domésticas—. A esto habría que añadir también los numerosos cortes de energía asociados a su actividad, consecuencia de no tener depredadores en su nuevo hábitat. Se estima que muy probablemente la culebra llegó hasta Guam «camuflada» en un cargamento de fruta para consumo militar. Y ya les he contado sucintamente que los efectos allá donde se ha instalado —incluyendo las islas de Wake, Tinian, Okinawa, Diego García o Hawai— han sido devastadores. No obstante, en escasas ocasiones se hace mención de la invasión fúngica que también trajo consigo la II Guerra Mundial. Como el hecho de que no se hable de ella no implica que no ocurriese, aquí vengo yo a pedir la voz y la palabra. ¡Porque esto es un libro sobre hongos!

Nuestros protagonistas, en esta ocasión, son conocidos de manera dispar por los ciudadanos españoles y europeos. Después de leer estas líneas comprenderá por qué. El primero de ellos provoca en los plátanos de sombra (*Platanus occidentalis*) que se ubican en nuestras calles y zonas ajardinadas el conocido como chancro colorado. *Ceratocystis platani*, que así se llama el ascomiceto causante de la enfermedad, provoca con su infestación la interrupción del movimiento hídrico a través de los vasos xilemáticos, hecho que se manifiesta externamente cuando las hojas de la copa empiezan a amarillear y marchitarse. Si tuviésemos la oportunidad de observar un corte transversal de una rama o tronco afectado por el chancro colorado, advertiríamos que el xilema adquiere un característico color pardo-rojizo, motivo que explica el origen del nombre vulgar con el que se conoce a esta enfermedad. Hasta la fecha, *C. platani* ha sido identificado en el parque de la Devesa (Girona), A Coruña, Barcelona o Tarragona. No obstante, lo verdaderamente interesante es conocer cómo este hongo originario del sudeste estadounidense, donde ataca al plátano de Virginia (*Platanus occidentalis*), acabó instalándose en la Vieja Europa.

Las primeras noticias acerca de la existencia de *Ceratocystis platani* datan de 1935 en Filadelfia (Pensilvania). Allí afectó a

Platanus occidentalis, especie vegetal que forma parte de nuestro arbolado urbano y que es frecuentemente atacada por *Ceratocystis platani,* que provoca el popular chancro colorado.

numerosos individuos de *Platanus orientalis* sitos tanto en la ciudad como en zonas boscosas aledañas —donde crece naturalmente—. Durante los años en que se desarrolló la II Guerra Mundial, es decir, entre el 1 de septiembre de 1939 y el 2 de septiembre de 1945, el chancro colorado adquirió una especial virulencia en Estados Unidos. Las sospechas hacen pensar que el hongo llegó a Europa después de que madera de plátano de Virginia infestada fuese usada para empaquetar suministros bélicos como munición, armamento o víveres. Esta versión de los hechos se sustenta, además, en pruebas como la aparición de *C. platani* en las cercanías o inmediaciones de los principales puertos europeos —Livorno, Nápoles, Siracusa y Marsella—. Las pesquisas obtenidas por los micólogos permiten estimar que el epicentro de la enfermedad en Europa se encuentra en la región italiana de Nápoles-Caserta, desde donde se extendería hacia el resto del país. Actualmente se encuentra en Suiza, Francia, Grecia… ¡hasta en Armenia! Asimismo, análisis genéticos realizados a chancros que habían contagiado a plátanos de sombra en Grecia, Italia, Francia y Suiza han revelado que todos ellos comparten un origen común.

Ante tanta mala noticia cabe reseñar que en Francia, investigadores del Institut National de la Recherche Agronomique —INRA— y empleados del vivero Rouy-Imbert, desarrollaron un cultivar de *Platanus x acerifolia* llamado 'Vallis Clausa' que se comercializa bajo el nombre de PLATANOR®. Además de al chancro rojo, también es resistente al oidio —provocado por el pyrenomiceto *Microsphaera platani*— y a la antracnosis —fruto del ataque de *Apiognomonia veneta*—. Una herramienta más para las administraciones públicas, que gastan, unas más que otras, ingentes sumas de dinero en mantener nuestro patrimonio vegetal urbano.

Más peligroso es, sin embargo, nuestro segundo protagonista. Está considerado por los fitopatólogos como el patógeno fúngico de coníferas más peligroso del hemisferio norte. Así, está implicado en el decaimiento y muerte de algunos pinsapos españoles existentes en Andalucía —Sierra de las Nieves, Sierra de Grazalema y Sierra Bermeja—, de *Abies alba* en el Pirineo aragonés y de buena parte de los pinares destinados a usos madereros en la geografía ibérica. Se trata de *Heterobasidion annosum*, un hongo de la familia *Polyporaceae* de carácter patogénico cuya vía de entrada son las raíces. Su primer ataque documentado data de la década de los ochenta del siglo pasado, cuando empezaron a apreciarse ejemplares enfermos de *Pinus pinea* dentro de la finca de Castelporziano, a veinte kilómetros de Roma. Esta parcela, cuyo propietario es el Estado italiano, es una de las residencias oficiales del presidente de la República desde 1948. Dicho de otra forma: el acceso a la finca está restringido al público. A pesar de esta particularidad, la enfermedad causó tantos estragos que murieron cientos de pinos, los cuales debieron de ser talados para evitar daños mayores. ¿Cómo llegó este hongo al interior de una finca cuyo acceso había estado restringido durante años? Ese era un misterio por resolver.

Para esclarecerlo, se realizaron cultivos de basidiocarpos —cuerpo fructífero, formador de esporas— que fueron recolectados de árboles infectados. Al estudiar su material genético, los investigadores comprobaron la existencia de un fragmento de ADN mitocondrial que únicamente se encontraba en los basidiocarpos de los ejemplares americanos de *H. annosum* y ausente en los individuos europeos. En un primer momento se pensó que el hongo pudo acompañar a algún grupo de plantas introducidas recientemente en el recinto, hipótesis que rápidamente fue descartada. A excepción de un reducido número de eucaliptos, no se habían adquirido más ejemplares en muchísimos años. Para añadir mayor confusión al asunto, es importante mencionar que los eucaliptos no mostraban signos de decaimiento o enfermedad, encontrándose enclavados en una zona alejada del foco de infección. Si no habían entrado especies exóticas en la finca —a excepción de los *Eucalyptus* ya reseñados—, las opciones se reducían. Gonthier y sus colaboradores tenían muy claro que la introducción del hongo debió efectuarse con la intervención humana. ¿Quizá a partir de madera importada desde Norteamérica contaminada con *H. annosum*? Lo mejor para salir de dudas era acudir al registro histórico para conocer con detalle quién había pasado por la finca en el último siglo.

Tras una intensa búsqueda concluyeron que el hongo debió llegar desde Norteamérica hasta Castelporziano durante el transcurso de la II Guerra Mundial. De esta forma, en junio de 1944, los soldados de la 85.ª Division del Quinto Ejército de Estados Unidos —conocida popularmente como Custer Division— establecieron su campamento en esta finca. Hasta allí llegaron palés y cajas de madera que transportaban equipamiento militar que estarían contaminados. Esta interpretación se ve además apoyada por otro interesante hecho: se ha producido hibridación entre las «especies» nativas europeas y las introducidas desde el continente americano. Dicho de otra manera, si este fenómeno de reproducción interespecífica ha tenido lugar es gracias a que ha transcurrido el tiempo suficiente como para que ambos taxones puedan entrar en contacto.

Debido a este extraño fenómeno de hibridación hay autores que han optado por crear un cajón de sastre —¿o debería decir de desastre?— donde *Heterobasidion annosum sensu lato* se subdivide en grupos de interesterilidad (Ig). Como morfológicamente son idénticos, se nombran atendiendo a la especificidad del huésped. Por ejemplo, el grupo Ig P está formado por el taxón anteriormente llamado *H. annosum*, que ataca a especies del género *Pinus*, mientras que el grupo Ig S está compuesto por el taxón que anteriormente conocíamos como *H, parviporum* y que infecta a *Picea*. ¡Cosas de biólogos moleculares, que solo buscan enmarañar la taxonomía y sistemática todo cuanto puedan!

Tropas del 338° Regimiento de Infantería pertenecientes a la 85ª División, conocida como División Custer, marchando hacia posiciones ganadas en la Línea Gótica. El movimiento y asentamiento de estas tropas durante la toma de las múltiples fortificaciones situadas a lo largo de los Apeninos pudo ser la causa de la aparición de *Heterobasidion annosum* en nuestro continente.

El movimiento de tropas ha provocado la entrada de numerosas especies exóticas —invasoras o no— a lo largo y ancho del planeta. Conocido también es el caso de la llegada de *Clathrus archeri*, un hongo gasteromiceto que llegó procedente de Australia y Nueva Zelanda en la I Guerra Mundial camuflado en el forraje que debía alimentar a los caballos de los soldados franceses. Otros autores, como Parent, esgrimen que fue a través de balas de lana contaminadas procedentes de Australia. La guerra es un conflicto con múltiples consecuencias, aunque algunas de ellas tardan años en hacerse visibles. El himno de Nueva Zelanda, que consta de cinco estrofas, es el famosísimo *Aotearoa* —o *God Defend New Zealand*, es decir, «Dios defienda a Nueva Zelanda»—. En su tercera estrofa, dice lo siguiente:

Tōna mana kia tū
Tōna kaha kia ū
Tōna rongo hei pakū

***

La paz, no la guerra, será nuestro alarde
pero si los enemigos deben asaltar nuestra costa
haznos entonces un poderoso ejército

Un poderoso ejército que nos libre del invasor extranjero. Interesante. Qué duda cabe de que todos los pueblos tienen derecho a la legítima defensa de su territorio en caso de una afrenta. Quizá sea el primer mandamiento en lo concerniente a fortalecer lo que los antropólogos denominan sentimiento de pertenencia a la tribu. Sin embargo, ¿quién nos defiende de estos silenciosos invasores? ¡Y pobre de aquel que se atreva a afirmar sin sonrojo que estas otras invasiones no se cobran vidas!

Para saber más

Gonthier, Paolo y cols. «Pathogen introduction as a collateral effect of military activity». *Mycological Research.* 108 (2004): 489-497.

Graham, Bob. «World War II's first victim». *Telegraph,* edición digital del 29 de agosto de 2009. https://web.archive.org/web/20120314190818/http://www.telegraph.co.uk/history/world-war-two/6106566/World-War-IIs-first-victim.html

Lightbody, Bradley. *The Second World War.* Londres: Routledge, 2004.

Navarro, Rafael M., Calzado, Carmen, Sánchez, M. Esperanza, López, Josefa y Trapero, Antonio. «Censo de focos de Heterobasidion annosum (Fr.) Bref. en ecosistemas de pinsapo». *Boletín de Sanidad Vegetal y Plagas* 29 (2003): 581-592. https://www.mapa.gob.es/ministerio/pags/Biblioteca/Revistas/pdf_plagas%2FBSVP-29-04-581-592.pdf

Ocasio-Morales, Roberto G., Panaghiotis, Tsopelas y Harrington, Thomas C. «Origin of Ceratocystis platani on native Platanus orientalis in Greece and its impact on natural forests». *Plant Disease* 91, nº 7 (2007): 901-904.

PÍNTALA DE NEGRO

«Escribir es la manera más profunda de leer la vida».
Francisco Umbral

«Escribo para evitar que al miedo de la muerte
se agregue el miedo de la vida».
Augusto Roa Bastos

Sonia, a la que conozco en X (anteriormente Twitter) por su alias @darthscience666, sabe de mi gusto por la música. ¿Melomanía, quizá? Lo dudo, aunque de lo que no cabe duda es de que soy uno de esos *jartibles* —cansinos— del Carnaval de Cádiz. Viendo que estaba sufriendo cierta escasez de ideas, me retó a escribir un texto divulgativo a partir de una canción aleatoria. En esta ocasión, me dijo que intentase escribir algo inspirado en una versión del *Paint it Black* de los Rolling Stones, versionada por un grupo completamente desconocido para mí. Acepté el envite, no sin dejar de pensar que, muy probablemente, me estaba sobreestimando. ¿Una canción compuesta por Mick Jagger y Keith Richards que narra la depresión de un artista? Me había dado una tarea realmente difícil: escribir sobre setas a partir de una letra tan particular. Y entonces aparecieron los tan preciados versos que inspiraron este capítulo que ahora tiene ante usted. Volveremos a hablar de la canción en unos instantes. Tan pronto como le cuente los entresijos de este humilde proceso creativo.

Inspirado por la canción de los Rolling Stones, tomé mi bloc de notas y me puse a escribir ideas inconexas que, como quien se encuentra en un estado alterado de conciencia, me dediqué a unir con flechas y llamadas de atención. Me da mucha rabia que me saquen de este perturbador ensimismamiento que sufro cuando estoy inspirado, quizá porque no soy muy dado a estos momentos de lucidez. Quienes me conocen bien lo respetan e intentan no molestarme. ¡Pobre de aquel que lo haga, pues sufrirá mi ira! Buena prueba de ello es que no acepté de muy buen agrado que mi hermano viniese a decirnos que nos invitaba a cenar en su casa esa misma noche. Esta circunstancia me hizo perder el «hilo narrativo». Soy propenso, *per se*, a divagar y perderme en la intrascendencia de datos que memorizo y que nadie quiere escuchar… En definitiva, si me sacan de ese extático estado, es muy probable que me centre en lo accesorio y me olvide de lo importante. Por ejemplo, el hecho de que las hojas de mi libreta estén fabricadas a partir de algas de Venecia. O eso dice el fabricante.

Para aquellos que no conozcan el asunto, diré que la laguna de Venecia es una masa de agua salobre que se conecta con el Adriático a través de tres enclaves o bocas: Lido, Malamocco y Chioggia. Y si ha visto *Veneciafrenia*, sabrá que sufre graves problemas medioambientales, uno de los cuales son los *blooms* de algas que proliferan en unas aguas tremendamente eutrofizadas. Un apunte adicional: la materia orgánica en descomposición huele mucho y mal. Imaginad qué perfume tan fragante debe impregnar la atmósfera veneciana. *La Serenissima* es, más bien, *La Odorissima*. Y, encima, se trata de una extensión de algo más de 500 km^2 plagada de algas, hecho que dificulta las labores de mantenimiento en canales, puertos marítimos, la actividad pesquera… Por todo ello, el gobierno italiano pidió a la empresa Favini que encontrase algún uso a estas algas que estaban dañando un ecosistema que, desde 1987, es Patrimonio de la Humanidad de la UNESCO. Esa solución llegó en 1992 en forma de *alga paper* —con este nombre está registrado—. Papel hecho a partir de pulpa o pasta de algas. Sin embargo, ¿por qué no existe el papel fúngico o de hongos? O mejor dicho: ¿por qué nadie ha registrado el *funghi paper*? En ese mismo momento fue cuando comprendí que el asunto a tratar era este y no otro: reivindicar el «papel de los hongos» en la fabricación de este producto.

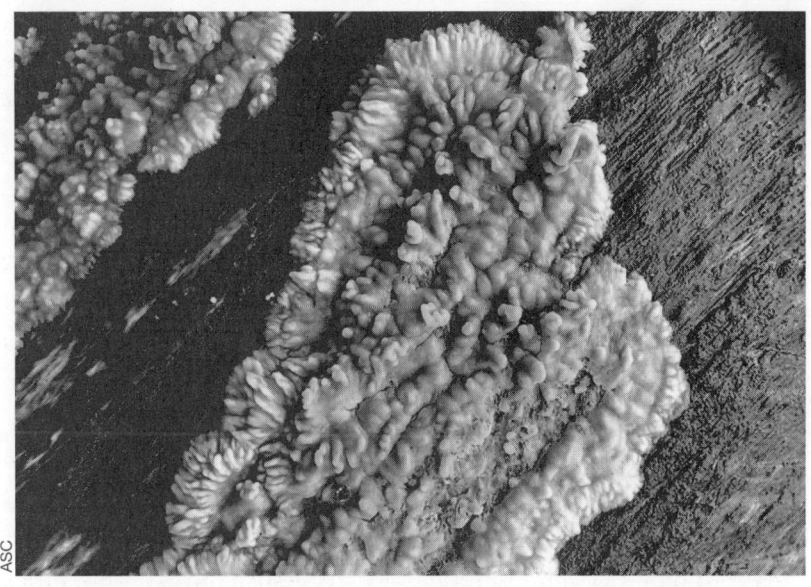

Phlebia radiata, hongo empleado en la elaboración de pasta de papel y que otorga al producto resultante un mayor brillo reduciendo, de paso, la cantidad de compuestos clorados utilizados para ello.

Siendo honestos, si le preguntamos a un bibliotecario sobre cuáles son los principales enemigos a los que se enfrentan los conservadores de un fondo bibliográfico antiguo, nos dirá dos nombres: los pececillos de plata (*Lepisma* spp.) y los hongos. Microorganismos como *Penicillium notatum*, *Aspergillus niger*, *Aureobasidium pullulans* o *Trichoderma reesei* destruyen y permeabilizan el papel debido a la presencia de enzimas celulasas. Asimismo, el manchado de los legajos es producido por la síntesis de pigmentos como la chaetomidina —producido por *Chaetomium*— o la oospreína —metabolito secundario generado por *Oospora colorans*—, que otorgan ese característico color amarillento y negruzco a los documentos y libros antiguos. Todos ellos son integrantes del cada vez más en desuso reino Fungi. Pero también lo son *Poria subvermispora* o *Phlebia radiata*, que en este caso son «aliados». Así, estos últimos son responsables de que actualmente hayamos delegado en ellos la labor de degradar esteroles —moléculas orgánicas encargadas de mantener la estructura de la membrana celular— durante la producción de pasta de papel. De esta forma, tratando la pasta de papel de una a dos semanas con xilanasas —y otras enzimas digestivas similares— procedentes de *P. subvermispora* o *P. radiata* se elimina hasta el 70 % de estos esteroles. Este procedimiento otorga al papel, además de mayor calidad, un mayor brillo, lo que permite reducir la cantidad de compuestos a base de cloro utilizados durante el proceso de blanqueamiento del papel. Conclusión: el papel resultante es menos contaminante que el obtenido por los procedimientos tradicionales. Asimismo, al eliminar moléculas orgánicas capaces de formar *pitchs*, no existen sustancias oleófilas de bajo peso molecular que se depositen durante la fabricación del papel provocando agujeros. Un *win-win* de manual.

Pero ojo, que, literalmente, existe el papel de hongo. Al menos, en un pequeño porcentaje. Y a diferencia de lo que le contestaron a Lisa Simpson durante su visita al periódico de Springfield, el porcentaje no es 0. Y es que algunos hongos filamentosos, como por ejemplo *Fusarium solani*, son utilizados como materia prima para fabricar papel, de tal modo que el micelio fúngico se mezcla con pasta de papel para reforzarlo y darle mayor consistencia. Impactante, ¿verdad? ¿Quién iba a decirle a nuestros ancestros que el sustrato que ha permitido el desarrollo cultural y científico de cientos de civilizaciones podría, en el futuro, recaer sobre los «hombros» de tan diminutos seres? No obstante, para plasmar esas ideas también hace falta tinta. Tintas chinas, ferrogálicas, a la anilina resistentes al agua… ¡Incluso simpáticas! ¿Pero cuántos tipos de tintas hay?

Como el pitote químico se antojaba ininteligible, me propuse preguntar a mi química de cabecera: Ginesa Blanco. Y debo confesar que después de la conversación, apenas si entendí nada. Según me explicó Ginesa, se considera tinta simpática a todo aquel compuesto que produce una reacción cromática después de ser sometido a la acción de un agente físico o químico. Así, hay tintas que actúan de igual forma que los mensajes secretos que escribíamos en el cole con la ayuda del zumo de limón. La diferencia es que, además, podemos usar otros productos como el cloruro de cobalto o ácido nítrico muy diluido —$CoCl_2$ y HNO_3 respectivamente—. No obstante, si no se aplica calor, no seremos capaces de leer el mensaje. Y recuerde, en algunos casos, las tintas simpáticas pueden necesitar de la acción de reveladores químicos.

Lo que me contó Ginesa era sumamente interesante, pero se antojaba un procedimiento poco práctico para escribir. Hoy, todos usamos bolígrafos, ya sean «borrables», de tinta líquida o de punta fina; no hay casa que no tenga alguno de estos ingeniosos artilugios químicos junto a la mesa de la televisión. Que haya calificado de artilugio químico al bolígrafo también es obra de Ginesa. Y no es para nada despectivo, pues ignoraba cuánta tecnología se esconde bajo una de esas barritas plastificadas que cierta popular marca comercializa en dos modalidades: naranja y cristal. En su infinita paciencia, Ginesa me contó que las conocidas vulgarmente como «tintas de bolígrafo», tal y como las conocemos ahora, no aparecieron hasta 1945, aunque existen patentes estadounidenses —la U.S.553 y la U.S.600— de finales del siglo XIX que protegían una suspensión de negro de humo en aceite de castor. A partir de este rudimentario bolígrafo hemos llegado a los actuales, donde la tinta es una mezcla de resinas sintéticas —glicoles y acetatos polivinílicos, principalmente— mezcladas con materias colorantes como el azul victoria o la rodamina. Y solo he mencionado los colores más comunes: azul y rojo.

No obstante, fue hablando con Ginesa cuando me di cuenta de que durante nuestra conversación no salió la que yo considero la tinta más importante. Me estoy refiriendo al chipirón de monte o *Coprinus comatus*. Y es que durante la Edad Media, los amanuenses solo conocían dos tipos de tinta negra: la extraída del carbón y otra obtenida a partir de agallas de roble. A falta de tinta azul, estas eran la batería de herramientas que se podían encontrar en los *scriptorium*. Huelga decir que la tinta era una materia prima indispensable para la copia de textos y que su escasez obligó a buscar nuevas formas de obtenerla, una de las cuales fue, por supuesto, el chipirón de monte. Esta seta, tiene la particularidad de que, cuando se corta, se licúa y acaba convertida en una sopa negruzca de aspecto pastoso. Y como decía, con ella se han escrito las páginas más negras de nuestra historia reciente.

Coprinus comatus, vulgarmente conocida como chipirón de monte, es una seta licuescente que otorga un pigmento oscuro antaño utilizado a modo de tinta para escribir.

Nunca una seta no tóxica ha matado a tantas personas. Para comprender esta afirmación, debemos pensar en la Alemania nazi y la II Guerra Mundial: en este contexto, la línea que separaba la vida y la muerte pasaba por disponer de un documento que permitiese la libre circulación por los territorios ocupados sin tener que aguantar los fastidiosos y peligrosos controles. Si conseguir uno de estos salvoconductos fuese fácil, Adolfo Kaminsky, miembro de la Resistencia Francesa, no se habría especializado en la falsificación de documentos de identidad. ¿Recuerdan *Evasión o victoria*? En una de las escenas de esta mítica cinta —que es mucho más que una simple película futbolística—, Stallone se viste «de guapo» para fotografiarse de cara a obtener uno de esos preciados salvoconductos que le permitan salir del calvario que supone aquel campo de exterminio. Desde una perspectiva historicista, podría decirse que Robert Hatch —que así se llamaba el portero protagonista de la cinta— va en busca de Kaminsky, del que sabemos que salvó, aproximadamente, 350 000 vidas. ¡Y sin cobrar nada por ello!

Las falsificaciones de Kaminsky eran de tal calidad que el gobierno nazi comenzó a usar chipirón de monte a la hora de firmar o escribir en muchos documentos oficiales como mecanismo de contraespionaje. Este hecho, permitió a la inteligencia alemana detectar documentos fraudulentos más fácilmente. ¿Saben por qué? Porque al escribir con *Coprinus comatus* —o el pigmento resultante de su proceso de degradación— en el papel quedan restos de micelio y esporas fúngicas. Con la ayuda de un simple microscopio, podía saberse si los documentos habían sido expedidos por el gobierno nazi o si eran una falsificación muy lograda.

Imagino que aún se estará preguntando dónde ha quedado el *Paint it Black* de los Rolling Stones, ¿verdad? Si recuerda, en un fragmento de la canción se dice lo siguiente:

I look inside myself
and see my heart is black.

[...]

Maybe then I'll fade away
and not have to face the facts.
It's not easy facing up
when your whole world is black

***

Miro dentro de mí
y veo que mi corazón es negro.

[...]

Tal vez entonces desapareceré
y no tendré que afrontar los hechos.
No es fácil dar la cara
cuando todo tu mundo es negro.

Si hay un episodio negro en la historia de la humanidad, ese es sin duda el del nazismo. A todos aquellos que intentaron escapar de las garras de Hitler y sus correligionarios sí que le pintaron negro el futuro en más de una ocasión. ¿Quién apostaría por que un hongo pudiese ser el protagonista de uno de los episodios más crueles de nuestra historia? Una seta aparentemente insignificante que lo pintó todo de negro. Aunque, siendo honestos, a eso también ayudaron los delirios expansionistas del Führer. Se atribuye a Oscar Wilde un pensamiento que manifiesta que «cualquiera puede hacer historia; pero solo un gran hombre puede escribirla». Le dejo a usted dirimir si este hongo ha hecho historia o la ha escrito —literalmente, en este segundo caso—. A mi juicio, ha sido a la vez juez y parte, histórico testigo mudo y parlanchín escriba en uno de los episodios más negros que se recuerdan en la historia reciente de la humanidad.

Para saber más

Balletbò, Roldán. «El partido de la muerte». *Cuadernos de fútbol: Primera revista de historia del fútbol español* 86, nº 1 (2017): 10-11.

Ferronato, Federica. «*Il contributo della sostenibilità alla creazione del valore economico: il caso Favini*», tesis doctoral (Università Ca'Foscari Venezia, 2013). http://dspace.unive.it/bitstream/handle/10579/3679/816744-1174495.pdf?sequence=2

Jerusik, Rusell J. «Fungi and paper manufacture». *Fungal Biology Reviews* 24, nº1-2 (2010): 68-72.

Knoshaug, Eric P., Shi, Bo y cols. «The potential of photosynthetic aquatic species as sources of useful cellulose fibers: A review». *Journal of Applied Phycology* 25 (2013): 1123-1134.

Marañón, Carlos. *Un partido de leyenda: Historias de «Evasión o victoria»*, la película de fútbol más mítica de todos los tiempos. Madrid: Ediciones Ocho y Medio, 2011.

Sheldrake, Merlin. *Entangled life: How fungi make our worlds*. Nueva York: Random House, 2023.

Szczepanowska, Hanna y Lovett, Charles M. «A study of the removal and prevention of fungal stains on paper». *Journal of the American Institute for Conservation* 31(1992): 147-160.

Szczepanowska, Hanna. (2012). *Conservation of Cultural Heritage*. Londres: Routledge, 2012.

HAY UN AMIGO EN MÍ

«Todo mi patrimonio son mis amigos».
Emily Dickinson

«La amistad ha de ser como el dinero,
antes de necesitarla, se debería saber el valor que tiene».
Sócrates

Soy un enfermo patológico, lo confieso. Así se lo reconocí también a Curro Jr. después de que una buena mañana me preguntase qué beneficios tiene la amistad explicada en términos de ventaja o beneficio evolutivo. Por más que intenté argumentar mi razonamiento, de fondo aparecía la otra cara de una misma moneda: la traición, algo que me obsesiona —quizá debido a mi gusto por las películas sobre la mafia y a mi particular sentido de la justicia— desde que era jovencito. Porque sí, querido lector, sus amistades pueden «venderle». ¡Que se lo pregunten a Jesucristo! Aunque mi abuelo decía que si alguien te traiciona, solo era un simple conocido tuyo. Quizá por este motivo siempre digo que tengo cuatro o cinco amigos. ¿O debería decir AMIGOS? De los de verdad, de esos que están contigo en las duras y en las maduras. En mi idealizado concepto de amistad siempre aparecen una serie de personajes recurrentes a los que considero un ejemplo a seguir: Espinete y Chema «el tendero»; Astrako y Yupi; Pablo Mármol y Pedro Picapiedras; Pi y Tágoras; Sam Malone y el entrenador Ernie Pantusso… Aunque el verdadero amigo de todos en la serie *Cheers* era Norm Peterson: era amigo de Frasier Crane, de Cliff Calvin e incluso de Woody Boyd… Bueno, a decir verdad, quizá no sea justo llamar amistad a una relación basada única y exclusivamente en la frecuencia con la que se visita un bar. Pero qué quiere que le diga, me chiflaba esta serie en particular y la televisión de los ochenta y los noventa en general.

Mis habilidades sociales eran prácticamente nulas. Al hecho de ser educado en un colegio que segregaba por sexos había que añadir la cualidad de ser un niño —con rasgos autistas, aunque eso lo sé ahora— alérgico y portador de unos enormes zapatos ortopédicos —lo que imposibilitaba mi participación en los partidillos de fútbol, a menos que faltase un portero—. En verano, época del año en que mi alergia remitía, lo normal era verme sentado en el bordillo de entrada a la casa leyendo cómics, hojeando el álbum de cromos de Liga Este o jugando con algún vecino mayor a las cartas —aunque, a veces, se planteaba la posibilidad de jugar al dominó—. Mis primeros amigos fueron, en gran medida, los vecinos de mis abuelos: buenas personas, pero con los que sentía que no conectaba. O al menos eso pensaba antes, pues ellos me enseñaron muchas de las cosas del campo que hoy sé. Les veía trenzar palmas, remendar los asientos de las icónicas sillas de eneas, trabajar el esparto, elaborar jabones aprovechando el aceite usado… Quizá, por este motivo, Thuban se mete conmigo cada vez que le digo que mi sapiencia es ancestral. ¿Soy uno de esos viejos prematuros? Me niego a creerlo, la verdad.

Una de las muchas veces que estos venerables señores me llevaron a lo que conocemos en Utrera —en la provincia de Sevilla— como el Arca del Agua, una obra de ingeniería hidráulica que data del siglo XIV y que llevaba el cauce de varios arroyos y manantiales cercanos —Pinganillo, Fuente Vieja, Fuente Vinagre, El Barrero o Fontanilla, entre otros— hasta el núcleo urbano. Estas rutas servían, de paso, para enseñarme algunas de las joyas botánicas que albergaba nuestro municipio. Lo que en un principio se me antojó como una expedición recolectora de lirios para ofrecer a María Auxiliadora llegado el 24 de mayo, acabó convirtiéndose en una obsesión. Ese mismo día, Begines —vecino y amigo de mi abuelo— me enseñó una diminuta florecilla que, según me dijo, llamaban espejo de Venus. Tan bella me resultó aquella criatura que quise llevármela en ese mismo instante. Begines reprendió mi actitud y me advirtió que, de hacerlo, incurriríamos en un delito. Desde aquel momento, Begines, la diminuta población de espejos de Venus (*Ophrys speculum*) y un servidor entablamos una extraña relación de amistad que implicaba ir a visitarla cada primavera. En aquel momento yo ignoraba que aquella flor era una orquídea. De igual manera, desconocía que la amistad por esta peculiar familia botánica había anidado en mí tan hondo como la relación que mantienen las *Orchidaceae* con algunos hongos. ¡Hasta el punto de no poder vivir sin ellos! Sí, como lo acaba de leer.

Todas las orquídeas requieren una asociación micorrícica para la correcta germinación de sus semillas. Más concretamente, se necesita de la ayuda de basidiomicetos del grupo *Rhizoctonia sensu lato*, un grupo taxonómico artificial que incluye hongos cuyas etapas sexuales pertenecen a los géneros *Thanatephorus*, *Tulasnella*, *Ceratobasidium* y *Sebacina*. ¿Y por qué se necesita de la presencia de estos hongos? Le doy una pista: la semilla de orquídea más grande hasta ahora conocida, perteneciente a *Epidendrum secundum*, mide 6 mm de longitud. Lo más común es que ronden el medio milímetro, pero las hay que, como *Aerides odoratum*, miden 0.05 mm; de hecho, esta orquídea originaria del sudeste asiático —islas Andamán, Birmania, Tailandia, Laos, Camboya, Vietnam, Filipinas, etc.— tiene el récord de poseer la semilla más pequeña de entre todas

La orquídea *Ophrys speculum* se distribuye por casi toda Europa, siendo más abundante en el arco mediterráneo. Como ocurre con la mayor parte de los representantes del género *Ophrys* necesita de un hongo simbionte para su desarrollo, motivo por el que llevar a cabo su trasplante es tan complejo.

las orquídeas. La semilla alberga nutrientes y sustancias de reserva para el correcto desarrollo del embrión; sin embargo, en la familia *Orchidaceae*, apenas se ha almacenado alimento, por lo que los nutrientes debe aportarlos alguien de manera externa. Por supuesto, ese «alguien» es *Rhizoctonia*.

No obstante, lo verdaderamente llamativo en todo este asunto es conocer cómo las orquídeas han entablado una alianza con unos hongos cuya capacidad patogénica es bien conocida en numerosos grupos taxonómicos botánicos. Sin ir más lejos, integrantes de este género fúngico causan importantes pérdidas económicas en la agricultura al atacar plantas tan dispares como el tomate, el cacao, el café o el arroz. Asimismo, aunque tiene predilección por los taxones de la familia *Solanaceae*, se ha establecido que *Rhizoctonia butinii* es el agente causante del tizón en el género *Picea* —popularmente conocidos como abetos—. De esta forma, parece muy probable que, en un principio —situado hace entre 70 y 110 millones de años de antigüedad—, estos hongos micorrícicos orquidoides actuales también quisieron «hacer enfermar» a nuestras florales protagonistas. De hecho, los biólogos evolutivos sugieren que estas plantas han desarrollado a lo largo de los años diferentes mecanismos mediante los cuales han conseguido atenuar la virulencia de estos hongos. Así, ante la imposibilidad de invadir completamente su sistema radicular, se conformaron con desarrollarse de forma intracelular en las células corticales de sus raíces.

Por si todo lo anterior fuese poco, la relación es tan estrecha que todas las orquídeas se asocian con hongos micorrícicos en algún momento de su vida —principalmente, en el periodo de germinación seminal—. No obstante, investigaciones recientes han establecido que los hongos simbióticos de una especie en particular de orquídea pueden no ser afines a otras especies, pudiendo incluso resultar perjudiciales. Puede parecer que este asunto es trivial o que no reporta mayor interés, pero nada más lejos de la realidad. Y esto se debe a que, desde los trabajos de Knudson en 1921, los horticultores habían hecho germinar las semillas de orquídeas utilizando para ello combinaciones de nutrientes en condiciones estériles. Actualmente sabemos que, en condiciones controladas de laboratorio, los embriones de orquídeas germinan mejor —y en mayor número— en presencia de un medio donde se inoculan hongos —frente al medio Knudson—. Sin embargo, es pertinente recordar de nuevo que las relaciones entre orquídeas y sus micorrizas son más específicas de lo que se había creído desde un primer momento. Dicho de otra forma, *Rhizoctonia* puede facilitar la germinación de *Lepanthes rupestris* o *Psychilis monensis* —según los estudios, parece que son poco determinantes—, pero no a *Laelia anceps* subsp. *chilapensis*.

En definitiva, esta especificidad complica el cultivo de orquídeas a partir de semillas, puesto que implica que cada especie necesita un grupo particular de hongos —o incluso una especie concreta— para germinar o desarrollarse. Por este motivo, se precisa más investigación para identificar los simbiontes naturales asociados tanto con las orquídeas de importancia económica como con aquellas otras que se encuentran amenazadas. Esta medida necesitaría, muy probablemente, de la creación y el análisis *in vitro* de un banco de cepas micorrízicas y la evaluación de los posibles efectos en la germinación de las semillas de esta particular familia botánica. Entender cómo ambos organismos son capaces de formar una sociedad amistosa posibilitará obtener un mayor conocimiento sobre la evolución y transformación de las interacciones simbióticas y patógenas. Por todo ello, en estos momentos la micorriza orquideoide se antoja un excelente modelo para estudiar las interacciones planta-hongo y así desarrollar nuevas estrategias que permitan reducir —o eliminar— el frecuente carácter patogénico de esta asociación.

El papel de los hongos en la reproducción de las orquídeas llega a tales niveles de importancia que las hay incluso que presentan dificultades para reproducirse por métodos naturales a través de semillas. Se trata de la anteriormente citada *L. anceps* subsp. *chilapensis*. En su medio natural, esta orquídea —que se encuentra en peligro de extinción según la legislación mexicana— presenta una reproducción lenta, vulnerable y extremadamente dependiente de condiciones como la luz, la temperatura y la humedad. Como casi cualquier orquídea, ¿no es verdad? La diferencia entre este taxón y el resto de miembros de la familia *Orchidaceae* radica en su hábitat, pues crece en las inmediaciones de campos de cultivo perturbados en la región de Guerrero, ubicada al sur de México. De esta forma, la semilla se dispersa con la inestimable ayuda del viento, pero al caer en unos ecosistemas tan degradados y donde no existen los hongos micorrizógenos necesarios, perece. Recuerde que las semillas

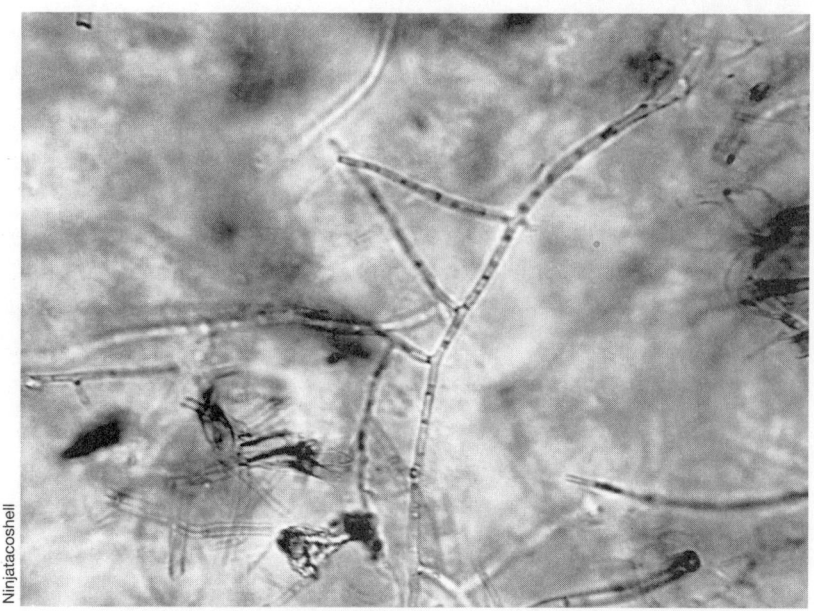

Ninjatacoshell

Las hifas de los hongos del género *Rhizoctonia* tienen la particularidad de provocar enfermedades en cultivos agrícolas y ser pieza clave en el correcto desarrollo de múltiples taxones de la familia Orchidaceae.

de orquídeas apenas almacenan sustancias de reserva que nutran al embrión, habiendo delegado esa tarea a su socio fúngico.

Recientemente, una serie de estudios realizados por investigadores de la Universidad Nacional de Colombia han identificado cinco hongos diferentes capaces de micorrizar a *L. anceps* subsp. *chilapensis*. Dos de ellos, *Fusarium* spp. y *Diaporthe* spp., indujeron la germinación en el 90 % de las semillas. Por contra, cuando las semillas de esta orquídea se hicieron crecer en el laboratorio en presencia de otros hongos o en ausencia de ellos, la tasa de éxito se redujo drásticamente. Así, los resultados arrojados por estos estudios resultan fundamentales, puesto que proporcionarán las pautas a seguir de cara a reproducir y conservar orquídeas endémicas. Máxime cuando muchas de ellas son extremadamente vulnerables a los desafíos ambientales —y a un indiscriminado expolio humano—, lo que ha propiciado que se encuentren en las listas de protección especial de flora silvestre de todos los países del mundo.

El interés de este tipo de investigaciones no radica únicamente en caracterizar a los actores que protagonizan estas asociaciones micorrízicas, sino en proteger a toda una familia botánica que, con más de 25 000 integrantes, penden de un hilo. Ahora sabemos que la degradación de un ecosistema afecta doblemente a las orquídeas: directamente, por el daño que les provoca la pérdida y degradación de sus hábitats; indirectamente, por el daño que les hace a los organismos con los que establecen una relación tan estrecha. De esta forma, si desaparecen los hongos que las micorrizan, las orquídeas ven mermadas dramáticamente sus posibilidades de supervivencia.

Decía el escritor argentino Adolfo Bioy Casares que «toda máquina está en proceso de extinción». Sabemos cuán frágil es la «máquina» de la vida. Más aún en un grupo tan especializado como las orquídeas. Asimismo, no deja de ser anecdótico que la evolución no permita desandar este tortuoso camino. No obstante, ahora conocemos mejor todas las piezas de esa maquinaria viva que, por convenio, hemos llamado orquidioflora. Sabemos perfectamente que, en esencia, un amplificador —con sus respectivos filtros «pasa altas» y «pasa bajas»— es un circuito RC formado por condensadores y resistencias y no por ello deterioramos los componentes que los conforman, ¿verdad? Al menos, no conscientemente. ¿Por qué con nuestro medio ambiente sí lo consentimos? ¿Acaso los hongos —y polinizadores— no tienen importancia? Las orquídeas «necesitan» de ambos por igual, y aunque la ley es poderosa, más poderosa es la necesidad. A decir verdad, a la evolución todo este asunto le da igual, pero a nosotros no debería. ¿O es que piensa que es mejor vivir en un mundo sin vainilla?

Para saber más

Knudson, Lewis. «Nonsymbiotic germination of orchid seeds». *Botanical Gazette* 73, nº 1 (1922): 1-25.

Knudson, Lewis. «Symbiosis and asymbiosis relative to orchids». *The New Phytologist* 26, nº 5 (1927): 328-336.

Knudson, Lewis. «Nutrient solutions for orchids». *Botanical Gazette* 112, nº 4 (1951): 528-532.

Mosquera-Espinosa, Ana Teresa, Bayman, Paul, Prado, Gustavo A., Gómez-Carabalí, Arnulfo y Tupac-Otero, J. «The double life of Ceratobasidium: orchid mycorrhizal fungi and their potential for biocontrol of Rhizoctonia solani sheath blight of rice». *Mycologia* 105, nº 1 (2013): 141-150.

Ramírez-Mosqueda, Marco A. & cols. «In vitro conservation and regeneration of Laelia anceps Lindl». *South African Journal of Botany* 121 (2019): 219-223.

Shan, X. C., Liew, E. C. Y., Weatherhead, M. A. y Hodgkiss, Ivor John. «Characterization and taxonomic placement of Rhizoctonia-like endophytes from orchid roots». *Mycologia* 9, nº 2 (2002): 230-239.

Tupac Otero, J., Ackerman, James D. y Bayman, Paul. «Diversity and host specificity of endophytic Rhizoctonia-like fungi from tropical orchids». *American Journal of Botany* 89, nº 11 (2002): 1852-1858. https://bsapubs.onlinelibrary.wiley.com/doi/epdf/10.3732/ajb.89.11.1852

Warcup, J. H. y Talbot, P. H. B. «Perfect states of Rhizoctonias associated with orchids». New *Phytologist* 66, nº 4 (1967): 631-641.

UNA PLAGA Y EL ORIGEN DE LOS KENNEDY

«Si una sociedad libre no puede ayudar a sus muchos pobres,
tampoco podrá salvar a sus pocos ricos».
John Fitzgerald Kennedy

«Un pueblo hambriento no atiende a razones,
ni se pacifica con la justicia, ni se
doblega ante ninguna súplica».
Lucio Anneo Séneca

«Pero los hongos son dañinos, ¿no? No me quiero acordar de aquella vez que el médico me dijo que había pillado pie de atleta en las duchas de la piscina pública. ¡Qué mal lo pasé!». Estas fueron las palabras con las que me recibió Curro Jr. una mañana de noviembre cuando aparecí en el bar ataviado con mi indumentaria de salir al campo. Me disponía a visitar la Sierra Norte sevillana para asistir a una de las muchas jornadas micológicas que se celebran en la región en este momento del año. Mientras apuraba los últimos sorbos de mi café —solo, en vaso corto y sin azúcar—, le comenté que los hongos que originan la *tiña pedis* o pie de atleta, aunque hongos, pertenecen a los denominados dermatofitos. Estos, en su mayoría, son microscópicos, de aspecto filamentoso y tienen unos nombres

111

muy llamativos: *Trichophyton rubrum* y *T. interdigitale*. A continuación le expliqué que el «apellido» *interdigitale* hace referencia a que, con frecuencia, aparecen en esta zona del pie por ser la que solemos olvidar secarnos a conciencia con la toalla después de salir de una ducha pública. Para terminar, le dije que en las jornadas micológicas íbamos a hablar y a estudiar otro tipo de hongos, esos cuyos cuerpos fructíferos llamamos setas; algunas de las cuales degustamos en los menús que elabora en su bar.

Empero, de camino a Las Navas de la Concepción, este tema apareció de nuevo. Ismael —así se llamaba mi compañero de expedición— y yo concluimos que la actitud de Curro Jr. era lógica, pues los hongos habían provocado más de un episodio de hambruna. El ejemplo más conocido es el del consumo de pan contaminado por cornezuelo de centeno —*Claviceps purpurea*, del que ya hemos hablado anteriormente—, que fue responsable de numerosos episodios de ergotismo o fuego de San Antonio durante la Edad Media. Más recientemente, hemos conocido que, en mayo de 2023, en algunas zonas de Venezuela ha existido desabastecimiento de bananos o cambures —*Musa* spp., entre ellos *M. acuminata*, *M. balbisiana* o *M. x paradisiaca*— como consecuencia del furibundo ataque de *Fusarium*, concretamente de *Fusarium* R4T —de «Raza 4 Tropical»—. El azote de este hongo en un país que aún sigue lidiando con una grave crisis económica está haciendo mermar uno de sus recursos alimentarios más importantes. Así, esta circunstancia ha producido hambrunas entre los colectivos más humildes y vulnerables del país sudamericano.

Algo similar ocurrió en Europa en el siglo XIX. Para ponerle en contexto es necesario remontarnos un poco más atrás, hasta el siglo XVIII, momento en que se fomenta en Europa Central el cultivo de la patata como alimento básico del campesinado siguiendo los postulados de ilustres personalidades como Enrique Doyle —agrónomo irlandés afincado en España—. De esta forma, se empiezan a tener en consideración sus conclusiones —recogidas en los *Extractos de las Juntas Generales celebradas por la Real Sociedad Bascongada de los amigos del País en la villa de Bilbao*—, donde desarrolla la idea de la siembra y consumo de patatas como recurso alimenticio con el que hacer frente a periodos de escasez o hambruna. En la publicación arriba mencionada se dice que «a principios de mayo, que es cuando regularmente se declara escasa la cosecha de trigo, aún es tiempo de sembrar la patata, la cual tiene la ventaja de no estar expuesta a perderse por los malos aires, tempestades, granizo y langosta». Asimismo, continúa afirmando que «la patata es muy sana, y de mucho nutrimento. En Irlanda, en donde es el principal alimento del pueblo, se crían por lo común las gentes muy sanas y robustas». Esto último era verdad hasta 1845, cuando el «hongo» *Phytophthora infestans* apareció en escena y provocó una de las hambrunas más feroces jamás conocidas: el mildiu de la patata.

Antes de entrar a pormenorizar los motivos que explican por qué ocurrió esto en Irlanda y en este periodo histórico concreto, debo hacer una puntualización. Si algún taxónomo o sistemático ha leído el párrafo anterior, ya habrá advertido mi «metedura de pata». Empero, en mi descargo diré que se trata de una errata consciente. El error está en haber calificado a *P. infestans* de hongo cuando en realidad se trata de un «protista fungoide». De hecho, pertenece a un filo llamado *Pseudofungi*, es decir, es un «falso hongo». Si lo he clasificado como hongo se debe a que, tradicionalmente, se ha colocado en esta rama del árbol de la vida. Dado que en la mayor parte de los manuales de botánica el episodio que pasaré a narrar a continuación aparece en el capítulo dedicado a los hongos *Oomycetes* —que ahora sabemos que no eran «nuevos hongos»—, he decidido mantener esta clasificación. Creo, modesta y sinceramente que, aún no siendo un hongo, la historia merecía aparecer, por derecho propio, en las páginas de este libro que ahora tiene ante sus ojos.

Memorial del Hambre, ubicado en Dublín. Esta obra, autoría de Rowan Gillespie, recuerda el éxodo irlandés provocado por la Gran Hambruna y las políticas adoptadas por la corona británica. En el Ireland Park, en Toronto, se erige una de similares características.

Y ahora, continuemos con la hambruna provocada en Irlanda por *P. infestans* y sus consecuencias.

La Gran Hambruna —o *An Gorta Mór*, en irlandés— sometió a una grave crisis alimentaria y sanitaria a los irlandeses. Se estima que *P. infestans* dejó, aproximadamente, un millón de muertos. Pero no avancemos acontecimientos, porque este «fungoide» no es el único responsable de esta desgracia, ya que las políticas adoptadas tampoco ayudaron a solucionar —aunque fuese parcialmente— el problema. Todos los historiadores están de acuerdo en localizar el origen de la hambruna de Irlanda en el siglo XII, cuando esta se encontraba bajo el dominio de Inglaterra, quien mandaba a sus vecinos al país de la «gordura» —que es lo que significa la voz céltica Īwerjū— como colonos. Hasta aquí, todo correcto: ciudadanos ingleses son mandados a Irlanda para labrar la tierra de este verde páramo por orden de la Corona. Sin

114

embargo, la «pérfida Albión» impuso en el siglo xiv las conocidas como Estatutos de Kilkenny, una política de plantaciones que despojaba a los católicos irlandeses de sus tierras para entregárselas a los nuevos colonos ingleses y a los presbiterianos escoceses. Esta política iba acompañada, además, de una despótica imposición del idioma —se prohibió el uso del gaélico— y la abolición de sus costumbres. De esta forma, los terratenientes ingleses eran los únicos que podían obtener beneficios de las mejores tierras de labranza irlandesas, situación que continuó durante los siglos posteriores. Sin ir más lejos, Oliver Cromwell —ese presunto héroe inglés— ordenó en el siglo xvii la confiscación de tierras y bienes irlandeses mientras la subversiva población nativa era deportada masivamente rumbo a las prisiones ultramarinas de Nueva Zelanda y Australia.

Teniendo en cuenta todo lo expuesto anteriormente, debe saber que en los terrenos expropiados a los irlandeses se cultivaba trigo con destino a Inglaterra. Mientras tanto, los campesinos irlandeses se abastecían única y exclusivamente de patatas y de leche. Los irlandeses habían perdido su tierra y su libertad en una situación despótica muy común entre los monarcas de todo el mundo: reclamar para sí tierras que no eran de su titularidad. Cierto es que con patatas y leche un hombre puede subsistir, pero ¡pobre de él si escasea la patata! Y eso es lo que ocurrió en 1845, que el tizón de la patata, provocado por *P. infestans*, se extendió rápidamente por todas las plantaciones de este nutritivo tubérculo y acabó con ellas. Al no tener acceso a otras fuentes de alimento, la gente comenzó a enfermar y morir. Antes de la llegada de los ingleses, los irlandeses se alimentaban de cereales, lácteos, carne, verduras y frutas. Y claro, cuando lo has perdido todo, también pierdes el miedo —y la vergüenza—, lo que propició que los irlandeses se levantasen ante la última ignominia británica. La respuesta de Inglaterra fue prohibir durante «la crisis de la patata» las exportaciones de alimentos desde Escocia y mandar un destacamento de 200 000 soldados para acallar las revoltosas conciencias irlandesas. Si le gusta U2, le recomiendo buscar la letra de *Van Diemen's Land*. En ella se narra el episodio histórico en el que John Boyle O'Reilly es deportado a la Tierra de Van Diemen —actual isla de Tasmania—, la colonia penal a la que lo mandaron por ser uno de los instigadores de aquellas revueltas. Otra canción que refleja perfectamente la crisis que supuso la adopción de todas estas medidas entre la población irlandesa es *The Fields of Athenry*, himno que se entona frecuentemente en los partidos de rugby que disputan contra el combinado inglés como señal de protesta y forma de reforzar el sentimiento identitario.

Esta situación propició que buena parte del mundo prestara atención a las noticias que llegaban desde Irlanda, especialmente cuando el número de muertos empezó a alcanzar cifras elevadas. La situación removió la conciencia de la reina Victoria, quien envió a la isla 2 000 libras esterlinas. El gesto habría sido realmente noble de no ser porque ella misma dio la orden de rechazar la ayuda estadounidense que, por medio del buque *Sorciére*, estaba listo para enviar toneladas de alimentos con los que paliar la hambruna irlandesa. De igual manera, también rechazó la ayuda económica ofrecida por el sultán otomano. *God save the Queen!* Así fue como, al millón de muertos, se unió la diáspora de otros tantos irlandeses que, pobres, analfabetos y católicos devotos, llegaron en grandes oleadas a Estados Unidos en un episodio que muchos percibieron como una amenaza a la entidad nacional estadounidense —si es que tenían de eso, pues hasta el 4 de julio de 1776 habían sido una colonia británica más—. Lo cierto es que, a su llegada a la «tierra de las oportunidades», a los irlandeses no les fue mucho mejor. Le dejo como tarea buscar la labor de la Kilkenny Union Workhouse. Paradójicamente, el «centro de acogida» tenía el mismo nombre de la norma con la que empezó toda esta ignominia. ¿Casualidad? No lo creo, ¿y usted?

Pero ¿por qué esta hambruna se dio en Irlanda? A fin de cuentas, ya se comían patatas en el resto de Europa y no hay evidencias de que se produjera un fenómeno similar en fechas cercanas. La respuesta debemos buscarla en la escasa variabilidad genética existente en los cultivos de patatas. Los irlandeses decidieron plantar patatas de la variedad 'Lumper', de alto rendimiento y, dado que las plantas pueden propagarse vegetativamente, todas ellas eran clones idénticos de unas pocas patatas. Digamos que, la presunta solución alimentaria irlandesa también fue el escenario perfecto para la crisis económica y humanitaria que vendría poco tiempo después. Recordemos que, desde una perspectiva evolutiva, una población con baja variabilidad genética es más vulnerable a posibles cambios en las condiciones ambientales o frente al ataque de podredumbres o plagas. Esto último es justamente lo que ocurrió con las patatas Lumper sembradas en Irlanda: como no «sabían» defenderse del tizón, el seudohongo se las llevó a todas por delante. Si ya lo cantaban los Pop-Tops —más bien, su vocalista, Phil Trim— en su tema *Oh, Lord. Why? Lord*: «Ahora ya conoces mi tristeza».

Investigaciones recientes han analizado el ADN de especímenes históricos de herbario y han permitido conocer el nombre del responsable de este episodio: se trata de *P. infestans* cepa HERB-1, diferente a todas las cepas modernas examinadas y pariente cercano de la cepa US-1, quien la reemplazó para convertirse en el genotipo dominante en todo el mundo.

¿Y qué pintan los Kennedy en todo este asunto? Verá, antes de ser una destacada familia política marcada por la tragedia, los O'Kennedy tuvieron un pasado en Irlanda. Sí, el apellido original es O'Kennedy. ¿O debería decir Ó Ceannéidigh? Ó Ceannéidigh significa, literalmente, hijo de Ceannéidigh. Y eso no es todo. Me estoy imaginando el disgusto que se llevará más de uno cuando descubra que su idolatrado JFK se apellidaba en realidad «cabeza fea». Conocemos hasta los nombres de los «padres fundadores», los primeros Kennedy estadounidenses:

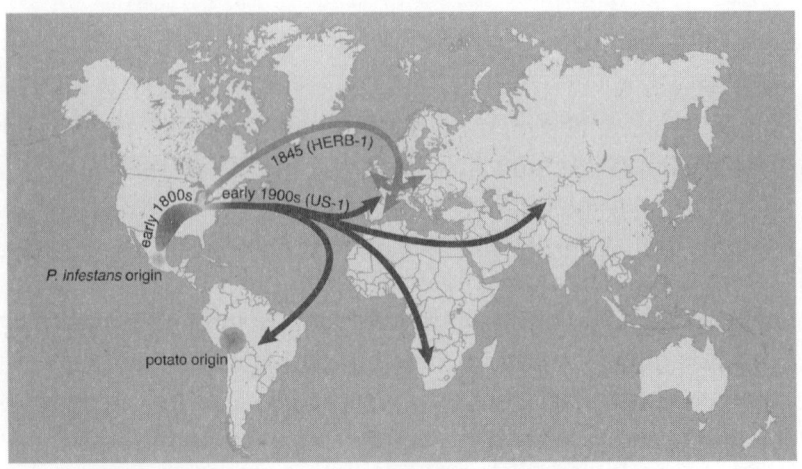

Mapa donde aparecen reflejadas las dos oleadas de entrada *P. infestans* al continente europeo. Como puede observarse, las cepas HERB-1 y US-1 hicieron acto de presencia en nuestro territorio con medio siglo de diferencia (Kentaro Yoshida *et al.*, «The rise and fall of the Phytophthora infestans lineage that triggered the Irish potato famine», *eLife* 2 (28 de mayo de 2013) https://doi.org/10.7554/elife.00731).

Patrick y Bridget, que llegaron a la tierra del Tío Sam en 1849. Eso sí, qué feo me parece que el escudo de armas de la familia no haga referencia alguna al Condado de Tipperary, de donde eran oriundos. ¿Acaso están olvidando la procedencia de sus raíces? No deberían, pues sus raíces están marcadas por la tragedia, las de las raíces de unas patatas infectadas de mildiu que hicieron emigrar a sus abuelos en busca de nuevas oportunidades.

Para saber más

Azcona, Leire. «Dermatomicosis comunes en verano. Identificación y tratamiento». *Farmacia Profesional* 17, n° 6 (2003): 78-83.

FAO. Global programme on banana Fusarium wilt disease: Protecting banana production from the disease with focus on tropical race 4 (TR4), 2017. https://www.fao.org/3/i7921e/i7921e.pdf

Litton, Helen. *The Irish Famine: An illustrated History*. Reino Unido: Merlin Publishing, 1994.

Ó Grada, Cormac. *Black' 47 and Beyond: The Great Irish Famine in History, Economy, and Memory*. Estados Unidos: Princeton University Press, 2000.

Ó Grada, Cormac. *Ireland's Great Famine: Interdisciplinary Essays*. Dublín: University College Dublin Press, 2006.

Mitchel, John. *The last conquest of Ireland (Perhaps)*. Belfast: Books Ulster, 2019.

Zwankhuizen, Maarten J., Govers, Francine y Zadoks, Jan C. «Development of potato late blight epidemics: disease foci, disease gradients, and infection sources». *Phytopathology* 88, nº 8 (1998) : 754-763.

¡A FUEGO!

«Y al amanecer,
consumido en llamas,
de entre el fausto fuego
despierta mi alma».
A fuego vivo, Comparsa de Antonio Martín (1987)

«El fuego es un símbolo natural de la vida y la pasión,
a pesar de que es el único elemento en el que nada
puede realmente vivir».
Susanne K. Langer

Ocho de septiembre de 2017: el día en que murió una parte de mi infancia. Para quien no lo sepa, en esta fecha se declaró un incendio forestal que, desde la finca Las Navas-El Berrocal —cuya propietaria es la Junta de Andalucía— se extendió por más de 1 165 hectáreas de superficie. En ese año, fue la tercera vez que se declaraba en Sevilla el nivel 1 del Plan de Emergencia por Incendios Forestales, que establece que el incendio —y su posible evolución— puede entrañar riesgos para personas y bienes. Unos días antes, el 24 de junio, la Sierra Norte sevillana ya había vivido un episodio similar por un incendio declarado en Castilblanco de los Arroyos. Ahora, para mi desgracia, le tocaba el turno a Almadén de la Plata. Ese año, buena parte de lo que hoy se conoce como Parque Natural de la Sierra

Morena sevillana y el Corredor de la Plata —que une la Sierra Norte sevillana con la Sierra de Huelva— habían perdido buena parte de su vegetación. Se estima que en el incendio de Las Navas-El Berrocal se vieron afectadas 280 hectáreas de arbolado y unas 430 hectáreas de matorral mediterráneo. ¡El lugar donde de niño había pasado tantos veranos reducidos a cenizas! Los paisajes de mi niñez ya no existían.

A decir verdad, cada vez que regreso a la Sierra Norte sevillana me siento un extraño; como el emigrante que vuelve a la que un día fue su casa después de muchos años de destierro y ya no la reconoce. De todos los lugares emblemáticos de este maravilloso entorno natural tan solo me sigue resultando familiar «el alcornoque de El Berrocal», un ejemplar de *Quercus suber* de 4,5 metros de perímetro de fuste. Es, por méritos propios, una de las joyas vegetales de la provincia y árbol singular de la misma por motivos más que evidentes —como estar rodeado de otros parientes de dimensiones similares—. Como decía, este es el único recuerdo que se mantiene más o menos inalterado en mi memoria. Ese y los atracones de «josefitas» o faisanes de jara —cuyo nombre científico es *Leccinum corsicum*— en el restaurante del club social de El Pedroso.

Así terminaban unas anotaciones que Curro Jr., el ínclito propietario del bar donde tomo café cada mañana, parecía leer con interés. Yo me encontraba sentado en su terraza disfrutando de una plácida mañana de julio cuando le comenté los secretos que guardaban las entrañas de mi libreta. En un principio estas ideas previas iban a formar parte de otro capítulo de este mismo volumen, pero Curro Jr. me preguntó si en un incendio forestal los hongos también ardían. Mi contestación fue en forma de apelación a su sentido común: «¿Tú qué crees?». Encogiéndose de hombros me dijo que creía que sí, pero que no estaba seguro; no obstante, me hizo un comentario que hizo que me replanteara el sentido de mis notas. Fue el siguiente: «Fuiste tú quien me contó que hay hongos que se usan a modo de yesca, ¿no? Debiste ser tú, porque aquí nadie habla de las cosas del campo usando latinajos. Los cazadores y pescadores que paran aquí no creo que sepan qué puñetas es eso del *amadou*». ¡Su comentario me dejó patidifuso! Por dos motivos: el primero, que él mismo siempre consideraba todo lo que le contaba muy complejo; el segundo, porque con la guasa que nos gastamos, jamás pensé que prestara tanta atención a lo que le contaba.

Efectivamente, Curro Jr. se acordaba de aquella historia que le conté una mañana en la que, para poder salir a fumarse uno de sus cigarrillos, pidió yesca a algún cliente. Le comenté que tanto *Polyporus fomentarius* como *Phellinus igniarius* eran conocidos vulgarmente como «hongos yesqueros». Le recordé además que el cuerpo fructífero de ambos hongos se sumergía en agua durante varios días como paso previo a ser cortados en tiras. De esta forma, se obtenían unas tiras fibrosas a las que posteriormente podríamos añadir nitro (KNO_3) o pólvora en caso de querer una yesca de prendido rápido. Un magnífico combustible, ¿verdad? Y ya se sabe lo que dice el himno comunero: «Cuanto más vieja la yesca, más fácil se prenderá».

Polyporus fomentarius, hongo yesquero con el que puede prepararse el *amadou*. El cuerpo fructífero de este hongo ha dado lumbre a numerosas generaciones.

A priori alguien podría pensar que un incendio es una jodienda para las especies vegetales. Sin embargo, hay plantas que piden a gritos «salir ardiendo». Dicho de otra forma, estas especies presentan una relación positiva con el fuego, elemento que destruye a todas aquellas competidoras que no están adaptadas a los cambios que provoca este agente perturbador. Algunas de esas especies pirófilas —o que sienten apetencia por el fuego— son el alcornoque (*Quercus suber*), la lavanda fina (*Lavanda angustifolia*), la carquesa (*Genista tridentata*), el tomillo (*Thymus vulgaris*), la jara pringosa (*Cistus ladanifer*) o la coscoja (*Quercus coccifera*). Las estrategias para resistir el envite del fuego son múltiples y muy variadas: desde «dejar morir» la parte aérea y rebrotar de nuevo desde la base hasta soportar estoicamente las llamas. Este último es, por ejemplo, el caso del alcornoque, quien con su ignífugo traje de corcho apenas si se inmuta de la presencia del incendio forestal. Sin embargo, también hay hongos que presentan comportamientos pirófilos, aunque lamentablemente se hable poco de esta particular cualidad fúngica.

Hasta hace no muchos años se pensaba que los incendios forestales destruyen la mayoría de los micelios fúngicos, tanto de los ejemplares saprófitos como de aquellos micorrizógenos. De esta forma, las altas temperaturas generadas por el fuego junto con los cambios químicos y el aumento de cationes de calcio, magnesio y potasio en el suelo hacían pensar que, después de un episodio perturbador como el que nos ocupa, no quedaba ni rastro de estos organismos. Actualmente, sabemos que esto no es del todo cierto y que los incendios forestales solo destruyen los micelios fúngicos más superficiales. Del mismo modo, la falta de competencia provoca que las zonas quemadas sean rápidamente colonizadas por hongos antracófilos —así se conocen a los hongos con carácter pirófilo— cuya misión es, esencialmente, restablecer las condiciones originales del suelo de cara a que, posteriormente, esta zona pueda ser colonizada por otros hongos. Uno de los grupos fúngicos antracófilos por antonomasia es el de las colmenillas. Empero, antes de proseguir creo necesario añadir que el término antracófilo está estrechamente relacionado con el género de hongos ascomicetos *Anthracobia*, quienes muestran una rápida velocidad de colonización, hecho que les convierte en una especie pionera a la hora de ocupar zonas quemadas.

Como iba diciendo, las colmenillas del género *Morchella* sufren una fructificación explosiva después de un incendio, hasta el punto de que hay varias referencias que nos indican que algunas tribus nativas americanas usaban fuegos controlados para gestionar su producción, pues muchas de las especies que conforman este género muestran interés económico y gastronómico. Por el contrario, seguimos ignorando por qué motivo tiene lugar una aparición masiva de estas setas en la primavera inmediatamente posterior a un incendio forestal —que, recordemos, suelen producirse con mayor frecuencia durante el verano—. La principal hipótesis para explicar este peculiar fenómeno es que los esclerocios, unas masas compactas de micelio que sirven de estructuras de resistencia fúngicas frente a episodios ambientales extremos, se encuentren en el suelo a una profundidad en la que el calor generado por el incendio no es letal. Así, durante los meses fríos y húmedos del invierno los esclerocios «se despiertan» y dan lugar a micelios que se expanden rápidamente por la superficie sin tener competencia de otros hongos.

Es necesario hacer aquí una puntualización. Hace escasas líneas he manifestado que las colmenillas tienen interés gastronómico, pero debo añadir una coletilla: ¡con moderación! *Per se*, se recomienda no consumir más de 250 gramos de *Morchella* y prepararlas siempre siguiendo lo dispuesto en el Real Decreto 30/2009, es decir, desecación y cocción previa a su consumo. Sin embargo, se ha descrito algún que otro caso de intoxicación química bastante curiosa: al parecer, las colmenillas y otras setas que se desarrollan en zonas recientemente afectadas por el fuego absorben más eficazmente los metales pesados y las toxinas procedentes de las suspensiones ignífugas que liberan los aviones cisterna para controlar los incendios forestales, como el yoduro de metilo —CH_3I—, el tetracloruro de carbono —CCl_4— o el bromoclorometano —CH_2ClBr, actualmente prohibido—. Tenga en cuenta que, aunque en la UE estos productos estén en algunos casos prohibidos —o se usen otras formulaciones que, hasta la fecha, han demostrado no generar toxicidad—, esta realidad no es aplicable al resto del mundo. De hecho, los más usados actualmente para inhibir los centros propagadores de incendios son el bromotrifluorometano —$CBrF_3$— y el bromoclorodifluorometano —$CBrClF_2$—.

Morchella esculenta, también conocida como morilla. Se trata de un hongo pirófilo comestible que aparece preferentemente en pinares y pinsapares de la sección meridional de la península.

126

Volviendo a los hongos pirófilos, es imposible no mencionar el que, quizá, sea el caso más extremo: se trata de *Rhizina undulata*, un ascomiceto cosmopolita que parasita plántulas de coníferas que se desarrollan en suelos quemados. Este hongo prospera debido a un curioso fenómeno: las esporas rompen su dormancia a temperaturas superiores a los 40 o 45 ºC. Una vez interrumpida la dormancia de esta, y ante una evidente ventaja por la ausencia de otros competidores, desarrollan rápidamente y sin ninguna dificultad un extenso micelio en este nuevo escenario posperturbación. La peculiar forma de vida de este representante fúngico es uno de los motivos por los que, después de que se haya producido un incendio en un bosque de coníferas, los botánicos e ingenieros forestales plantean ambiciosos proyectos de vigilancia —que casi nunca se cumplen o ponen en práctica por la pasividad de las administraciones públicas—. La idea es no dar lugar a que después de un incidente tan estresante como es un fuego, los pinos y sus parientes afines se vean atacados por estos microorganismos oportunistas.

Huelga decir que los incendios forestales generan mucha acumulación de materia orgánica carbonizada que acaba siendo colonizada por numerosas especies de hongos pirófilos como, por ejemplo, *Pyronema domesticum*, *Coprinellus angulatus*, *Pholiota brunnescens* o *Geopyxis carbonaria*. No obstante, los incendios tienen también sus contras, puesto que la aparición de estos hongos se produce a costa de sacrificar a otras especies propias de bosques maduros, como los marzuelos (*Hygrophorus marzuolus*), la yema de huevo o amanita de los césares (*Amanita caesarea*) o algunos boletus como *Boletus edulis*, *B. reticulatus* o *B. aureus*. De igual manera, al desaparecer del ecosistema la fauna —bien debido a muerte por asfixia o por emigración forzosa—, lo hacen consigo los hongos coprófilos que, como su propio nombre indica, fructifican sobre excrementos animales. Este último es el caso de taxones como *Ascobolus furfuraceus*, *Coprotus aurora*, *Poronia ericii* o *Stilbella fimetaria*.

Acabamos de ver los incendios forestales desde un punto de vista menos común de lo habitual, el de las setas. Y como en la canción de Blue Öyster Cult, *I'm Burning for You*, es decir, están ardiendo por ti. ¿Quién es ese «ti»? Pues una suerte de Moiras modernas. En esta culpa tripartita sabemos que la mayor parte de los incendios forestales tienen un origen antrópico —casi un 81 % del total, según los datos del Ministerio para la Transición Ecológica de España para el periodo 2006-2015—. Ya sean intencionados o debidos a un descuido, estos episodios de carácter estocástico provocan un reemplazo brusco en la comunidad micológica, con lo que eso conlleva. Esta sería nuestra Láquesis moderna, pues el destino de nuestros bosques lo echamos a suertes con cada una de nuestras acciones. La segunda responsable, Cloto, la encontramos en la administración pública, quien no incentiva que las labores de vigilancia de nuestros montes se realicen durante todo el año. Los trabajos de adecuación y vigilancia no pueden restringirse a los meses más cálidos del año, máxime en un escenario de crisis climática donde los episodios fríos y cálidos se estima que variarán ampliamente tanto en intensidad como en duración. Sin rueca ni hilo —medios humanos y materiales para que los servicios de vigilancia forestal puedan realizar correctamente sus labores—, mal augurio nos aguarda. En último lugar, el papel de Átropos lo juega lo inexorable. ¿Y qué es lo inexorable en este contexto? Si ha leído con detenimiento todo lo expuesto anteriormente, habrá descubierto que buena parte de los hongos pirófilos están asociados a bosques de coníferas. Dentro de ese grupo se encuentran los pinos, que se caracterizan por ser especies de uso común a la hora de reforestar zonas quemadas —muestran un crecimiento rápido—. Sin embargo, los pinos son especies pirófitas: aman el fuego. En su interior, albergan toda una batería de resinas y compuestos químicos altamente inflamables —terpenos monocíclicos—. Dicho de forma más sencilla y clara, los pinos, si salen ardiendo, son prácticamente teas. Por todo ello, se propone que los planes de reforestación mezclen pinos —los taxones que sean oriundos de cada geografía— con otras especies autóctonas que ardan más lentamente que estas, como las ya mencionadas quercíneas.

De esta forma, las quercíneas —también los almendros o el olivo— juegan el papel de lo que hemos venido a denominar «cortafuegos verdes», que muestran una triple utilidad:

1. Sirven como herramienta de lucha frente al creciente abandono de la superficie agrícola, hecho que ha provocado la modificación del comportamiento del fuego aumentando la superficie quemada, la virulencia de los incendios y sus efectos devastadores —con las consecuentes pérdidas económicas, ambientales y humanas—.
2. Permiten compatibilizar la protección de los valores medioambientales con la gestión agrícola y ganadera.
3. Contribuyen de manera decisiva a la prevención y extinción de incendios forestales, fijando asimismo población en los territorios y poniendo en manos de los propios agricultores la gestión de tierras.

Hasta ahora, siempre habíamos visto los incendios forestales bajo la óptica de la masa arbórea. No obstante, al hacerlo en esta ocasión a través de unos organismos que viven y se desarrollan a ras de suelo, hemos sido conscientes de que el incendio afecta muy negativamente a los organismos que estructuran y dan cohesión funcional al mismo. Además, el agua utilizada para extinguir los fuegos causa la erosión del suelo, el cual se perderá y deberá ser prácticamente formado nuevamente desde cero —o casi—, lo que conlleva tiempo. Y recuerde que después de un incendio, perdemos a los aliados a los que se les ha encomendado esta labor. A diferencia de lo que cantase Antonio Martín en su comparsa *A fuego vivo*, a muchos hongos les faltan reaños para volver después de un palo semejante.

Para saber más

Dahlberg, Anders. «Effects of fire on ectomycorrhizal fungi in Fennoscandian boreal forest». *Silva Fennica* 36, nº 1 (2002): 69-80.

García-Manjón, José Luis y Moreno, Gabriel. «Contribución al estudio de los hongos que fructifican sobre la familia Pinaceae (Gen. Pinus L.) en España (1ª aportación)». *Acta Botanica Malacitana* 6 (1980): 149-174.

Fernández de Ana-Magán, F. J. «El fuego y los hongos del suelo». *Cuadernos de la Sociedad Española de Ciencias Forestales* 9 (2000): 101-107.

Johnson, Edward. *Fire and vegetation dynamics: Studies from the North American Boreal Forest.* Reino Unido: Cambridge University Press, 1992.

Ozturk, Ismet, Sahan, Serkan y cols. «Bioactivity and mineral contents of wild-grown edible Morchella conica in the Mediterranean Region». *Journal für Verbraucherschutz und Lebensmittelsicherheit* 5 (2010): 453-457.

Raudabaugh, Daniel B., Matheny, P. Brandon, Hughes, Karen W., Iturriaga, Teresa y cols. «Where are they hiding? Testing the body snatcher hypothesis in pyrophilous fungi». *Fungal Ecology* 43 (2020): 100870.

Real Decreto 30/2009, de 16 de enero, *por el que se establecen las condiciones sanitarias para la comercialización de setas para uso alimentario.* https://www.boe.es/eli/es/rd/2009/01/16/30

Terradas, Jaume. *Ecología de la vegetación: De la ecofisiología de las plantas a la dinámica de comunidades y paisajes.* Barcelona: Omega, 2001.

Torres, Pilar y Honrrubia, Mario. «Changes and effects of a natural fire on ectomycorrhizal inoculum potential of soil in a Pinus halepensis forest». *Forest Ecology and Management* 96 (1997): 189-196.

A NADIE LE AMARGA UN DULCE

«Las aventuras más dulces para el alma son
las que nos llegan sin esperarlas».
Edmond Thiaudiere

«Haga una lista de cosas importantes que hacer hoy.
En la parte superior de la lista coloque
"comer chocolate". Así, al terminar el día usted
tendrá, al menos, una cosa hecha».
Gina Hayes

Todo empezó con un paquete de esas galletas rellenas de una pasta con sabor a nata que un anuncio nos dice que para comerla correctamente debemos proceder según la siguiente secuencia lógica: desmoldar, lamer el relleno, volver a montar la galleta, mojarla en leche y morder. ¿Les suena la marca? Pues todo lo que seguirá a continuación es culpa de estas galletas y mi estimada compañera de andanzas friquis, Rafi, que fue quien me confesó su pecaminosa merienda para una tarde de verano. Este humilde servidor andaba buscando *inputs* o estímulos con los que inspirarse para narrar nuevas batallitas micológicas y, como habrá advertido, esta fue la idea que necesitaba para comenzar a aporrear las teclas que han conformado las líneas que está leyendo ahora.

Seguramente habrá visto en más de una ocasión esos documentales que explican cómo se fabrican objetos tan cotidianos como una bola de béisbol o una chocolatina. En cada uno de los episodios nos muestran, paso a paso, todo el proceso de elaboración; cómo, a partir de las materias primas, acaban obteniendo el producto en cuestión. Reconozco que me gusta verlos. Son, a mi modo de entender, golosinas de entretenimiento que ayudan a despejar mi mente. Más aún si explican cómo se elaboran los pastelitos y dulces más variados, algunos de los cuales solo se comercializan en Estados Unidos, donde se produce este programa. Sin embargo, casi siempre acabo contrariado por un mismo motivo: omiten u obvian mencionar de dónde obtienen los aromas y saborizantes que usan para dar los coloridos —y sabrosos— acabados a estas mamotréticas criaturas salidas del fecundo vientre de la industria alimentaria. ¿Cuánto trabajo cuesta que nos lo digan? Si, total, todos ellos aparecen en el etiquetado del producto con su correspondiente código alfanumérico. ¡Que levante la mano quien a estas alturas de la película no sepa que tras el enigmático E-330 se esconde ácido cítrico y que podemos obtenerlo de la fermentación de sacarosa o glucosa con la ayuda del hongo *Aspergillus niger!*

Infinidad de zumos, refrescos, *snacks*, gominolas y hasta cervezas incluyen ácido cítrico en su elaboración. Sabemos qué es, lo que ya no tenemos tan clara es su procedencia. Esto lo digo no porque sea yo un ilustre bioquímico o nutricionista, nada más lejos de la realidad; lo he aprendido gracias a mi trabajo y formación junto a grandísimos micólogos y reposteros. Así, charlando de cocina con mi paisano Jesús Escalera —aunque sea uno de los mejores reposteros de América Latina, nació en Utrera—, he llegado a comprender que platos tan tradicionales como el brazo de gitano, las natillas o el arroz con leche pueden incluir en su elaboración setas tan codiciadas económicamente como las trufas

(*Tuber melanosporum*) o el *shiitake* (*Lentinula edodes*). Probar semejantes postres supuso, en mi caso, abrir la mente a toda una nueva gama de experiencias culinarias y sensoriales.

Individuo de *shiitake (Lentinula edodes)* creciendo sobre la corteza de un árbol. Tradicionalmente, el cultivo de esta seta se ha realizado inoculando sus esporas sobre roble japonés *(Quercus acuta)*.

Puede que lo relatado unas cuantas líneas más arriba le resulte sorprendente, pero es verdad que las setas son usadas en repostería con más asiduidad de la que estamos dispuestos a reconocer. ¿Ha probado los rebozuelos (*Cantharellus cibarius*) confitados y bañados en chocolate negro? Se trata de una seta bastante frecuente en nuestros bosques de encinas o robles. Lo común es que se use como guarnición acompañando a carnes de caza como el venado o el jabalí, a los que aporta un característico aroma a albaricoque; sin embargo, en Pontevedra —donde es común— las bañan en chocolate negro. ¡Si hasta culturistas y otros deportistas de élite las consumen a modo de golosina *fit!* Y no es la única receta en la que se pueden incluir rebozuelos, pues también es usado para elaborar tocino «de tierra»

—llamado así por contraposición al tocino de cielo—. Huelga decir que ese particular «tocino» se elabora con múltiples representantes fúngicos de gran interés culinario, como senderuelas (*Marasmius oreades*), seta blanca o de calabaza (*Boletus edulis*) o trompetas de muertos (*Craterellus cornucopioides*).

Hay otras elaboraciones culinarias en la que están muy presente los hongos. O, al menos, algunos aromas extraídos de ellos como, por ejemplo, la sotolona. Esta es utilizada por algunos chefs para ofrecer un olor similar al del caramelo, azúcar tostado o sirope de arce a productos tan variados como gofres, helados o, incluso, pan. Es, en otras palabras, uno de esos sospechosos habituales en los atrevidos trampantojos gastronómicos que en ocasiones se nos presentan. La estructura química de este aromatizante es similar a la del 3-amino-4,5-dimetil-2(5H)-furanona, difiriendo únicamente en el grupo funcional —el amino es sustituido por un hidroxilo—. Aunque actualmente lo que se usa en cocina es un producto de síntesis química, en un primer momento este aroma se extraía de *Lactarius fragilis* var. *rubidus*, un hongo que tiene la capacidad de micorrizar con *tanoaks* (*Notholithocarpus densiflorus*) y abetos de Douglas (*Pseudotsuga menziesii*). El problema de extraer este aromatizante de *L. fragilis* —y algún que otro pariente congenérico entre los que se encuentran los níscalos— es que solo crece en los bosques de la costa oeste de Estados Unidos y Canadá durante otoño e invierno. A poco que la demanda de sotolona con fines culinarios se disparara, no quedarían en los bosques norteamericanos *candy caps* — así se conoce vulgarmente esta seta en la región angloparlante del «Nuevo Continente»— suficientes para satisfacer la demanda.

Sin embargo, si hay una receta en la que los hongos juegan un papel protagonista esa es la elaboración del chocolate. ¿Se ha preguntado alguna vez cuál es el proceso por el que los frutos de *Theobroma cacao* acaban convertidos en, pongamos por caso, bombones de chocolate? Así es, en esta transformación actúa un hongo. Espere un momento, porque a decir verdad son dos, de ahí que usase el plural desde un primer momento. Vayamos por partes, porque la producción de chocolate empieza en el mismo momento en el que la planta de cacao establece una relación mutualista con hongos de la clase *Glomeromycetes*. De esta forma, el cacao desarrolla endomicorrizas que van a facilitar la obtención de nutrientes limitantes como, por ejemplo, el fósforo, tan importante para el desarrollo vegetal. Por cierto, la antigüedad de la asociación entre *Glomeromycetes* y plantas se remonta —según el registro fósil— a unos 400 millones de años atrás. Estos fósiles muestran unas estructuras especializadas en las raíces similares a las micorrizas actuales, lo que ha llevado a realizar el siguiente planteamiento: si la asociación micorrícica es tan antigua como la presencia de las plantas terrestres, ¿quiere decir que esta empresa cooperativa resultó indispensable para la colonización del medio seco terrestre por parte del —ya obsoleto— reino Vegetalia? Todo parece indicar que así es, pero los biólogos evolutivos aún andan discutiendo los pormenores de semejante simbiosis.

Empero, donde verdaderamente toman un papel importante —y mucho más activo— estos seres vivos es en la producción misma del chocolate. Los frutos del cacaotero se caracterizan por presentar una vaina de coloración parduzca en cuyo interior se encuentran varias semillas grandes de sección triangular de las cuales extraemos el cacao para elaborar el chocolate. Quizá resulte sorprendente conocer que estas vainas son imposibles de comer, pues son realmente amargas a nuestro paladar. No ocurre así con la cubierta de la semilla, que es pulposa y dulce, a diferencia de lo que ocurre con la propia semilla. Teniendo en cuenta estas circunstancias, los primeros humanos debieron comerse por error tanto la cubierta seminal como la propia semilla, quizá buscando consumir o apurar al máximo esa parte dulce del fruto. Sea como sea, en algún momento de esta peripecia gastronómica algún ancestro nuestro debió consumir por necesidad semillas parcialmente podridas de cacao, concluyendo que estas eran más dulces que cuando estaban «lozanas» o «frescas». La acción conjunta de dos hongos son las responsables de haber convertido unas semillas no comestibles —o, cuanto menos, desagradables a nuestro paladar— en uno de los manjares favoritos del mundo. Unos hongos habían conseguido entregar «el alimento de los dioses» —que es lo que significa *Theobroma*— a unos simples mortales para su uso y disfrute.

Efectivamente, los bombones que regala a su pareja cada San Valentín son el delicioso subproducto de una pudrición o fermentación incompleta iniciada por una levadura de la familia *Saccharomycetaceae* llamada *Candida krusei* y el hongo *Geotrichum* spp. A este respecto cabe destacar que cada fabricante elabora el chocolate inoculando su propia variante de *Geotrichum* aunque parece que, de ordinario, en el medio natural quien desarrollaría esta tarea sería *Geotrichum candidum*, el mismo hongo que podemos encontrar en el queso Camembert o el Saint-Nectaire. Por ejemplo, cierta empresa que comercializa chocolates envueltos en un característico envase rojizo suele usar en la elaboración de sus chocolates cepas de *Geotrichum* capaces de degradar L-arabinosa, un azúcar muy usado como fuente de carbono en cultivos bacterianos y que únicamente el 5 % de todas las cepas de *Geotrichum* hasta ahora descritas pueden utilizar. De esa forma, durante la fermentación de las semillas de cacao por la acción conjunta de *G. candidum* y *C. krusei* se libera al medio etanol, subproducto que diferentes bacterias van a degradar hasta convertir en ácido láctico y ácido acético. Este ácido acético va a jugar un importantísimo papel en la elaboración del cacao, pues provoca la ruptura de las paredes celulares de la semilla, desencadenando toda una cascada de reacciones químicas complejas que darán como resultado un aroma y sabor característico. Este cacao, una vez tratado adecuadamente —drenado y secado—, está listo para ser mezclado con leche, azúcar, frutos secos o licor para elaborar esos calóricos manjares que llamamos chocolatinas, bombones… o simplemente chocolate.

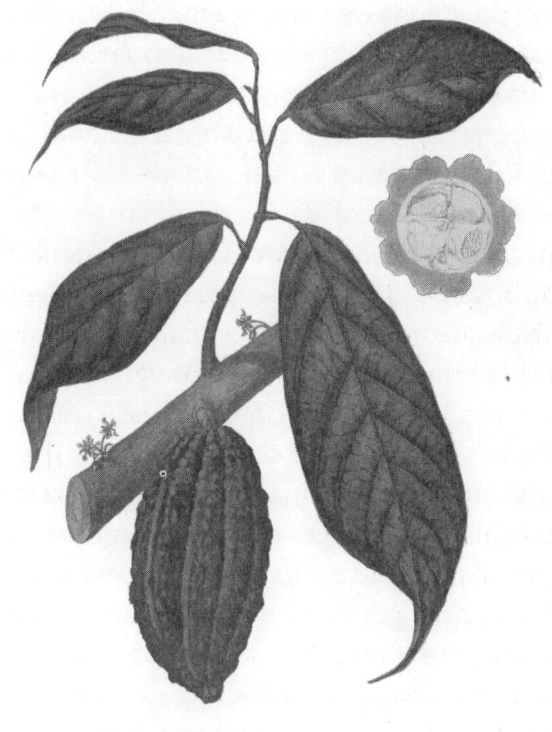

THEOBROMA CACAO.—Linn.—Blanco.—DC.

Ilustración de *Theobroma cacao*, obra de Francisco Manuel
Blanco. Esta imagen forma parte de la *Flora de Filipinas*.

Y hablando de bombones de licor, ¿se ha preguntado alguna
vez cuál es la bebida alcohólica que contenían? Durante mi infancia lo hice en más de una ocasión, porque había algunos que
me pirraban y otros que detestaba con toda mi alma. Concretamente, sentía una especial repugnancia por cierta marca comercial de papel rosadito y nombre comercial francés. Licor de
cereza, ¡puaj! Mi delicado paladar aprendió a diferenciar aquellos bombones que comían los adultos, cuyo relleno llevaba
brandy o Grand Marnier —un destilado ideado en 1880 por
Alexandre Marnier-Lapostolle y que mezcla brandy y naranja
amarga—, de esos baratos que nos daban a mis primos y a mí.

Expío aquí mi culpa por aquellos actos de latrocinio inocentes. ¿No se llama este capítulo «A nadie le amarga un dulce»? Pues imagine ahora que ese «nadie» es un niño goloso.

Aquel niño goloso ya creció, convirtiéndose en este servidor de usted. Lo que no ha cambiado es ese espíritu goloso, adaptado ahora a un paladar maduro. Por este motivo, ahora ha cambiado los bombones rellenos de Grand Marnier por otras filigranas de chocolate semejantes que, en esta ocasión, están rellenas de licores artesanos gallegos. Lo original de estos licores es que están aromatizados con setas como *shiitake* (*Lentinula edodes*), boletus (*Boletus edulis*) o los rebozuelos que anteriormente cité que se bañaban en chocolate. Quizá sea desconocido para muchas personas que Galicia es una de las pocas regiones europeas capaces de aprovechar y optimizar el rendimiento económico de unos recursos forestales tan estacionales y fluctuantes —dependen de que el tiempo acompañe— como las setas.

Acaba de comprobar que los hongos tienen infinidad de utilidades en el mundo de la gastronomía, donde son apreciados, además de por tratarse de un recurso alimenticio muy nutritivo capaz de conferir aromas y sabores muy gratos y particulares a las elaboraciones que los incluyen. Han dejado de ser el acompañamiento o guarnición de nuestro solomillo Strogonoff para encontrarse en infinidad de platos, incluyendo la repostería. Han dejado de ser un condimento para convertirse, por derecho propio, en un ingrediente más. Actualmente, los hongos —y sus cuerpos fructíferos, a los que llamamos setas— están siendo vistos con otros ojos por parte de la industria alimentaria. Ya no son esos molestos seres microscópicos que contaminan y deterioran productos. Tampoco son esas «simples» levaduras que fermentan nuestra cerveza, vino o sake o que maduran nuestros quesos: constituyen una excelente opción alimentaria con la que enriquecer nuestros platos. Y, de vez en cuando, dar un gusto a nuestro paladar. Recuerde, hasta el chocolate que come ha sido elaborado, en primera instancia, por dos individuos de origen fúngico, por más que las etiquetas del chocolate que compramos lo omitan. A fin de cuentas, parafraseando a Tom Waits en su canción *Chocolate Jesus*: «No conozco a nadie que no rece a un Jesús de chocolate». ¡Que levante la mano aquel a quien no le gusten los Conguitos o una de las galletas de Rafi! A fin de cuentas, han inspirado estas páginas que acaba de leer.

Para saber más

Adamafio, Naa A., Kyeremeh, Kwaku, Matey, Abraham T. y cols. «In situ degradation of cocoa (Theobroma cacao) pod husk theobromine by Candida krusei». *International Journal of Biotechnology and Biochemistry* 9, nº 1 (2013): 135-144. https://www.researchgate.net/profile/Professor-Kwaku-Kyeremeh/publication/245542511_In_situ_degradation_of_cocoa_Theobroma_cacao_pod_husk_theobromine_by_Candida_krusei/links/65ee2313aaf8d548dcc0e919/In-situ-degradation-of-cocoa-Theobroma-cacao-pod-husk-theobromine-by-Candida-krusei.pdf
Beard, James. *The Grand Marnier Cookbook.* Ed. Grand Marnier, (1970).
Delgado-Ospina, Johannes, Molina-Hernández, Junior Bernardo y cols. «The role of fungi in the Cocoa production chain and challenge of Climate Change». *Journal of Fungi* 7, nº 3 (2021): 202. https://www.mdpi.com/2309-608X/7/3/202
Mat, S. A., Mohd Daud, I. S. y cols. «Effects of Candida sp. and Blastobotrys sp. starter on fermentation of cocoa (Theobroma cacao L.) beans and its antibacterial activity». *Journal of Pure and Applied Microbiology* 10, nº 4 (2016): 2501-2510. https://microbiologyjournal.org/wp-content/uploads/2018/03/JPAM_Vol_10_No4_p_2501-2510.pdf

Show, Paul Loke, Oladele, Kehinde Opeyemi, Siew, Qi Yan y cols. «Overview of citric acid production from Aspergillus niger». *Frontiers in Life Science* 8 (2015): 271-283.

Wood, W. F., Brandes, J. A., Foy, B. D. y cols. «The maple syrup odour of the "candy cap" mushroom, Lactarius gracilis var. rubidus». *Biochemical Systematics and Ecology* 43 (2012): 51-53.

UN MICÓLOGO EN LA NASA

«Bien, hagamos los cálculos.
Nuestra misión aquí debía durar 31 días solares.
Por seguridad, enviaron comida para 68 días. Para 6 personas.
Para mí solo, durará 300 días solares.
Si la raciono, podría durar 400.
Debo hallar el modo de cultivar comida para tres años.
En un planeta donde no crece nada.
Por fortuna soy botánico.
Marte se estremecerá ante mis poderes botánicos».
Mark Watney, protagonista de *Marte*

«¿En qué momento nace la micología como disciplina científica?». No sé cuántas veces me habrán hecho esta misma pregunta cuando he hablado sobre hongos o setas —casi siempre alucinógenas, por desarrollarse en el seno de jornadas sobre las sustancias de abuso y otras toxicomanías—. Lo cierto es que no hay una única respuesta correcta. Por consenso, se reconoce como padre de la micología a Pietro Antonio Micheli quien, en 1729, publicó *Nova Plantarum Genera*. En esta obra aparece recogida la primera clasificación moderna de los hongos. Gracias a que observó al microscopio esporas fúngicas, dedujo que estas estructuras eran sus «semillas», poniendo asimismo

141

fin a la corriente de pensamiento que defendía la generación espontánea de estos organismos. Lamentablemente, el resto de micólogos y compañeros coetáneos no tuvieron en cuenta sus aportaciones, motivo por el que se considera a Christiaan Hendrik Persoon el «gran maestro» de la disciplina. Y hay que reconocerle el mérito a este sudafricano de padres neerlandeses, pues en su obra *Synopsis Methodica Fungorum* clasificó más de 1 500 especies, creando además una escuela o metodología propia a la hora de trabajar. ¡Y todo ello a solas y sin ayuda!

Si nos constreñimos, sin embargo, al ámbito de la micología médica, tenemos que retrasar su fecha de nacimiento hasta 1835. La paternidad en este caso corresponde al italiano Agostino Bassi, discípulo del insigne botánico Lazzaro Spallanzani —uno de los fundadores de la biología moderna—. Bassi concluyó que la muscardina, una enfermedad que atacaba a los gusanos de seda provocando graves perjuicios económicos, era el resultado de la acción de un hongo llamado *Beauveria bassiana*. Estas observaciones fueron, posteriormente, confirmadas por el botánico francés Victor Audouin en 1838. Pero claro, en el Códice de Martín de la Cruz, manuscrito azteca de 1552 —conocido como *Libellus de medicinabulus indorum herbis*— ya se mencionaban enfermedades que hoy día sabemos que son producidas por el «ataque» de hongos. Por cierto, el texto, el primer herbario ilustrado escrito en América, fue devuelto por el Vaticano a México en 1990.

Sirva lo relatado anteriormente para ejemplificar cuán complejo resulta poner fecha de inicio a la irrupción de una nueva disciplina científica, existiendo la posibilidad de encontrar un ejemplo anterior que se ajuste al ámbito que consideremos definir o poner en contexto. No obstante, si hay una disciplina cuya paternidad no genera ninguna duda, esa es la astromicología. ¿El nombre de su progenitor? Paul Stamets, un activo investigador que ha patentado propiedades pesticidas y antivirales extraídas de micelios de hongos, algunos de los cuales se están ensayando actualmente con fines clínicos. Sería el equivalente a un Elon Musk del mundo vegetal: tiene tantos fans que le consideran un visionario como detractores que lo ven con recelo. Eso sí, siendo honestos, Stamets es menos excéntrico. Y muchas de sus predicciones es probable que se acaben haciendo realidad. Solo el tiempo dirá si es un charlatán o una personalidad que consiga revolucionar para siempre la micología tal y como la conocemos. Con todos estos mimbres, la NASA ha aceptado incorporar a Stamets en su programa de colonización marciana. Pero vayamos paso a paso.

Si recuerda el argumento de *Expedición a la Tierra*, de Arthur C. Clarke, un astronauta es dejado a la deriva en Marte, deambulando por el «desierto rojo» hasta su muerte. Presuntamente, serán los microbios que se liberen al terreno marciano con la corrupción de su cuerpo los que se encarguen de terraformar o hacer habitable este «nuevo mundo». Sabemos que Clarke sentía fascinación por la astronomía, de ahí que sus trabajos contengan ese cuidado lenguaje científico revestido de una fantasía aparentemente tangible en un futuro cercano. De lo que no tenemos constancia, por el contrario, es de si tenía conocimientos micológicos para plantear semejante hipótesis. Pronto entenderán el por qué de esta aseveración; antes, les voy a contar un par de datos curiosos sobre el fascinante mundo fúngico.

Voy a hablarles de *Pilobolus*. Se trata de un género de hongos que, en la mayoría de los casos, vive sobre excrementos de caballos y vacas, de los que se alimentan mientras las tierras de labranza son estercoladas y fertilizadas por las bestias. Lo fascinante en el comportamiento de este hongo ocurre cuando «la mierda» se agota: ante la imposibilidad de poder seguir alimentándose, reorganiza su estructura y forma una protuberancia que, sobresaliendo de entre las heces, origina un esporangio que disemina las esporas al aire con una fuerza equivalente a la de 20 000 veces la gravedad. ¡Menudo estornudo! Actuando así, cabe la posibilidad de que las esporas caigan en una zona de pastos con nuevos caballos y vacas que, después de comerse las verdes hierbas que acaban de colonizar nuestros protagonistas fúngicos, los depositen nuevamente —previo paso por el sistema digestivo— sobre un montón de heces a estrenar. Así, el hongo cierra un bucle infinito de consumo de heces animales y transporte a nuevos hábitats.

Imagen del *Libellus de medicinalibus Indorum herbis* donde aparece representado un cactus del género *Opuntia* bajo el nombre *Tlatocnochtli*.

Lo cierto es que detrás de todo lo expuesto líneas arriba subyace una idea romántica: el compromiso conjunto en busca de una nueva oportunidad de supervivencia. Habrá quien diga que es lo mismo que estamos haciendo los humanos con la carrera por llegar a Marte, librarnos de una Tierra agonizante y buscar una nueva oportunidad de supervivencia en un nuevo planeta. Sin embargo, a diferencia de cómo funciona el mundo de la investigación la mayor parte de las veces, el hongo coopera. El hongo no entiende de envidias, rencillas ni rencores; si el alimento se agota, a todos por igual les va mal. Esta situación los lleva a emitir una señal de *quorum sensing* y agruparse en ese «cohete» con destino a nuevos prados. Para nosotros, Marte es algo ignoto, pero para *Pilobolus* todo lo que se escape de su parcela de estiércol es un espacio insondable. Un simple problema de perspectiva que, en ambos casos, obliga a empezar de cero a humanos y hongos.

Llegados a este punto, se hace necesario volver a apelar al conocimiento del astromicólogo coprotagonista de *Star Trek: Discovery* —interpretado por Anthony Rapp—. Sí, voy a volver a hablar de Paul Stamets. De hecho, quizá le resulte curioso que el personaje de la serie de ficción esté inspirado en el micólogo de la vida real. ¡Cómo no estarlo si hasta le han puesto el mismo nombre! Y es que, como decía, el Stamets de la vida real ha realizado grandes propuestas a esa «Odisea» que conocemos bajo el nombre de exploración espacial. Uno de los primeros proyectos en los que decidió colaborar estrechamente con la NASA está orientado a la terraformación de Marte, algo que parecía imposible cuando lo vimos en aquella película interpretada por Matt Damon: *El marciano.* La finalidad última de esta labor reside en encontrar hongos capaces de descomponer el regolito, una capa de materiales no consolidados que descansan sobre roca sólida. Para Stamets, «es mucho más fácil coger una semilla y cultivar tu comida que llevar una tonelada de alimentos al espacio». Hasta la fecha, ha ensayado con más de 700 especies distintas, algunas de las cuales han demostrado ser muy eficientes en la degradación del regolito y la estructuración de un «protosuelo», como por ejemplo el caso de la seta de ostras (*Pleurotus ostreatus*).

No obstante, lo realmente curioso y fascinante de los estudios de Stamets reside en las novedosas aplicaciones que está describiendo en los hongos. Así, ha conseguido construir «ladrillos» trabajando con el micelio del hongo *reishi* (*Ganoderma lucidum*), asegurando que, una vez estos están secos, tienen unas propiedades mecánicas similares a la del acero inoxidable 18/10 —una aleación de acero que contiene un 18 % de cromo y un 10 % de níquel—. Si esta última aplicación le ha parecido asombrosa, imagine ahora diseñar un blindaje protector para astronautas que les proteja contra la radiación ionizante. Pues eso es lo que han hecho Nils Averech, Graham Shunk y Christoph Kern, empezar a estudiar al hongo *Cladosporium sphaerospermum* con el objetivo de dar a la Estación Espacial Internacional —ISS, por sus siglas— una herramienta que permita a sus empleados trabajar de manera más segura. Se estima que, a lo largo de un año, una persona promedio recibe, en la Tierra, una dosis de radiación de unos 6 mSV —6 milisieverts—, mientras que los astronautas que se encuentran en la ISS están expuestos a un equivalente de 145 mSv. Si la misión fuese, por seguir con el relato mantenido hasta ahora en este capítulo, a Marte y tuviese una duración de tres años, los astronautas habrían acumulado cada uno una dosis aproximada de 400 mSv.

La elección de *C. sphaerospermum* como candidato para hacer esta labor de EPI —Equipo de Protección Individual— no es casualidad. Este hongo ha sido capaz de prosperar en ambientes con niveles de radiación tan altos como los detectados en Prípiat después del accidente nuclear de Chernobyl. El hecho de que este taxón consiga sobrevivir en un ambiente así se debe a un fenómeno conocido como radiosíntesis, que permite que el hongo bloquee la radiación y la use como fuente de energía para crecer. Asimismo, las investigaciones realizadas hasta

146

la fecha han demostrado que un césped fúngico de 2 mm de espesor disminuye los niveles de radiación entre un 1.92 % y un 4.84 % y que el hongo es capaz de crecer un 21 % más rápido si se encuentra en la ISS que en la Tierra, hecho que corrobora el fenómeno radiosintético. Se antoja aún un logro insuficiente, pero la revolución final llegará a partir de una sucesión de «victorias pírricas» como esta que les acabo de contar.

Empero, esta no es la última aportación que la micología puede ofrecer a la astronáutica. En 2021, Paul Stamets revelaba a la popular revista *Scientific American* cómo cree poder ayudar a los astronautas que pasan largos periodos de tiempo en el espacio exterior. No es un secreto que los astronautas están expuestos a unas desafiantes condiciones que pueden afectar gravemente a su salud mental. Así, al aislamiento, se suman los posibles problemas o conflictos propios de la convivencia con personas de tantas nacionalidades diferentes —la ISS es utilizada por las cinco grandes agencias espaciales: JAXA, NASA, ESA, Roscosmos y CSA— o el hecho de tener que solventar problemas de malfuncionamiento de los equipos. Ciertamente, vemos a los tripulantes de las naves aeroespaciales como auténticos héroes, quizá debido al relato ofrecido por la NASA después de la llegada del Apolo XI a la Luna. Sin embargo, la realidad es completamente distinta: los astronautas sufren de ansiedad y depresión, motivo por el que son enviados al espacio junto con todo un cargamento de benzodiazepinas, codeína y otras drogas que les ayuden a conciliar el sueño y a llevar una vida «más relajada» allí arriba. Antes de proseguir, cabe destacar que los astronautas no se automedican y que el uso de estos fármacos está pautado dentro de un procedimiento muy concreto previamente supervisado por los altos mandos de la NASA; la agencia espacial estadounidense sigue teniendo un programa de tolerancia cero con respecto al uso y consumo de drogas por razones más que evidentes. En la práctica, si un astronauta no es capaz de conciliar el sueño adecuadamente como consecuencia de sufrir depresión, tampoco podrá desarrollar su trabajo en condiciones óptimas. Y a este problema latente hay que buscarle solución. Tal y como dijo el exastronauta canadiense Robert Thirsk durante la inauguración del Museo Canadiense de la Aviación y el Espacio, «es necesario comprender mejor la naturaleza de la ingravidez, la radiación ionizante y el aislamiento psicológico para que los vuelos espaciales sean más seguros para los astronautas». Bajo esta premisa, la NASA ha creado el instituto TRISH —Instituto de Investigación Traslacional para la Salud Espacial—, centrado en poner a punto nuevas tecnologías y enfoques que permitan a los astronautas estar sanos mientras están realizando sus expediciones. Dicho en otras palabras, el TRISH financia soluciones que ayudarían a identificar fármacos que puedan ayudarles mientras se encuentren a bordo de misiones espaciales, permitiéndoles fabricar sus propios medicamentos en caso de que fuese necesario. Y una de esas potenciales soluciones podría encontrarse en los hongos psilocibios.

Pilobolus oedipus es un taxón fúngico que se desarrolla sobre heces de animales. Cuando esta se agota, desarrolla un esporangio que, a modo de cohete, lanza las esporas en busca de nuevos territorios que colonizar.

Se conoce con el nombre de hongos psilocibios a aquellos que contienen sustancias psicoactivas como la psilocibina, la psilocina o la baeocistina, que actúan como agonistas de los receptores de la serotonina. De esta forma, y dado que la serotonina es un neurotransmisor estrechamente relacionado con nuestro estado de ánimo, Paul Stamets trabaja con la NASA en el uso de estos hongos —o sus principios activos— como moduladores del estado de ánimo de los astronautas. Para el extrovertido micólogo estadounidense, «la NASA o cualquier otra persona que trabaje y contemple la colonización del espacio, debería considerar a los hongos psilocibios como una parte esencial de su kit de herramientas de cara a poder soportar la soledad y los retos de encontrarse en aislamiento». No obstante, aunque Stamets cree que investigar el uso de psilocibina como fármaco para tratar los problemas de salud en los astronautas valdrá la pena en un futuro cercano, asegura que aún falta para que la veamos en el espacio. Según el propio Stamets, «nuestros astronautas podrán tomar psilocibina en el espacio y mirar el universo y no sentirse distantes y solos, sino sentir que son parte de una conciencia aún mayor». Sé que estas declaraciones suenan *new age*, pero es que buena parte de las investigaciones con estas sustancias surgieron en ese periodo histórico que conocemos también como movimiento *beatnik*. Ojo, que esto no implica que el ser humano empezase a usarla en este periodo, que se conocen cuevas con pinturas de setas similares a los psilocibios.

Ser astronauta es una tarea compleja. Para contratarlos, uno de los criterios que más influye es el de ser personas emocional y psicológicamente estables, pues el entorno en el que van a desarrollar su labor es comprometido. Recientemente se han publicado múltiples estudios analizando la salud mental de personas sometidas a microdosis de alucinógenos —como la psilocibina—. Joseph Rootman, uno de los investigadores más productivos en este ámbito, sugiere que, a pesar de los beneficios positivos de las microdosis de psilocibina en la salud mental y la cognición, aún son necesarios ensayos clínicos más rigurosos. Todos estos avances son fascinantes, pero están en fase inicial. Sin embargo, ayudan a tener una percepción novedosa de la micología, abriendo paso a una nueva disciplina. La astromicología genera incertidumbres sobre el porvenir de la astronáutica de forma similar a como David Bowie nos trasladaba los sentimientos del Major Tom en su *Space Oddity*. Sin embargo, la historia de Major Tom continúa en la canción *Ashes to ashes*, donde el astronauta vuelve a entablar comunicación con el control de Tierra para decir que es feliz en el espacio y que se encuentra en calma. Jamás sabremos si el Major Tom fue el primer hombre en tomar psilocibina en el espacio, pero quién iba a decir que esta canción del «Duque Blanco» resultaría hoy día tan profética. La «rareza espacial» —que es lo que significa *Space Oddity*— ha dado paso a una odisea espacial que, según parece, vamos a emprender de la mano de estos fascinantes seres microscópicos. Y esa «emigración estelar», que es la traducción de *Star Trek*, únicamente la vio venir Stamets.

Para saber más

Arenas Guzmán, Roberto. *Micología médica ilustrada (5ª ed.)*. Nueva York: McGraw-Hill, 2015.

Averech, Nils, J. H., Shunk, Graham K. y Kern, Christoph. «Cultivation of the dematiaceous fungus Cladosporium sphaerospermum aboard the International Space Station and effects of ionizing radiation». *Frontiers in Microbiology* 13 (2022). https://www.frontiersin.org/journals/microbio logy/articles/10.3389/fmicb.2022.877625/full

Kyles-Stewart, Maiya A. y Shyam, Vikram. *MycoMaterials: Metal-Fungi Hybrids*. EE. UU.: NASA, 2019. https://ntrs.nasa. gov/api/citations/20190032616/downloads/20190032616.pdf

Pereiro, M. *Historia de la micología*. Madrid: Drug Farma, 1996.

Rootman, Joseph M., Kryskow, Pamela, Harvey, Kalin, Stamets, Paul y cols. «Adults who microdose psychedelics report health related motivations and lower levels of anxiety and depression compared to non-microdosers». *Scientific Reports* 11 (2021): 22479 https://www.nature.com/articles/s41598-021-01811-4

Stelzer, Lisa, Hoberg, Friederike, Bach, Vanessa, Schmidt, Bertram y cols. «*Life cycle assessment of fungal-based composite bricks*». *Sustainability* 13 (2021): 11573. https://www.mdpi.com/2071-1050/13/21/11573

VV. AA. *Fantastic fungi: How mushrooms can heal, shift consciousness, and save the planet*. EE. UU: Aware Editions, 2019.

Xing, Yangang; Brewer, M., El-Gharabawy, Hoda y cols. «Growing and testing mycelium bricks as building insulation materials». *Earth and Environmental Science*.121 (2018): 022032. https://iopscience.iop.org/article/10.1088/1755-1315/121/2/022032/pdf

JUEGOS DE GUERRA

«Destruyo a mis enemigos cuando los hago mis amigos».
Abraham Lincoln

«La muerte por ironía resulta dolorosa».
Lara Croft, personaje del videojuego *Tomb Raider*

¿Recuerdan la película de ciencia ficción que da nombre a este capítulo? Debo admitir y reconocer que, siendo un tierno infante, no entendí muy bien el argumento, aunque me gustaba la idea de que alguien con un ordenador pudiese sortear todos los mecanismos de seguridad informática hasta conseguir las notas del colegio. Este es, de hecho, el inicio del argumento del film dirigido por John Badham —a quien conocerá por haber dirigido también *Fiebre del sábado noche*—, que muestra la vida de un joven *hacker* —o pirata informático— llamado David Lightman —interpretado por Matthew Broderick—. Como a todo «obseso» de la informática, a Lightman también le gustan los videojuegos, motivo por el que, en busca de información sobre novedades en la materia, comienza a telefonear como un poseso a todas y cada una de las franquicias de Silicon Valley. En esa labor, propia de los cibernautas más obstinados, consigue conectar su equipo con el de otro usuario desconocido que guarda una lista de juegos de estrategia que incluye desde el aburrido ajedrez o backgammon hasta propuestas tan atractivas como *Escenario global biotóxico y guerra química* o *Guerra mundial termonuclear*. Sin saberlo, se encuentra jugando en línea con el ordenador del Departamento de Defensa de Estados Unidos, hecho que podría crear un nuevo conflicto internacional y desencadenar una nueva Guerra Mundial. Todo lo que sigue en la película es una fascinante historia sobre la necesidad —o no— de automatizar procesos tan complejos como el control del lanzamiento de misiles de guerra. Recuerde que la película fue rodada en 1983 y que la Guerra Fría estaba aún vigente, hecho que no pasa inadvertido en ningún momento para la película. Porque sí, ¡el cine también puede ser una herramienta de propaganda política! Otro asunto es cómo se manifiesta ante nuestros ojos esa ideología. Dicho lo cual, esto no es *El nacimiento de una nación* —ni falta que le hace— y se trata de una película disfrutona y palomitera para ver acompañado de adolescentes.

Esporocarpo de *Ophiocordyceps sphecocephala* surgiendo de la cabeza del cadáver de la avispa que había parasitado previamente.

La verdad es que intentar reventar las medidas de seguridad o defensa de cualquier sistema es una tarea compleja. Es —en palabras de Nacha Pop— una «lucha de gigantes, un duelo salvaje», que agota y consume a ambos contendientes. Este mismo «juego de guerra» —de ahí el título elegido para nombrar este capítulo— es el que advertimos si estudiamos detenidamente la relación que mantienen los hongos entomopatógenos con sus potenciales presas artropodianas. *Coelomyces, Cordyceps, Verticillium, Beauveria, Nomuraea, Ascosphaera* o *Metarhizium* son algunos de los géneros fúngicos que atacan desde larvas de mosquitos a ácaros o abejas. No obstante, para el desarrollo o inhibición de epizootias causadas por hongos entomopatógenos se hace necesario un complejo número de procesos interactivos donde juegan un papel relevante desde el comportamiento del hospedador hasta el vigor y la edad del patógeno o la presencia de pesticidas en el medio. De manera general, y a pesar de la diversidad taxonómica de los hongos entomopatógenos, todos presentan un ciclo de vida que comienza con la germinación de la espora y su penetración en el hospedador a través de la cutícula —en el caso de *Culicinomyces,* son capaces de penetrar a través del tubo digestivo—. Tras este fenómeno, tiene lugar una rápida proliferación de las células fúngicas en el interior del insecto que le llevan a la muerte seguida de la producción de nuevas esporas infectivas con las que repetir nuevamente este ciclo. Podríamos decir que el fenómeno entomopatogénico transcurre siguiendo las siguientes fases:

1. La adhesión, primer paso de la infección, consiste en la unión del propágulo fúngico a la cutícula del hospedante. Dicha unión está mediada por mecanismos no específicos como las propiedades hidrofóbicas de la pared celular de la espora. En géneros de Hifomicetos como *Beauveria* o *Metarhizium,* esta característica se debe a la presencia de

proteínas ricas en cisteína que son conocidas vulgarmente como hidrofobinas.

2. La germinación, que ocurre cuando la espora encuentra en la cutícula del insecto las condiciones óptimas de humedad y temperatura. Cuando estas se cumplen, la espora produce estructuras de penetración y anclaje. Para dificultar la tarea invasora, los insectos muestran una serie de lípidos epicuticulares que hacen que a las esporas les resulte menos accesible la cutícula. Incluso se ha esgrimido que estos lípidos epicuticulares podrían tener una actividad antifúngica específica, al inhibir el crecimiento de la hifa.

3. La penetración del hongo a través de la cutícula del insecto implica la acción combinada de un proceso físico y otro químico. La hifa va a presionar las áreas menos esclerosadas del cuerpo de su hospedador a la par que va a hacer uso de toda una batería de enzimas digestivas —quitinasas, proteasas y lipasas, principalmente— que facilitarán la descomposición del tegumento artropodiano. Abertura bucal, ano, tarsos y regiones intersegmentales van a ser las áreas más comunes de penetración de estos «berbiquíes» fúngicos.

4. Tras la penetración va a tener lugar la multiplicación del hongo en el interior del insecto. El crecimiento vegetativo va a permitir al hongo incrementar la superficie en contacto con los nutrientes, dispersándose asimismo por el sistema circulatorio del hospedador. Para combatir estos daños, el insecto va a defenderse usando mecanismos humorales —proteínas y péptidos de defensa y fenoloxidasas— y celulares —fagocitosis—. De esta forma, el insecto es capaz de reconocer residuos específicos en los cuerpos hifales que harán que actúen las lecitinas y que, por consiguiente, estas estructuras fúngicas puedan ser fagocitadas y destruidas.

5. Para contrarrestar las reacciones de defensa artropo-diana el hongo cuenta con la producción de toxinas, desencadenando en la mayoría de los casos la muerte del insecto debido a las propiedades biocidas de estas últimas. Asimismo, estas también actúan como inhibidores de las reacciones de defensa del hospedador provocando alteraciones en los hemocitos así como el retraso en la agregación de las células de la hemolinfa. De entre todas ellas destacan particularmente las destruxinas, una toxina cuya función es la inhibición de la síntesis de ARN y proteínas y de las que se han descrito más de dos docenas de tipos diferentes.

6. Una vez el insecto muere, bien sea por toxicosis o por agotamiento de los nutrientes por parte del hongo, este coloniza totalmente el cadáver del hospedador y lo convierte en una especie de «momia» resistente a la degradación bacteriana gracias a la acción de metabolitos como la oosporeína.

7. Cuando las condiciones ambientales son nuevamente favorables —ambiente húmedo y cálido— las hifas van a atravesar el tegumento, teniendo lugar la emergencia hacia el exterior. Como ya ocurriera a la hora de penetrar el cuerpo del insecto, la salida va a ocurrir preferentemente por las zonas menos esclerosas. Una vez atraviesen el tegumento formarán esporas asexuales —llamadas conidias o conidiosporas—, unidades infectivas con función dispersiva. En este momento los factores ambientales jugarán un papel muy importante, determinando no solo la producción de conidias, sino también su supervivencia y germinación.

8. Estas nuevas conidiosporas van a dispersarse de manera pasiva hasta alcanzar un nuevo hospedador, repitiéndose desde un principio el ciclo arriba descrito.

De la forma narrada líneas arriba transcurre, en esencia, esta sorprendente guerra entre hongos e insectos. Sin embargo, los escenarios de batalla trascienden a las estrategias evolutivas y pueden llegar a establecerse alianzas interesadas. En este caso, los humanos y los hongos entomopatógenos han aunado esfuerzos para acabar con los insectos plaga, esos que fastidian nuestros cultivos. Antes de proseguir, debo advertirle que si piensa que esta es una alianza reciente está lejos de acercarse a la realidad, pues ya en 1879 Elie Metchnikoff produjo artificialmente esporas del hongo *Metarhizium anisopliae* para emplearlo en el control del escarabeido *Anisoplia austriaca*. Casi siglo y medio después conocemos más de setecientas especies de hongos entomopatógenos, una docena de los cuales son empleados con éxito en el control biológico de insectos, incluso en aquellos taxones endófitos. Así, uno de los casos mejor estudiados es el uso de preparados de *B. bassiana*, pulverizados sobre plantas de maíz, para reducir los daños causados por la superpoblación de orugas del taladro (*Ostrinia nubilalis*). A este respecto, investigaciones como las realizadas por Wagner y Lewis han descrito que las hifas del hongo no solo son capaces de penetrar e invadir las hojas de la planta, sino que también pueden hacerlo en el xilema —tejido encargado del transporte de agua y sales minerales entre diferentes partes de la planta—, donde son liberados metabolitos secundarios con actividad biocida.

Después de todo lo expuesto anteriormente cabría pensar que la mayor parte de las veces el hongo juega de local y acaba llevándose la victoria. Sin embargo, el uso de los hongos entomopatógenos como agente insecticida está sujeto a un rango muy estrecho de condicionantes. Sin ir más lejos, estos microorganismos son muy susceptibles a la inactivación por la radiación ultravioleta, hecho que las preparaciones y formulaciones comerciales deben tener muy en cuenta si quieren que su producto resulte eficaz. Este es el motivo por el que muchos fabricantes de micoinsecticidas alegan que la acción de sus preparados entomopatógenos

Los hongos del género *Beauveria* son actualmente utilizados como agente de control biológico de plagas como, por ejemplo, el taladro del maíz *(Ostrinia nubilalis)*.

se ve favorecida en el suelo, al tratarse de un medio privilegiado que protege al hongo de los peligros de la radiación ultravioleta. Por contra, las cepas seleccionadas para servir de micoinsecticidas deben adaptarse estrechamente a los óptimos térmicos del hábitat donde vayan a ser aplicadas. Asimismo, la humedad es un factor determinante en la formación y desarrollo de conidias a partir del cadáver del insecto; si en el momento de emerger nuevamente hacia el exterior las condiciones atmosféricas se vuelven más cálidas, la transmisión horizontal del hongo se detiene y, con ella, la eficacia en el control de la plaga.

Es innegable la importancia práctica y el interés que han adquirido los hongos entomopatógenos, más aún si tenemos en cuenta el considerable número de productos comerciales disponibles y los que están en fase de desarrollo. El desarrollo comercial de un micoinsecticida requiere de una etapa inicial en la que resulta decisiva la cuidada selección del aislado fúngico, lo que se traduce a su vez en un intenso trabajo de campo en busca de insectos infectados o de muestras de suelo —son las dos fuentes de hongos entomopatógenos hasta ahora conocidas en el naturaleza—. Posteriormente, se deberá evaluar la actividad insecticida de esa colección de cepas extraídas del medio natural en busca de aquellas más virulentas o que mejor se adapten a nuestros requerimientos. Para ello, será también necesario realizar exhaustivos estudios de ecología, fisiología o genética previos a la futura comercialización y registro del producto. Por si fuese poco, antes de comenzar a comercializar el producto se habrá debido evaluar también el impacto sobre la fauna auxiliar —esa que nos ayuda a lidiar en el medio natural con las plagas, de las que se alimentan—, su perfil alergénico, la producción de toxinas inespecíficas que puedan estar liberándose al medio e incluso el posible desplazamiento competitivo de otros hongos entomopatógenos existentes naturalmente en el lugar de aplicación del micoinsecticida. Por volver a usar el símil belicista, no es aceptable ganar la guerra causando bajas civiles que podían haberse evitado siguiendo lo dispuesto en las convenciones internacionales —que para eso se crean—.

Vistos todos los aspectos a tener en cuenta antes de desarrollar un micoinsecticida, no dudo que habrá quien se haya dejado llevar por el pesimismo. Sin embargo, estas rígidas normas de control son las que van a propiciar que no creemos un daño mayor sobre el ecosistema buscando proteger únicamente un tipo concreto de estos: los agroecosistemas. Hay gurús mediáticos que abogan por flexibilizar estos pasos, a los que consideran burocracia inútil. Si conocer mejor el ciclo de vida y la patogénesis de estos hongos es burocracia, igual estos prestigiosos científicos deberían bajarse un poco más al barro en lugar de predicar desde su púlpito. A fin de cuentas, esta es una práctica poco científica más propia de la religión que tanto detestan por carecer de razonamiento lógico y basarlo todo en la bonhomía humana —vulgarmente conocida como fe—. Ya sabe lo que dicen: «Para ganar la guerra hay que saber perder batallas». A mí, personalmente, se me antoja una derrota pequeña habida cuenta lo que podemos conquistar: la obtención de nuevas herramientas en la lucha contra las plagas agrícolas complementarias al uso de insecticidas de síntesis química. Y eso sí que no lo debemos considerar ningún juego.

¡PARA SABER MÁS

Alves, Roberto T., Bateman, Roy P., Gunn, Jane, Prior, Chris y Leather, Simon R. «Effects of different formulations on viability and medium-term storage of Metarhizium anisopliae conidia». *Neotropical Entomology* 31, nº 1 (2002): 91-99.

Ferron, P. «Biological control of insect pest by entomogenous fungi». *Annual Review of Entomology*. 23, nº 1 (1978): 409-442.

Hajek, Ann y Leger, Raymond. «Interactions between fungal pathogens and insect hosts». *Annual Review of Entomology* 39, nº 1 (1994): 293-322.

Van Lenteren, Joop C. y cols. «Biological control using invertebrates and microorganisms: plenty of new opportunities». *BioControl* 62, nº 1 (2017): 1-21.

Wagner, Bruce L. y Lewis, Leslie C. «Colonization of corn, Zea mays, by the entomopathogenic fungus Beauveria bassiana». *Applied and Environmental Microbiology* 66, nº 8 (2000): 3468-3673.

Wang, Chengshu y Wang, Sibao. «Insect pathogenic fungi: genomics, molecular interactions and genetic improvements». *Annual Review of Entomology* 62 (2017): 73-90.

Zimmerman, Gisbert, Papierok, Bernard y Glare, Travis. «Elias Metschnikoff, Elie Metchnikoff or Ilya Ilich Mechnikov (1845-1916): A pioneer in insect pathology, the first describer of the entomopathogenic fungus Metarhizium anisopliae and how to translate a russian name». *Biocontrol Science and Technology* 5, nº 4 (1995): 527-530.

FITNESS MICO(I)LÓGICO

«Lo único que se interpone entre tú y tu sueño es
la voluntad de intentarlo y la creencia de que es posible».
Joel Brown

«Un cuerpo fuerte comienza con una mente fuerte».
Clara Divano

Siempre que hablo de asuntos *fitness* con mi buen amigo José
Manuel Arias la conversación acaba de la misma forma: «Edu,
yo levanto pesas, no egos». Así es como casi siempre desarma
los argumentos que le doy durante nuestras conversaciones,
donde tratamos de analizar los consejos y prácticas de algún
que otro *gymfluencer* —*influencers* dedicados a la muscula-
ción, el levantamiento de pesas y los deportes de fuerza—. Y
es que Arias —así lo llamamos los amigos de la infancia— es
uno de esos «adictos al deporte» que entrenan por gusto, sin la
intención de batir ningún récord. A pesar de ocasionalmente
haber competido en certámenes de *powerlifting* y fuerza, es una
persona con espíritu analítico —fruto de su formación científica— que no se deja llevar por modas o habladurías. Arias
es de esas personas que, si te ven perdido en el gimnasio, se
prestan a echarte un cable. Por la misma razón, antes de dar

un consejo sobre suplementación o dieta, se interesa por conocer las motivaciones que han llevado a su interlocutor a plantear esa duda razonable. Nadie nace sabiendo y en el mundillo del *fitness* hay mucho «tiburón» con ganas de hacer dinero a base de mentiras y/o vender productos ineficaces para el objetivo que se pretende alcanzar —con el consiguiente riesgo que puede suponer este tipo de prácticas no solo para nuestra faltriquera, sino también para nuestra salud—.

Sí, estimado lector, las tendencias *healthy* y *fitness* puede que no sean saludables. En el mejor de los casos, puede que nos resulten inocuas, con lo que solo habremos perdido tiempo y dinero; sin embargo, es posible que el consumo de esos milagrosos productos o recetas merme nuestro bienestar físico. Y este sí es un asunto más peliagudo. Desde hace algunos años se ha puesto de moda que muchas personas —en su mayoría chicas— comiencen a hacer lo que ya se conoce como «M-Plan»: una dieta «milagrosa» que consiste en sustituir la comida principal por un plato de champiñones durante quince días. De esta forma, las *celebrities* que se han rendido a las bonanzas del «Mushroom Plan» o «Dieta M» —la M es por *mushroom*, hongo en inglés— aseguran no solo haber perdido peso, sino haberlo perdido en zonas localizadas y concretas como los muslos, los glúteos, el abdomen o la parte inferior de los brazos. Obviamente, el hecho de que iconos de la música como las intérpretes de *El anillo* o *Poker Face* avalen los resultados ayuda a que esta dieta —¿o debería decir plan de restricción calórica?— gane difusión. Más aún si tenemos en cuenta que casi todos los programas patrios destinados a analizar el mundo del cotilleo se hicieron eco de la patraña. Como le decía a mi amigo Arias: «Qué pena que los programas del corazón no estén dedicados a hablar de cardiología».

La dietética filfa gana aún mayor poder de difusión si es revestida de incuestionable evidencia científica pues, para colmo, existen no pocos artículos publicados en la revista de la Federación de Sociedades Estadounidenses de Biología Experimental

—conocida como the *FASEB Journal*— que afirman que el consumo de hongos en sustitución de la carne tiene un efecto positivo en la pérdida de peso. De hecho, así lo aseguran Kavita Poddar, Meghan Ames y su equipo en un artículo titulado «Positive effect of white button mushrooms when substituted for meat on body weight and composition changes during weight loss and weight maintenance: A one-year randomized clinical trial». («Efectos positivos de los champiñones blancos como sustitutos de la carne sobre el peso corporal y los cambios en la composición durante la pérdida y el mantenimiento de peso: un ensayo clínico aleatorizado de un año de duración»). Huelga decir que, dada la forma en que muchos de los «periodistas» patrios entienden la ciencia, todo cuanto se publica en una revista científica pasa a ser considerado dogma fundamental y verdad absoluta. No obstante, la verdad es siempre poliédrica y muchos fisiólogos y nutricionistas han elevado la voz ante esta y otras muchas publicaciones de similar grandilocuencia publicadas en la revista de la FASEB. Lamentablemente, la realidad es menos glamurosa: no hay ningún estudio que avale que el consumo de un alimento concreto durante un periodo de tiempo haga perder peso de forma tan selectiva. ¿Sabe lo que sí se ha demostrado eficaz para perder peso? Llevar una alimentación equilibrada, tener unos hábitos de vida sanos y saludables y hacer ejercicio de manera regular. A diferencia de lo expuesto en el «artículo científico» de Poddar y sus colaboradores, esta última fórmula para perder peso —o mantenernos en él— no se circunscribe preferentemente a los cuarenta y ocho años —media de edad de los participantes en el estudio— ni está indicada especialmente para mujeres —64 voluntarias frente los 9 representantes masculinos—.

Sin embargo, no todo el mundo tiene por qué conocer si el estudio anteriormente citado —y otros similares— está bien realizado o si sus datos son representativos y extrapolables al conjunto de la humanidad. Esta es, en mi modesta opinión, la obra social

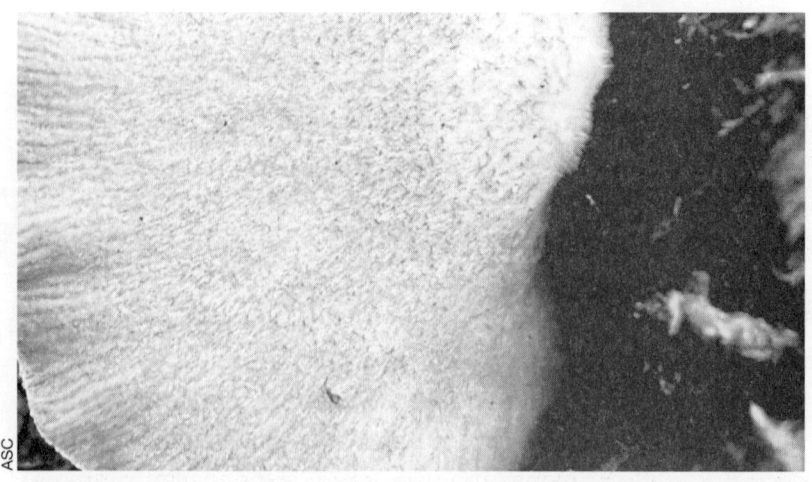

Crepidotus applanatus es un hongo que crece sobre troncos de madera muerta y se desarrolla en el verano tardío y el otoño. Destaca por su suave sabor, hecho que ha posibilitado que haya ganado fama y prestigio entre el colectivo *fitness*.

que nos toca hacer a los divulgadores y demás personas de ciencia: trasladar de la manera más aséptica y respetuosa que sepamos la información a aquellos ciudadanos de a pie que muestren dudas razonables sobre un determinado asunto. Si alguien en el gimnasio me pidiese opinión sobre el «M-Plan», tendría que explicarle de manera pausada los motivos por los que esta dieta es una estafa. Y esto es justamente lo que me pasó, pero en la barra del bar. En esta ocasión, el protagonista fue el simpático Curro Jr., quien se ha apuntado recientemente al gimnasio para perder algo de peso y evadirse un poco del estrés que genera estar detrás de la barra del negocio que regenta. A Curro Jr. le había dicho uno de esos numerosos *gymfluencers* que las setas son un alimento rico en proteínas, carente de colesterol y bajo en calorías. Y hasta ese mismo instante, no le había contado ninguna mentira. Esta vino cuando le dijo que comiendo champiñones evitaría padecer diabetes o incluso curarla. ¡Cuidado, no se confíe! Aunque la patraña huele desde lejos, parte de la tergiversación interesada de unos argumentos que sí encuentran respaldo en investigaciones científicas. Vayamos paso a paso.

Es cierto que el índice glucémico de champiñones y otras setas es muy bajo. Tanto que, para poder obtener una medida, una persona debería ser capaz de ingerir algo más de un kilo de este alimento en diez minutos. Parafraseando a mi abuela, habría que comer más que la orilla de un río. Tampoco es discutible el hecho de que adoptar dietas con un índice glucémico bajo se asocie con un menor índice de padecer diabetes tipo II —aquella en la que los niveles de glucosa en sangre son elevados—. Sí conocemos, por ejemplo, que algunos polisacáridos y triterpenos de *Wolfiporia extensa* aumentan la sensibilidad a la insulina haciendo disminuir el índice glucémico en sangre. Obviamente, esto no puede ser entendido como sinónimo de curar la diabetes: esta enfermedad es multifactorial, existiendo componentes genéticos conocidos que pueden favorecer su aparición incluso llevando un hábito de vida saludable. Pero ¿qué ocurre con las personas que están aquejadas de diabetes tipo I —ocasionada por un déficit en la producción de insulina—? Sabemos que en animales de experimentación con este tipo de diabetes el consumo de setas reduce los síntomas asociados a esta patología, como el hambre, la sed o la pérdida de peso. ¿Ve nuevamente dónde radica la diferencia? Estamos confundiendo una remisión en la sintomatología de la enfermedad con su completa curación, una «confusión» temeraria y peligrosa.

Cuando uno pilla carrerilla intentando poner sentido a tanta charlotada ya no puede parar. Y es que aún hay más. Si recuerda brevemente los postulados del «M-Plan» —o del artículo redactado por Poddar, Ames y sus colaboradores—, bastaría con sustituir la comida principal del día por un plato donde las protagonistas fuesen las setas para experimentar una bajada de peso y una mejora en nuestro estado de salud. Empero, ya sean preparadas en revuelto, en *carpaccio*, guisadas o en puré, las setas resultan indigestas al ser humano. Como recuerda mi buen amigo Manuel Becerra Parra, no conviene abusar de las setas. De hecho, los seteros tienen un dicho: «Es mejor frecuentes y escasas raciones antes que pegarse atracones». Debe saber que incluso aquellas especies comestibles de hongos presentan componentes de difícil digestión como la quitina o la trehalosa, un disacárido que, en pacientes con un déficit de la enzima trehalasa, origina una diarrea fermentativa —como ocurre con los intolerantes a la lactosa—. Es decir, en el mejor de los casos, la consecuencia de consumir muchas setas durante un periodo de tiempo prolongado, hará que notemos distensión abdominal y pesadez estomacal, fruto de una digestión difícil. Eso sin mencionar posibles casos de alergia alimentaria, como el descrito por Michael W. Beug en la revista de la North American Mushroom Association. Este informó de un paciente que llegó a urgencias con un edema orofaríngeo y disnea aguda después de que sus labios hubiesen entrado en contacto con setas de las especies *Crepidotus* cf. *applanatus* y *Boletus pulcherrimus*. Lo curioso de todo este asunto es que, después de muchas pruebas, se descubrió que esta persona toleraba perfectamente otros hongos.

Como acaba de apreciar, esta no es una dieta para todos los públicos. Pero como el mundo del *fitness* es tan variado, no es la única moda *healthy* con la que intentar estafar a jóvenes incautos que, como ya dije anteriormente, no tienen obligación de saber de fisiología, bromatología, botánica o farmacognosia. Si tuvieran estos conocimientos, ¿se beberían un carísimo café preparado con hongos solo por incluir especies con nombres tan rimbombantes como melena de león —*Hericium erinaceus*—, cola de pavo —*Coriolus versicolor*— o chaga —*Inonotus obliquus*—? El uso de hongos que se añaden a infusiones y bebidas es una práctica ancestral en países asiáticos como China, Japón o Corea, donde desde tiempos inmemoriales —que se remontan a los orígenes de la «medicina tradicional China»— ya se aseguraba que servía de tratamiento frente la infertilidad, la impotencia o como reguladores de la presión arterial y la hipercolesterolemia. Le hago un *spoiler*: ningún estudio científico serio ha avalado semejantes propiedades.

Estas evidencias —o, más bien, ausencia de ellas— no han impedido que esta nueva bebida «saludable» irrumpiera con fuerza en occidente de la mano de compañías como Four Sigmatic allá por 2018. *A priori*, uno podría pensar que cada cual toma el café como quiere. Y tiene razón: no debería importar si un consumidor compra café en grano o molido; si es de origen colombiano o etíope; si tiene cafeína o es descafeinado o si está enriquecido con hongos o no. El problema reside en el momento en el que, por incluir extractos o partes de las setas anteriormente citadas, se le atribuye al café una serie de «superpoderes» que van desde un apabullante poder antioxidante hasta una pasmosa protección frente al cáncer —favoreciendo también, por supuesto, la pérdida de peso—. Y aunque soy fiel defensor de que cada uno de nosotros puede gastar su dinero de la forma que mejor crea conveniente, me parece una obscenidad hacer pasar un simple café con pretensiones por un presunto remedio farmacológico —o una falsa ilusión de él— para cobrarlo a precio de oro. Piense que el envase de 12 onzas —340 gramos— se comercializa aproximadamente a unos 20 euros, dependiendo de la empresa y del formato en que se presente el producto —en grano, molido o en cápsulas monodosis—. Basta una simple multiplicación para averiguar que el kilogramo de café de hongos ronda los 60 euros. Y no es el producto enriquecido con hongos más caro que se puede encontrar a la venta, pues también se ofrecen complejos vitamínicos y suplementos nutricionales.

Por más que las empresas comercializadoras afirman, juran y perjuran que el café de hongos hace reducir la hipertensión arterial o muestra efectos antiinflamatorios, estas afirmaciones parten de interpretaciones muy sesgadas e interesadas de investigaciones preliminares que han descrito posibles principios activos con estos efectos. Por ejemplo, se ha visto que extractos purificados de los esteroles de *Ganoderma lucidum* hacen disminuir levemente los procesos inflamatorios en ratones modelos para el lupus eritematoso sistémico. De ahí a afirmar que el

Jensbn

Coriolus versicolor, uno de los muchos integrantes de esos preparados nutricionales que determinadas marcas comercializan bajo el nombre de café *fit.*

café de hongos, que únicamente contiene una nimia porción de este último sin purificar, va a reducir nuestras artralgias y dolores musculares hay cuanto menos una osadía —o mentira—. Sin embargo, se sirven del paraguas de esta innovadora y prometedora investigación —que nadie sabe aún si finalizará en la consecución de un fármaco— para refrendar las bonanzas de tan exclusivo producto. Ahora bien, a poco que uno haga estudios serios sobre los presuntos beneficios de este tipo de café, le encuentra las costuras al invento: por más que los hongos anteriormente citados presenten principios activos de interés, no hay evidencia de que estos pasen a la bebida.

La filfa podría acabar aquí de no ser porque la etiqueta *healthy* y *fit* bajo la que presuntamente se vende este producto esconde una segunda lectura: ¿recuerda que cité que entre las propiedades atribuídas al café de hongos está su capacidad para reducir la hipertensión arterial? Pues entonces sabrá que una persona hipertensa no debería abusar del consumo de ese tipo de bebida, más aún cuando no hay evidencia alguna de que la disminuya. A este hecho podría sumarse otra circunstancia: un abuso de esta bebida —o cualquier otra que contenga cafeína— incrementa la tasa de filtración glomerular de nuestros riñones como mecanismo de defensa ante la presencia de este tóxico. ¿Se imagina un deportista de élite —los culturistas y levantadores de peso lo son— que teniendo una función renal disminuída o anómala por alguna patología se atiborrase a cafés de hongos? Pues ahora piense que un joven con altos niveles de triglicéridos y colesterol «malo» —LDL, por sus siglas inglesas— se atiborre a cafés de hongos solo por el hecho de que su *gymfluencer* de cabecera se lo ha recomendado. Sin ser consciente de ello, está sobrecargando sus riñones y, por consiguiente, deteriorando su salud renal. Obviamente, este deterioro no es inmediato, pero sigue una fórmula similar a aquella que establece que la comedia es igual a tragedia más tiempo. Y aquí, la tragedia, es el tiempo: más concretamente, el consumo excesivo de cafeína sostenido en el tiempo por la gracia de un vendedor de humo.

No creo que a estas alturas del texto queden dudas de lo irresponsable que resultan este tipo de prácticas, pero considero necesario mencionar una última de carácter ecológico y económico. En el año 2004 se llegaron a pagar más de 125 000 dólares por un kilogramo de hifas de uno de esos hongos que «enriquecen» el café: *Ophiocordyceps sinensis*. *O. sinensis* es un hongo entomopatógeno que habita las faldas meridionales de la cordillera del Himalaya y que necesita de las larvas de la mariposa *Hepialus humuli* para cerrar su ciclo de vida. ¿Cuál es el problema de esta práctica? Pues que los estragos del cambio climático junto con la sobreexplotación de este hongo con fines comerciales le han llevado a ver cómo se reduce drásticamente su distribución durante la última década. En otras palabras, desincentivar el consumo de café de hongos es, en cierta manera, un mecanismo que favorece la conservación de especies fúngicas vulnerables como *O. sinensis*. No parece este último un mal argumento para dejar de consumir esta bebida, ¿verdad?

Muchos deportistas —de élite o no— desarrollan hábitos o prácticas que son un reflejo poco aconsejable para otros jóvenes. Si mi piloto de motociclismo favorito se está apretando antes de salir a correr una de esas bebidas energéticas con nombre de monstruo, pues entiendo que ese «mal llamado» refresco es el que de verdad mola. Y si pretendo llegar a ser como él, es comprensible que imitarlo en su manera de actuar sea el camino más corto para conseguir un éxito similar. Extrapole ahora este ejemplo al mundo del *fitness*, el culturismo, el *powerlifting* o cualquier otro deporte de fuerza que se le ocurra. Si para ser el mejor y tener en la tarima el físico más definido —o ser aquella persona que mueva más peso— debo tomar café de hongos o hacer una estricta dieta a base de setas, pues lo hago. Ya lo dice el lema del *gym*: «Sin sufrimiento no hay recompensa». El problema viene cuando el culturista, *powerlifter* o *gymfluencer* de turno recomienda productos de los que no existe evidencia de las muchas propiedades que se le atribuyen. En ese caso, el verdadero sufrimiento es consentir que el gancho para movilizar a terceros a realizar la «dieta M» o a consumir café de hongos sea un código promocional de descuento bajo la premisa de conseguir una mejora en su salud. A fin de cuentas, esta publicidad engañosa está sujeta a los términos de una transacción comercial más al uso, eso sí, bajo la estructura de una estafa piramidal: si hay muchas compras de estos productos haciendo uso de esos códigos promocionales, al *gymfluencer* le va a salir gratis el próximo pedido a la web que los comercializa. Es por este motivo por el que creo necesario y perentorio señalar a aquellos que, bajo esta mala praxis, incitan a terceros a desarrollar hábitos de vida y consumo carentes de rigor por, como diría Sergio Leone, un puñado de dólares. Solo de esta forma conseguiremos, entre todos, restaurar el buen hacer de aquellos que practican deportes de fuerza sin verse empujados por el interés pecuniario que lleva asociada «su fama» y, de paso, proteger a algunas de esas especies fúngicas de la desaparición de sus hábitats naturales solo por un capricho comercial caro. Y este logro es mucho mayor que alzarse con un Mr. Olympia o un Strongwoman.

Para saber más

Bazo, Eduardo. «¡La botánica me pone!». *Desgranando Ciencia 7*, 17 y 18 de septiembre 2021. https://www.youtube.com/watch?v=IwkATTPFRkI&t=3s&ab_channel=HablandodeCienciaDivulgacion

Beug, Michael W. «Mushroom poisonings reported in 2001, 2002, 2003 and 2004». *McIlvainea* 16, n° 1 (2006): 56-69.

Bhardwaj, Neha, Katyal, Priya y Sharma, Anil. «Suppression of inflammatory and allergic responses by pharmacologically potent fungus Ganoderma lucidum». *Recent Patents on Inflammation & Allergy Drugs Discovery* 8, n° 2 (2014): 104-117.

Cai, Zhe, Wong, Chun Kwok, Dong, Jie y cols. Anti-inflammatory activities of *Ganoderma lucidum (Lingzhi)* and *San-Miao-San* supplements in MRL/lpr mice for the treatment of systemic lupus erythematosus. *Chin Med* **11**, n° 23 (2016). https://doi.org/10.1186/s13020-016-0093-x

Das, Arpita, Chiao-Ming, Chen y cols. «Medicinal components in edible mushrooms on diabetes mellitus treatment». *Pharmaceutics* 14, n° 2 (2022): 436. https://www.mdpi.com/1999-4923/14/2/436

Poddar, Kavita H., Ames, Meghan, Hsin-Jen, Chen y cols. «Positive effect of mushrooms substituted for meat on body weight, body composition, and health parameters. A 1-year randomized clinical trial». *Appetite* 71 (2013): 379-387.

Prabhakar, P. K. (2020). «Hypoglycemic potential of mushroom and their metabolites, in New and Future Developments in Microbial Biotechnology and Bioengineering». En *New and Future Developments in Microbial Biotechnology and Bioengineering*, editado por Vijai G. Gupta (Redactor),nAnita Pandey. Elsevier, 2019.

Redacción de Nova Life. *M-Plan: la dieta milagro para perder abdomen, muslos y glúteos.* Web de Antena 3, 24 de febrero de 2017. https://amp.antena3.com/novamas/cocina/mplan-dieta-milagro-perder-abdomen-muslos-gluteos_2017022458b0315e0cf28e3b3a9dbfd7.html

Yang, Xuan, Lu, Shun, Feng, Yuhan y cols. «Characteristics and properties of a polysaccharide isolated from Wolfiporia cocos as potential dietary supplement for IBS». *Frontiers in Nutrition* 10 (2023). https://doi.org/10.3389/fnut.2023.1119583

THE LAST OF US: UNA EXPLICACIÓN MICOLÓGICA

«¿Necesito recordarte lo que hay ahí fuera?»
Joel, en *The Last of Us*

«La fantasía trata de aquello que la opinión general
considera imposible; la ciencia ficción trata de aquello que
la opinión general considera posible bajo
determinadas circunstancias».
Philip K. Dick

¿Hay alguien que a estas alturas de la película —nunca mejor dicho— no haya oído hablar del fenómeno *The Last of Us*? Sí, esa distopía posapocalíptica en la que la Tierra ha sido arrasada por una pandemia mundial causada por un agente fúngico que, como consecuencia del calentamiento global, muta y comienza a contagiar a las personas, a las que convierte en zombies asesinos con un extravagante apetito por la carne humana. A grandes rasgos, esta es la premisa de la que parte la popular serie de HBO —y el videojuego homónimo en el que esta se basa—, una realidad que todos hemos vivido de cerca con la pandemia ocasionada por la COVID-19. Es más, habrá quien piense —como mis padres, que viven ajenos a todo lo que tenga que ver con el mundo de los videojuegos— que la serie toma la enfermedad vírica como inspiración para plantear esta otra historia y hacerla de esta manera más verosímil.

Mientras veía la serie no podía evitar pensar en que en más de una ocasión alguien se habría hecho múltiples preguntas sobre las posibilidades de que algo similar pudiese suceder en el mundo real. Esto último no deja de ser una suposición muy personal basada, exclusivamente, en la cantidad de veces que he contestado a las siguientes preguntas: ¿podría un hongo ocasionar una pandemia como la que aparece en la serie? ¿Existen realmente los «hongos zombificadores»? ¿Podría un hongo controlar la mente humana? ¿Representan los hongos una amenaza real para la salud humana? Por este motivo, me he decidido a plasmar por escrito lo que ya he trasladado a familiares, amigos —incluído Curro Jr., mi camarero de confianza— y algún que otro medio local. Si me lo permite, en esta ocasión voy a desarrollar este capítulo como si fuese un folleto informativo redactado por el Ministerio de Sanidad, es decir, dando respuesta a algunas de las preguntas que me han realizado con respecto al caso «Zombificación de origen micológico».

¿CABE LA POSIBILIDAD DE QUE UN AGENTE FÚNGICO CAUSE UNA PANDEMIA DE DIMENSIONES SIMILARES A LAS QUE MUESTRA *THE LAST OF US*?

Es muy improbable, por no decir imposible. Los hongos forman parte de nuestra vida cotidiana, como ocurre, por ejemplo, con *Saccharomyces cerevisiae* o *Penicillium camemberti*, utilizados industrialmente en la fabricación de vinos, cervezas o quesos. Asimismo, de las 125 000 especies de hongos descritas hasta ahora, solo unas pocas decenas se consideran patógenas humanas.

Desde un punto de vista puramente historicista, dos tipos de microorganismos han causado más muertes humanas que las infecciones por hongos: bacterias y virus. En el primer caso, *Yersinia pestis*, bacteria causante de la epidemia de peste negra que azotó Europa durante el siglo XIV, pudo haber causado alrededor de 50 millones de bajas en todo el mundo —la mitad de las cuales corresponderían únicamente al continente europeo—. Entre los virus destaca la criba realizada en 1918 por el H1N1 —la mal llamada epidemia de «gripe española»—, quien en un solo año se llevó la vida de unos 30 millones de personas y no pocos animales domésticos.

El triunfo de la muerte, óleo de Pieter Brueghel el Viejo sito en el Museo del Prado y que representa los estragos de una epidemia de peste.

Para que un hongo cause una pandemia, en primer lugar se requiere que sea fácilmente transmisible entre humanos. Esto podría ser relativamente fácil de no ser por un pequeño contratiempo: las especies fúngicas, salvo excepciones, son incapaces de crecer a temperaturas superiores a los 32 °C, algo lejos de la temperatura corporal a la que termorregulan la mayoría de los mamíferos, que está rondando los 37-38 °C —entre 36,1 y 37,2 °C en el caso concreto de los humanos—. Es cierto que existen hongos como *Pseudogymnoascus destructans* que ataca a murciélagos provocándoles el «síndrome de la nariz blanca», fenómeno que, además, está haciendo mermar severamente las poblaciones de muchas especies de quirópteros de América del Norte —especialmente en Estados Unidos—. No obstante, no es menos cierto que al entrar en hibernación, estos murciélagos reducen mucho su tasa metabólica y, con ella, su temperatura corporal, momento en el que este psicrófilo —amante del frío— realiza su ataque. Es más, se sabe que si el invernáculo donde pasan el invierno estos mamíferos supera los 20 °C, las esporas de *P. destructans* no germinan y la infección no se lleva a término. Salvando las distancias, podríamos decir que se trata de otro caso de oportunismo, como ocurre con *Aspergillus fumigatus* —agente causante de la aspergilosis—. En este último caso, en lugar de esperar a que el animal y su sistema inmunitario se «relajen» —como ocurre con *P. destructans*—, los cetáceos que la presentan han sufrido con anterioridad infecciones inmunosupresoras causadas por morbilivirus.

En resumen, los ataques de hongos a mamíferos suelen sobrevenir más frecuentemente cuando el estado de salud del individuo es delicado.

¿EXISTE REALMENTE EL «HONGO ZOMBIFICADOR»? ¿SON CAPACES DE CONTROLAR LA MENTE HUMANA?

Sí, el «hongo zombificador» existe. Es más, en algunos momentos, los protagonistas de la serie se refieren a él con el nombre científico de su género, *Cordyceps*. Este género fúngico engloba a unas cuatrocientas especies en todo el mundo, parásitas en su mayoría de insectos y otros artrópodos. Un ejemplo de este grupo de hongos es *Ophiocordyceps sinensis* —de quien ya hablamos sucintamente cuando mencionamos a los hongos entomopatógenos y el té de hongos *fit*—. El caso concreto en el que podría haberse inspirado la obra de ficción es el del hongo *Ophiocordyceps unilateralis*, quien después de infectar a hormigas de los géneros *Camponotus* o *Colobopsis* y tras acabar colonizando su cerebro, modifica la conducta del animal mediante una serie de metabolitos secundarios. Así pues, esta errática forma de actuar y comportarse de las hormigas es la estrategia por la que el hongo va a intentar infectar a otros individuos, cerrando así un ciclo patogénico y dando comienzo a otro nuevo.

Dicho esto, por más que el argumento de *The Last of Us* abogue a la capacidad de adaptación de este género fúngico ante un escenario de cambio climático, ya hemos comentado antes que es francamente improbable que *Cordyceps* —o cualquier otro género de hongos— sea capaz de infectar al ser humano por el rango de temperaturas en el que se suelen desarrollar. A esta razón habría que añadir el gran salto evolutivo que supondría pasar de infectar a hormigas para hacerlo en humanos sin la existencia de un hospedador intermedio previo. No obstante, sí existen hongos capaces de alterar nuestro comportamiento, aunque de una manera bastante menos apocalíptica: los hongos psilocibios sintetizan metabolitos secundarios con actividad psicoactiva —psilocibina, psilocina y baeocistina son algunos ejemplos de ellos—.

Más especulativos resultan, sin embargo, los resultados obtenidos por Yolken y sus colaboradores en el estudio titulado «Chlorovirus ATCV-1 is part of the human oropharyngeal virome and is associated with changes in cognitive functions in humans and mice» («El clorovirus ATCV-1 es parte del viroma orofaríngeo humano y está asociado con cambios en las funciones cognitivas de humanos y ratones»). En él, este grupo de investigadores de la Universidad Johns Hopkins aseguran que el virus *Acanthocystis turfacea chlorella virus* 1 —de ahí las siglas ATCV-1— podría volver al ser humano «más estúpido» —si es que eso es posible en algunos casos—. Concretamente, el estudio arrojó un asombroso resultado: los sujetos infectados por este virus tardaban un 10 % más a la hora de realizar pruebas de atención visual consistente en unir mediante una línea una serie de puntos numerados dispuestos aleatoriamente en una hoja de papel.

De afirmar que existe el control mental por parte de parásitos —fenómeno que yo no me atrevo a secundar—, este es muy modesto. Lo que sí me atrevo a afirmar es que, al menos de momento, podemos estar seguros de que los hongos no nos convertirán en zombis.

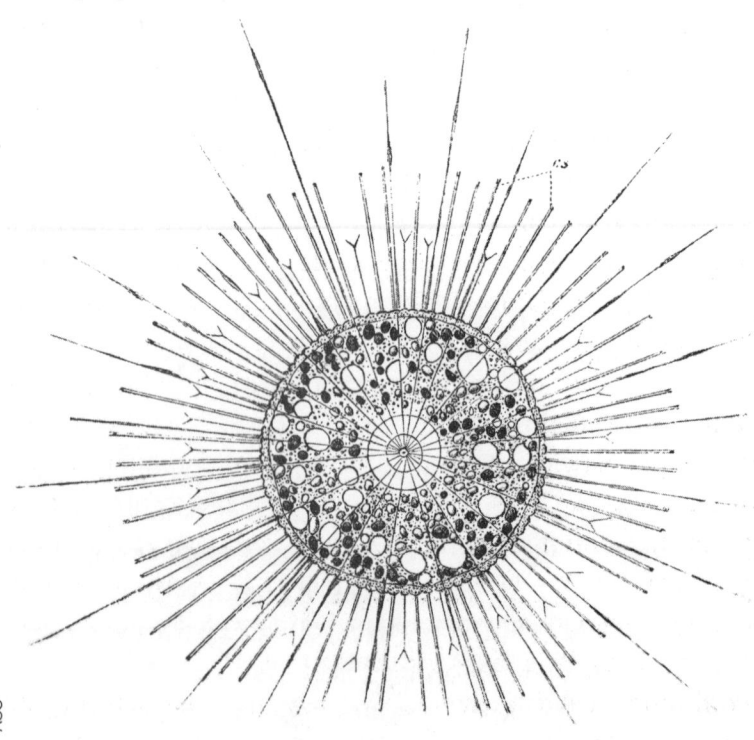

Ilustración de *Acanthocystis turfacea,* un protozoo que presenta espinas rígidas de dos longitudes.

Con independencia de lo expuesto en la serie o el videojuego, ¿representan los hongos una verdadera amenaza para la salud humana?

Lo cierto es que sí. Aunque no suelen «atacarnos» por las razones anteriormente mencionadas y suelen comportarse como oportunistas en la mayoría de las ocasiones, los patógenos fúngicos constituyen una importante amenaza —latente— para la salud pública por dos razones: las infecciones micóticas son cada vez más comunes y son muy resistentes al tratamiento. En relación con esta última circunstancia quizá le asombre saber que, en el momento en que se escriben estas líneas —agosto de 2023—, solo disponemos de cuatro clases de medicamentos antimicóticos. Asimismo, fármacos como las pradimicinas o las sordarinas se encuentran en estadios iniciales de investigación, igual que ocurre con mycograb, un anticuerpo recombinante humano contra la proteína de choque térmico fúngica HSP90 —resulta indispensable para la viabilidad de todos los eucariotas—.

En octubre de 2022, la Organización Mundial de la Salud —OMS por sus siglas—, consciente de este problema, elaboró la primera lista de patógenos fúngicos prioritarios; un catálogo de los 19 hongos más peligrosos para la salud pública en todo el mundo. La elaboración de este inventario busca concienciar de la necesidad de estudiar estos patógenos e impulsar nuevas políticas que permitan fortalecer la respuesta mundial frente a las infecciones fúngicas y la resistencia a antifúngicos. Para la mayoría de los hongos patógenos no disponemos de pruebas diagnósticas rápidas y sensibles y aquellas que existen no están disponibles de manera generalizada —o no son asequibles para países con escasos recursos económicos—.

Podríamos decir que las infecciones micóticas han surgido al amparo de la lucha contra el abuso de antibióticos y no nos equivocaríamos; sin embargo, tampoco estaríamos siendo completamente honestos. Aunque pocos, tenemos fármacos con actividad antimicótica que nos permitirían tratar con éxito una infección micótica; si en ocasiones no funcionan, es consecuencia directa del uso abusivo y descontrolado que hacemos de ellos, favoreciendo que estos microorganismos desarrollen resistencia a los fármacos. De hecho, los últimos datos disponibles parecen indicar que durante la pasada pandemia de COVID-19 hubo un aumento en el número de casos de infecciones comunes provocadas por hongos —como la candidiasis oral y vaginal— que desembocaron en procesos infecciosos más complejos e invasivos.

De entre los 19 taxones que componen esta lista, dos llaman poderosamente la atención: *Candida auris* y *Aspergillus fumigatus*, ambos incluidos por la OMS en la categoría «Grupo de Prioridad Crítica». En ambos casos, son hongos que se han vuelto muy resistentes, aunque por cuestiones muy diferentes. El caso de *C. auris* es debido a un uso abusivo e inadecuado de los fármacos para tratar la candidiasis; mientras que el asunto de *A. fumigatus* implica la existencia —y persistencia— de prácticas agrícolas negligentes. Así, el uso inadecuado de antifúngicos agrícolas parece estar relacionado con un aumento en las tasas de infecciones causadas por *A. fumigatus* resistentes a los antifúngicos de tipo azólico. Por si fuera poco, esta especie es de los pocos taxones fúngicos termotolerantes, al poder desarrollarse sin problemas en el rango de temperaturas en las que termorregulan los mamíferos.

Millones de agricultores en todo el mundo están expuestos a las esporas de este hongo, por lo que sí que representa una amenaza para los humanos. Lamentablemente, la pandemia tendrá un relato mucho menos hollywoodiense que la de *The Last of Us*, pero el escenario dibujado debería darnos el mismo miedo.

Acaba de ver que no todo lo que nos cuentan las obras de ciencia ficción es real. Sin embargo, la realidad siempre puede superar a la ficción. ¿Se había planteado la posibilidad de que un hongo que causa la aspergilosis en las abejas pudiese ser el

Esquema propuesto para explicar la diseminación de *Candida auris*.
El principal vector utilizado son las aves, pudiendo transmitirse de aves silvestres a domesticadas. Es en este momento en el que entra en contacto con los humanos.

próximo causante de una pandemia? Ojo, tampoco es que yo lo esté afirmando. Sin embargo, después de lo que hemos vivido con la pandemia de COVID-19, la serie ha servido para poner sobre la mesa un debate: tampoco estaríamos preparados para afrontar una pandemia similar a la ocasionada por la COVID-19 en caso de que un agente fúngico la ocasionase. Cuando se habla de sanidad, siempre prestamos más atención a virus y bacterias, algo lógico si tenemos en cuenta el número de bajas que causan. Empero, los hongos también están ahí y debemos estar preparados para combatirlos con nuevos arsenales farmacológicos que nos permitan romper las barreras que han ido construyendo con nuestra desidia. Hay una frase del escritor noruego Knut Hamsun que me gusta mucho y creo que viene en esta ocasión como anillo al dedo. Este Premio Nobel de Literatura —cuestionado por su apoyo a Adolf Hitler y al régimen nazi— escribió en su obra *La bendición de la tierra* que «un hongo no florece ni se mueve, pero hay algo imponente y monstruoso en él, parece un pulmón que vive desnudo, sin cuerpo». De momento, este «pulmón» parece indicarnos que no goza de buena salud. De nosotros depende que una epidemia de origen fúngico no nos invada y acabe por dejarnos sin aire. Eso sí que sería una auténtica película de terror. No demos lugar a tener que jugar a esta pantalla —nunca mejor dicho—.

Para saber más

Ballman, Anne E., Torkelson, Miranda R. y cols. «*Dispersal hazards of Pseudogymnoascus destructans by bats and human activity at hibernacula in summer*». *Journal of Wildlife Diseases* 53, nº 4 (2017): 725-735.

Barbieri, Rémi, Signoli, Michel, Chevé, Dominique y cols. «Yersinia pestis: the Natural History of plague». *Clinical Microbiology Reviews* 34, nº 1(2021): e00044-19 https://journals.asm.org/doi/epdf/10.1128/cmr.00044-19

Green, Amy M. «The reconstruction of morality and the Evolution on naturalism in *The Last of Us*». *Games and Culture* 11, nº 7-8 (2016): 745-763.

Farca, Gerald y Ladevèze, Charlotte. *The journey to Nature: The last of Us as critical Dystopia*. Digital Games Research Association, 2016). https://dl.digra.org/index.php/dl/article/view/770/770

Organización Mundial de la Salud. *WHO fungal priority pathogens list to guide research, development and public health action*. Ginebra: Organización Mundial de la Salud, 2022. https://www.who.int/publications/i/item/9789240060241

Yolken, Robert H., Jones-Brando, Lorraine y cols. «Chlorovirus ATCV-1 is part of the human oropharyngeal virome and is associated with changes in cognitive functions in humans and mice». *Proceedings of the National Academy of Sciences of the United States of America* 111, nº 45 (2014): 16106-16111.

UNA HISTORIA SOBRE COLECCIONISMO

«Era un coleccionista, no un buscador,
y compraba sus conocimientos
en lugar de adquirirlos con sus ojos y sus manos».
Las huellas de la vida, Tracy Chevalier

«La necesidad del coleccionista tiende precisamente
al exceso, al empacho, a la profusión».
El amante del volcán, Susan Sontag

Hay un dicho muy popular entre los coleccionistas: «El auténtico coleccionista no está atado a lo que colecciona, sino al hecho de coleccionar». Sé que esto es cierto porque soy un humilde coleccionista que ha invertido mucho tiempo —y algo de dinero— en recopilar cromos de la NBA de aquellos legendarios Celtics de Larry Bird, Kevin McHale, Robert Parish, Danny Ainge o Bill Walton. También sé que habrá lectores que, mientras leen estas líneas, se declararán fervientes seguidores del *show time* angelino y lo respeto. Si en mis manos hubiese caído un VHS loando los logros de «Magic» Johnson y Abdul-Jabbar quizá hoy sería un fanático seguidor del equipo que viste de púrpura y oro. Son cosas inexplicables, como el hecho de que un sevillano —atípico— como yo sea seguidor del Cádiz Club de Fútbol. En este caso, el culpable fue un «mago» de San Salvador llamado Jorge González que, un 20 de mayo de 1989, hizo enloquecer al Ramón de Carranza —donde nos encontrábamos mi padre y yo— con un golazo al Betis, el tercero de aquel memorable 4 a 0 en el que, con un control orientado, se deshizo de Rubén Bilbao y se plantó ante un impotente Pumpido. Con anterioridad, el propio «Mágico» González había botado la falta que puso el 2 a 0 en el marcador, obra —creo— del delantero José. Sé que estuve allí presente por destellos fugaces de aquel día, porque con tres añitos de edad no recuerdo muchos más momentos además de la entrada de aquel partido, que amarillea dentro del álbum de fotos familiar que la custodia.

Por cierto, entiendo que todo buen coleccionista posee uno o varios álbumes de fotos donde va colocando sus tesoros más preciados. O eso quiero creer, porque un servidor de usted guarda todas las entradas de los eventos culturales y deportivos a los que asiste en algunos de ellos. ¡Hasta los abonos del ya extinto club de baloncesto Caja San Fernando reposan ahí! Son, a mi juicio, otro tipo de imperecederos recuerdos de una vida: la mía. No obstante, también los biólogos recogen imperecederos recuerdos de una vida. De hecho, todos los museos de historia natural del mundo están plagados de estas *memorabilias*, de lo que los taxónomos y sistemáticos llaman «tipos» o «testigos» —según sean zoólogos o botánicos—, ejemplares debidamente conservados que se ajustan a la descripción de una especie concreta. Así, junto al individuo, suele aparecer su nombre científico y alguna otra nota de interés: el hábitat, la zona en la que se recogió, la fecha o alguna particularidad morfológica que pueda considerarse de interés taxonómico — si procede— son buenos ejemplos del tipo de información que podemos encontrar en esas etiquetas descriptivas.

En el caso de los botánicos, estas muestras suelen presentarse secas en lo que se conocen como pliegos de herbario que, antaño, eran envenenadas con sales de mercurio para evitar el ataque de insectos. Los zoólogos, por contra, utilizan otra variedad de recursos expositivos que van desde la presentación de esqueletos óseos —o sus conchas, en el caso de moluscos y afines— hasta el propio animal disecado o embalsamado. Estas son las presentaciones más comunes, puesto que también podemos encontrar animales conservados en formol, etanol o «Kew Cocktail» —una mezcla de agua, etanol, formaldehído y glicerina en proporción volumétrica 15:16:1:1—. Si el lector ha cursado la carrera de Biología o estudió en un instituto que gozara de un laboratorio de ciencias conocerá la sensación de salir con dolor de cabeza después de una práctica estudiando animales conservados en estas condiciones. Y no lo digo únicamente por el hecho de estar inhalando semejante fragancia durante un rato, sino que estudiar animales —con la ayuda de una clave dicotómica— que se deshacían en esa suerte de sopa primigenia también favorecía la aparición de cefaleas. ¡Qué sopa de marisco más bonita contenían algunos de esos botes en los que no se sabía si había gambas, camarones, carabineros o un *Anomalocaris* desmenuzado! Lo dicho anteriormente también podría aplicarse a las prácticas de Botánica, en las que los hongos o las algas estaban conservados en algunos de estos potingues donde no se apreciaba con claridad el color que con tanta urgencia nos exigía conocer la clave dicotómica —y nuestro compañero de laboratorio—. En este caso, debo reconocer que Julio Pastor nos echaba un capote facilitando una imagen de cómo se veía la seta o el alga en cuestión antes de ser sometida a semejante proceso de conservación.

Lo cierto es que los hongos introducidos en «Kew Cocktail» —o etanol/formol, tanto da el líquido conservante— no son especialmente buenos para trabajar a la hora de intentar determinar el taxón que tenemos ante nosotros, hecho que incluye también a las prácticas de una carrera científica. Es de sobra conocido que si el líquido conservante no se sustituye periódicamente, la muestra se puede enturbiar; es más, cabe incluso la posibilidad de que el material se descomponga parcialmente, que era lo que ocurría con los artrópodos que usábamos en las prácticas de Zoología en la Universidad de Sevilla —cuyas muestras debieron tomarse siendo aún Linneo un humilde becario—. Sé que alguno estará pensando: «Demasiado hacen los profesores españoles impartiendo docencia a pesar de la manifiesta falta de medios y recursos que a veces encuentran en sus respectivas universidades». Y tiene razón, estimado lector, nadie les culpa; o mejor dicho, nadie debería culparles, concretamente, por este asunto.

Omphalotus olearius, vulgarmente conocida como seta de olivo, es uno de los muchos ejemplares fúngicos liofilizados que forman parte de la colección de Antonio Trescastro.

No obstante, sí voy a culpar a mis amigos y colegas botánicos —entre los que me incluyo también por propia dejadez— por otro motivo: no tomarse «en serio» la recolección y correspondiente catalogación de la riqueza y diversidad fúngica de nuestra región —y lo que es más sangrante— existiendo, ahora sí, herramientas adecuadas para esta tarea como, por ejemplo, la liofilización. Podría pensarse que este capítulo es fruto de un capricho o una pataleta más propia de críos que de científicos adultos, pero lo cierto es que estos hongos encapsulados en resina mejoran el proceso de estudio e identificación de todos los organismos vivos, no solo de los hongos. ¿Por qué, entonces, hago hincapié en la importancia que tiene para el estudio de la funga? En primer lugar, creo que es necesario remarcar una circunstancia: las colecciones biológicas suponen un recurso didáctico accesible que permite la interacción científico-ciudadano o científico-científico. Así, gracias a la posibilidad de manipular los ejemplares fúngicos, se afianza el proceso de aprendizaje autónomo haciendo uso de experiencias que van más allá de lo meramente visual —que, en el caso de los ejemplares conservados en formol, pueden estar parcialmente desvirtuados o deteriorados—. En segundo lugar, esta técnica permite tanto al micólogo como al resto de personas ajenas a esta disciplina científica conocer la diversidad de una determinada zona de manera atractiva y sencilla. Asimismo, a partir de los dos motivos anteriores se colige un tercero: ningún recurso museístico que se precie, por muy bueno que diga ser, estará completo sin incluir a estos representantes de la vida sobre la Tierra —de los que se estiman hasta 5 millones de representantes diferentes—.

Nadie duda —o debería dudar— de que la biología es una disciplina dinámica y multidisciplinar que ve ampliar sus límites continuamente. Esto implica, de manera concomitante, que muchas ideas deban ser reinterpretadas o contextualizadas según estipulan los nuevos avances en taxonomía, sistemática, biología molecular, etc.; hallazgos más o menos complejos que están interrelacionados con el resto de disciplinas que forman parte del estudio de la vida en la Tierra. Un ejemplo sobre la reinterpretación de ideas taxonómicas que afectan a la clasificación y el orden de los taxones podría encontrarse en la definición y descripción de grupos más o menos artificiales para agrupar a orquídeas con caracteres muy similares y de difícil distinción si no es con ayuda de herramientas moleculares. Sin embargo, el estudio y clasificación de los hongos —que, recordemos, forma parte de los contenidos impartidos al alumnado en la Educación Secundaria— se enseña de forma deficiente o incompleta. «¿Por qué?», se estará preguntando. Pues porque, en muchos casos, no se promueven experiencias innovadoras que, con el apoyo de las herramientas que ofrecen las tecnologías de la información y la comunicación (TIC) vayan encaminadas a mejorar la adquisición de esas competencias. No es que la propedéutica pedagógica esté obsoleta —que no es competencia mía discutir sobre este asunto—; es que el material de aprendizaje conservado en la mayor parte de las colecciones fúngicas no se ajustan a la realidad y, por tanto, el estudio del reino Fungi —clasificación ya obsoleta— se antoja menos riguroso.

De esta forma, cuando las setas comenzaron a encapsularse en resinas, los biólogos encontraron una opción viable, barata y útil para conservar el material fúngico recolectado. ¡Y sin apenas sufrir alteraciones! Digo apenas porque durante el proceso se pierde un poco de la coloración que manifestaba el ejemplar en cuestión. A cambio, obtenemos una fuente potencial de materiales capaces de ayudar en el proceso didáctico. Sin ir más lejos, se han creado colecciones micológicas de marcado carácter divulgativo que han permitido a la ciudadanía acercarse a conocer el fascinante mundo de las setas. El perfecto ejemplo de esto que expongo es la colección del tristemente fallecido Antonio Trescastro, divulgador científico de la Estación Experimental del Zaidín, centro del Consejo Superior de Investigaciones Científicas sito en Granada. Algunos de mis amigos granadinos dirán que Antonio era un «simple» técnico y puede que tengan razón. Empero, empleó su tiempo libre en crear de la nada esta incomparable colección, adquiriendo de manera totalmente autodidacta —replicando lo que veía hacer al investigador Ignacio Martín— toda una serie de vastos conocimientos sobre micología y la técnica de liofilización que, ahora, nos ha legado como su tesoro más preciado. Quizá no fuera consciente en su momento, pero esta exposición itinerante ha sido una de las atracciones que han ofertado en los últimos años todas las casas de la ciencia existentes en nuestra geografía —ni el balneario de Lanjarón ha escapado a su influjo—. Tuve la suerte de poder deleitarme en las Navidades de 2019 con ella —coincidiendo con su llegada a Sevilla— y era fascinante la recreación que ofrecían los dioramas del entorno en que suelen desarrollarse especies tan comunes como la seta de la risa (*Gymnopilus spectabilis*) o la seta de olivo (*Omphalotus olearius*). ¡Una colección única que todos deberíamos disfrutar una vez en la vida!

Seta de la risa *(Gymnopilus spectabilis)*. Recibe este nombre por tratarse de uno de los hongos usados como droga recreativa, al contener psilocibina. Suele presentarse en escabeche o vinagreta, para eliminar así su sabor amargo.

Obviamente, el valor científico de tener una completa colección de hongos no se limita o circunscribe únicamente a ser un mero reflejo de su biodiversidad taxonómica. Tengamos presente que este trabajo es una exhaustiva recopilación de individuos que forman parte del grupo de eucariotas más numeroso —y desconocido— del planeta, un concepto alejado de aquellos que lo equiparan con un vulgar muestrario de esos muñecos pequeñines que exageran la cabeza del personaje de televisión que representan. Para que nos entendamos, las colecciones de hongos —liofilizados o no— tienen valor «en sí» y «para sí», que dirían algunos de los más ilustres filósofos. «En sí» porque existen —o han existido, en el caso de que se trate de un taxón ya extinto— y «para sí» porque nos hace reflexionar del papel que podrían estar jugando estos microorganismos en el ecosistema. ¡Su estudio, posiblemente, nos ofrecería información que posteriormente podríamos transferir a la industria biotecnológica o farmacéutica! De hecho, diferentes instituciones científicas en Sudamérica han empezado a realizar colecciones de hongos entomopatógenos y a poner en valor las posibles aplicaciones derivadas de estas investigaciones —algunas de las cuales ya se mencionaron en el capítulo dedicado a los hongos entomopatógenos—.

Este último es el caso de un proyecto argentino del que les hablaré en las líneas subsiguientes, cuyo objetivo busca mantener y conservar una colección única de cultivos fúngicos, hecho que requiere de una constante atención y vigilancia. Para ello, es fundamental conocer las condiciones de crecimiento y temperatura apropiadas de los hongos, sus necesidades fisiológicas y los métodos de preservación más favorables para su conservación y mantenimiento a lo largo del tiempo —tarea que incluye «salvaguardar» la pureza, la viabilidad y la estabilidad morfológica y genética del cultivo—. Solo así se consigue una colección como la de hongos patógenos y simbiontes de insectos y otros artrópodos del Centro de Estudios Parasitológicos y de Vectores (CEPAVE), entidad que tiene por finalidad preservar y conservar la diversidad de estos organismos a través del tiempo sin modificar sus características fenotípicas. Con esta forma de proceder, la institución obtiene el recurso genético necesario para el desarrollo de diferentes líneas de investigación que incluyen no solo el estudio de la interacción hongo-artrópodo, sino también la caracterización molecular de las especies fúngicas y de sus cepas. Por supuesto, los estudios realizados por CEPAVE acaban traduciéndose en el desarrollo de insecticidas para su futura aplicación en la industria agrícola —como agentes de control biológico—.

Pensará que he estado haciendo trampas al solitario. De lo contrario, ¿por qué motivo iba a pasar de golpe y porrazo a hablar de colecciones de «cultivos fúngicos» cuando hasta hace escasas líneas ponía tanto énfasis en las colecciones de setas incluidas en resina? Quizá vea la solución de continuidad existente entre ambos fenómenos cuando le diga que el CEPAVE alberga 421 aislamientos fúngicos —cepas— pertenecientes a 23 géneros distintos, siendo conservados mediante diferentes procedimientos: criopreservación en congeladores a temperaturas de entre 20 y 70 °C bajo cero, agua destilada estéril, papel, arena y ¡liofilización!

Estas líneas podrían entenderse como una oda a la liofilización de material biológico —setas en nuestro caso—, pero nada más lejos de la realidad. Es un canto a la implementación de nuevas técnicas de conservación del material biológico y a las potencialidades y el valor añadido que ofrecen. Ya no tenemos la necesidad de conservar en frascos llenos de etanol a ningún organismo, lo cual es un logro. Sin embargo, en la lucha por desentrañar las relaciones filogenéticas entre las diferentes fúngicas, vamos con retraso. Sea por falta de medios, incapacidad —situación que me niego a contemplar como plausible— o desidia, lo cierto es que vamos con retraso en materia de estudios micológicos, lo que se traduce también en falta de expertos. En España, esta disciplina carece de renombre y prestigio, estando ocupado el estudio de algunos grupos taxonómicos como *Aspergillus*, *Penicillium* o *Chaetomium* a microbiólogos. Y ojo, que no les culpo —Darwin me libre—, son un colectivo profesional que hacen una labor excelente en su parcela de trabajo;

sin embargo, en un mundo que nos empuja inexorablemente a buscar interpretaciones y soluciones holísticas e interdisciplinares, se me antoja fútil seguir haciendo esta división artificial entre hongos macroscópicos y microscópicos. Es por este motivo por el que considero perentoria la creación de colecciones fúngicas. En primer lugar, por su valor didáctico y pedagógico para las generaciones futuras, a las que podrían despertar vocaciones o curiosidades —como ocurrió con Antonio Trescastro— y, en segundo lugar, aunque no por ello menos importante, porque la visión global y libre de compartimentos estancos del reino Fungi puede aportar nuevas soluciones a diferentes problemas, no solo de carácter filogenético. Julio Noguera, el que fuese mi profesor de Biología en Bachillerato, me dio una vez un bonito consejo después de que se enterase por la prensa local de que había escrito una obra contando curiosidades del mundo vegetal. Me dijo: «No podemos colocarnos en una habitación cerrada de cara a la pared y fingir que estamos aprendiendo sobre la vida». ¿Por qué razón deberíamos pensar que actuando así con los hongos íbamos a aprender más sobre biología? La cuestión no es saber cómo de bien funciona cada pieza individualmente, sino saber cómo de bien funcionan todas en conjunto. O en términos menos mecanicistas: conocemos a algunos integrantes fúngicos, pero no cómo se «integran» entre sí para formar eso que ahora llamamos funga.

Para saber más

Casa de la Ciencia de Sevilla. *El Museo Casa de la Ciencia presenta una colección única en España de setas liofilizadas,* 2019. https://www.casadelaciencia.csic.es/es/actualidad/museo-casa-ciencia-presenta-una-coleccion-unica-espana-setas-liofilizadas

Gutiérrez, Alejandra C.; Tornesello-Galván, Julieta y cols. «Organización y conservación de la colección de hongos patógenos y simbiontes de insectos y otros artrópodos del CEPAVE (CONICET-UNLP), La Plata, Argentina». *Revista Argentina de Microbiología* 49, nº 2 (2017): 183-188.

Lara, Mónica y Tigeras, Pilar. *Protagonistas de la ciencia*. Madrid: Catarata, 2015).

Singh, Sunil K., Upadhyay, Ramesh Chandra, Yadav, Mahesh C. y Tiwari, Mugdha. «Development of a novel lyophilization protocol for preservation of mushroom mycelial cultures». *Current Science* 87, nº 5 (2004): 568-570.

¿EL FIN DEL CULTIVO DE UNA ECONOMÍA DECADENTE?

«La falta de educación es para el pobre
una desventaja mayor que la pobreza».
Fortunata y Jacinta, Benito Pérez-Galdós

«Todo lo que se come sin necesidad
se roba al estómago de los pobres».
Mahatma Gandhi

—Pues ha llovido bastante estos días, Eduardo. Estarás contento, ¿no? Si sigue lloviendo así y bajan las temperaturas, ya vas a estar pateando el monte en busca de setas.

—Bueno, no te olvides, Curro, de que muchos pueblos se han visto inundados. No es esto lo que entendemos por lluvia. Más vale poquito y continuado que un mucho muy espaciado en el tiempo. Y si es para hacer daño, menos aún. Pero sí, a ver si sigue lloviendo y me escapo a Aracena.

—Pero mira que te gusta una seta, jodío.

—¡Y no solo en el plato, Curro! Te recuerdo que el buen micófilo es micólogo antes que micófago —dije mientras apuraba mi café.

—Tú y tus palabrejas raras. Pero debes tener razón, porque los champiñones y setas han cogido un precio… y para colmo no dejan de venderse como productos *gourmets*. Algunas alcanzan unos precios escandalosos.

—Los caprichos hay que pagarlos. Esas setas tan caras son escasos alimentos de temporada que no somos capaces de cultivar. Ese es uno de los motivos por el que las yemas de huevo (*Amanita caesarea*) alcanzan esos precios en las lonjas. Si las quieres, ya sabes que el kilo puede estar oscilando entre los 50 y los 150 euros, dependiendo de cómo venga el año.

—A mí me enseñaron que ante el vicio de pedir se encuentra la virtud de no dar —dijo Curro Jr. con su particular humor socarrón.

—¿Me lo dices o me lo cuentas? Llevo entrando aquí desde que abriste el bar y no he visto que des ni la hora.

—Esta es mi forma de vida —dijo al tiempo que se encogía de hombros.

—A ver si te crees que la gente de la sierra las coge para regalarlas. Hay muchas zonas de Andalucía que cuentan con Grupos de Desarrollo Rural que han fomentado la creación de lonjas micológicas para la recolección, distribución y venta de estos productos. Esto sirve para crear valor añadido en comarcas eminentemente rurales y para que los vecinos de la localidad puedan ganar un sueldo digno con su trabajo. Utrera está en el GDR del Bajo Guadalquivir, aunque ignoro si está funcionando actualmente. No se escuchan noticias al respecto, ¿verdad?

—Yo no sabía ni que en Utrera hubiese un Grupo de Desarrollo Rural, la verdad. Pero escucha, ¿tantas setas comemos en España para que el sector genere tanto trabajo?

—Ahora mismo tengo prisa, pero prometo buscar el dato. El comercio de setas daría para un libro entero.

Esta fue, a grandes rasgos, la conversación que mantuve el pasado 4 de noviembre de 2023 con Curro Jr. Como acaba de apreciar, estuvo centrada en el potencial económico y comercial de las setas, fenómeno que ha dado origen a las líneas que ahora está leyendo. Y aunque soy incapaz de encontrar cuántos kilogramos de setas nos zampamos como nación, sí he encontrado registros monetarios que indican que en el año 2021 el total de las ventas de setas ascendieron a los 272 millones de euros. ¿Mueve o no mueve dinero la micología? Obviamente, esos ingresos ya no fluctúan tanto como la temporalidad del producto puesto que, tal y como escribí anteriormente, «ahora» sabemos cultivar algunas de ellas, como la seta de ostras (*Pleurotus ostreatus*), el *shiitake* (*Lentinula edodes*) o el popular champiñón blanco o de París (*Agaricus bisporus*) que, a pesar de su nombre, no es exclusivo de la capital francesa. Pero no adelantemos acontecimientos. Por cierto, observe detenidamente que he escrito «ahora», lo que no sé precisar es cuándo.

Fuente: Ayuntamiento de Pradejón

Mujeres recogiendo champiñones en Pradejón (La Rioja). El cultivo y comercialización del champiñón fue un recurso de oportunidad en muchas zonas de La Rioja Baja a finales de los años cuarenta del siglo pasado. Los calados subterráneos se fueron vaciando y pasaron de dar cobijo al vino a ser el lugar donde se cultivaba este manjar fúngico.

Verá, estimado lector, el cultivo de setas no es algo que la especie humana haya descubierto ayer. Sin ir más lejos, sabemos que en China ya se cultivaba *shiitake*, al menos, desde los siglos XI-XII, siguiendo los preceptos agronómicos del *Wu Sang Kwang*, un tratado que data de la dinastía Song —gobernaron China entre los años 960 y 1279 de nuestro calendario—. No obstante, hay autores que adelantan el cultivo de setas hasta el siglo II, aunque las pruebas aportadas para soportar esta hipótesis son menos robustas. Sea cual sea la fecha real, en lo que sí coinciden ambas interpretaciones es en el hecho de que el cultivo de este manjar se realizaba sobre corteza podrida del árbol *shii* (*Castanopsis cuspidata*). Preste atención al siguiente enigma etimológico: si *take* en japonés significa seta y *shii* es un árbol similar al castaño, ¿qué querrá decir entonces el vocablo *shiitake*? Una pregunta de fácil respuesta, de características similares a «¿de qué color es el caballo blanco de Santiago?». En la actualidad, el cultivo de *shiitake* se desarrolla, preferentemente, sobre bloques sintéticos elaborados a partir de una mezcla de serrín, salvado de cereales y carbonato de calcio que, previamente a albergar a sus inquilinos fúngicos, son sometidos a un tratamiento térmico para su desinfección. Curiosamente, este innovador procedimiento ha permitido el cultivo masivo de esta popular seta, reduciendo entre tres y cuatro meses la duración total de su ciclo reproductivo, hecho que ha motivado que se haya disparado en los últimos cuarenta años la producción de este delicioso y apreciado manjar. Aunque ya se sabe que en materia agrícola la diferencia entre precio y valor se hace patente si tenemos presente la paradójica circunstancia de que quienes se encargan de las labores de cultivo y recolección del producto rara vez reciben una retribución económica justa. Creo que lo que pretendo exponer en estas últimas líneas se va a entender mejor con un ejemplo.

Vayámonos a París. A principios del siglo XIX, la popular «ciudad del amor» sufría una intensa transformación industrial, social y económica: por aquel entonces, la minería intensiva de la zona había tocado techo y los ricos yacimientos de piedra caliza de la margen izquierda del río Sena, que habían abastecido de materiales de construcción a la capital francesa, comenzaron a agotarse. Un sector económico que, mientras languidecía, dejaba en la calle y sin sustento a varios centenares de familias que debieron ingeniárselas si querían seguir llenando la panza. Y en palabras de mi tristemente desaparecido abuelo Antonio —que nació en 1904 y conoció de primera mano los estragos de varias guerras y posguerras— nada agudiza más el ingenio que el hambre. La solución a semejante penalidad económica vino de manos de Monsieur Chambery, un minero que, explorando aquellas canteras, halló un puñado de setas creciendo sobre bostas equinas. Chambery había oído historias que aseguraban que, a mediados del siglo xvii, los agricultores parisinos dedicados al cultivo de melones habían encontrado creciendo entre las camas calientes de estiércol de caballo unas setas pardo-blancuzcas de delicado sabor. Con esta idea, los exmineros descendieron de nuevo a la cantera, en esta ocasión para dedicarse al cultivo, recolección y venta de estas setas entre las élites económicas parisinas. La temperatura constante, la humedad y la oscuridad de las canteras resultaron ser idóneas para que brotasen estas setas, que se sembraron siguiendo el testimonio oral y las observaciones de aquellos humildes labradores, pioneros —por accidente— de la micología francesa. En pocos años, el aperitivo de lujo de los mejores restaurantes de Francia fue este particular champiñón, cuyo nombre científico es *Agaricus bisporus* y que su popularidad hizo que vulgarmente pasase a ser conocido como «champiñón de París». ¿Verdad que ahora se comprende mejor por qué se llama a esta seta champiñón de París? Porque los orígenes recientes de su cultivo se remontan a esta capital europea, no porque todas ellas procedan de allí. Sin ir más lejos, en varios municipios de Navarra, La Rioja o País Vasco también los cultivamos. ¡Y de una excelente calidad!

Curiosamente, el mayor enemigo del champiñón de París fue el metro, inaugurado en el año 1900. Con su construcción y ampliación se acabó la edad dorada de los «champiñoneros» de

París quienes, en poco menos de tres décadas, se vieron reducidos únicamente a unas cincuenta familias —de las más de un centenar que se contabilizan a finales del siglo XVIII y principios del XIX—. De aquella esplendorosa época, en la que según las crónicas locales se llegaron a producir hasta 2 000 toneladas de setas al año, únicamente nos quedan como testigos galerías como Ouaché, sita en la ciudad de Saint-Maximin. Durante mi visita a este peculiar e histórico enclave tuve la extraña sensación de que, a pesar del paso del tiempo, los abandonados sacos allí presentes parecían esperar a ser nuevamente llenados con champiñones.

Esta última experiencia pude vivirla en mis propias carnes gracias a una reciente visita a Francia con motivo del Mundial de Rugby celebrado entre septiembre y octubre del año 2023. Obviamente, la visita dio para mucho más que para cantar el Aotearoa —himno nacional de Nueva Zelanda— durante el partido inaugural del torneo, pudiendo disfrutar también de una visita a La Défense. Allí, cerca del Arco de La Défense, no se encuentra exclusivamente el estadio y residencia de Racing 92, equipo de rugby del Top 14. Por más que todo buen aficionado al rugby visite —o procure visitar— los templos donde el oval es religión, debo añadir en mi descargo que también fui a visitar en Montesson la «catacumba» de Angel Moioli, apodado «el último champiñonero de París». Moioli heredó la cantera en la que había trabajado su abuelo, siendo considerado el último bastión de este tradicional cultivo parisino. Desafortunadamente, las cosas ya no son como antes y el cultivo de setas no es un trabajo rentable. Así, al inexorable avance de la red parisina subterránea de transporte —que con cada ampliación ocupa una mayor extensión de subsuelo— se añadió otra circunstancia que contribuyó al declive de esta actividad económica: los escasos costes que tienen la producción y recolección de setas en los países en vías de desarrollo —si es que los países empobrecidos están en esa «vía»—, donde una escasa y laxa legislación laboral permite abusos de poder y pagar precios irrisorios a los cultivadores. Lo que en Francia fue un recurso de oportunidad, una innovadora forma de economía de subsistencia para muchas familias de la zona, ahora se ha convertido en una suerte de red clientelar gracias a la que una serie de señores disfrutan de un delicioso manjar de origen fúngico a costa del sufrimiento y las penalidades de terceros. Uno de los muchísimos ejemplos de economía de decadencia que podríamos enumerar.

Tricholoma matsutake, una de las setas más preciadas por los consumidores en todo el mundo. Sin embargo, su cultivo y recolección no está exento de calamidades, penurias y maltrato al ecosistema. Por este motivo, muchos autores afirman que crece «sobre las ruinas de la civilización humana».

—Sí que te ha cundido el viaje a Francia, sí. Rugby, visitas culturales, setas, un nuevo capítulo para un libro… ¡Qué tío!

—Tampoco es para tanto, Sonia. Además, si uno quiere sorprender a su lector tiene que ser capaz de buscar las historias más inverosímiles, ¿no? Esa estaba ahí, solo había que contarla en primera persona.

—Eso es cierto. Es un ejemplo de economía de subsistencia, aunque he leído que no es el único. Se escribió mucho hace unos años sobre el *matsutake* (*Tricholoma matsutake*), a la que muchos llaman vulgarmente «la seta del fin del mundo».

—Así es. En este caso, su recolección es un ejemplo de prácticas indecorosas y esclavismo. Quiero creer que, gracias a obras como la citada *La seta del fin del mundo* —escrita por Anna Lowenhaupt Tsing—, hemos empezado a conocer y reconocer algunas de las crueldades que se esconden detrás del cultivo y recolección de uno de los hongos más valiosos del mundo. ¿Sabías que un kilogramo de estas setas ha llegado a alcanzar los 2 000 dólares en el mercado nipón, donde es considerado un producto *gourmet*?

—No tenía ni idea, Edu. ¿Y de dónde dices que era originario?

—Se pensaba en un principio que *T. matsutake* era un hongo originario del continente asiático que micorrizaba a pinos rojos japoneses (*Pinus densiflora*). Y esto era así hasta que, en 1999, Eric Danell describió que el hongo escandinavo *Tricholoma nauseosum* y el asiático *T. matsutake* eran una misma especie. Gracias a este exhaustivo estudio taxonómico se desveló que las especies que micorrizan a diferentes representantes de coníferas a lo largo y ancho de todo el hemisferio norte son, en realidad, una sola especie. Atendiendo al principio de prioridad nomenclatural, todos esos taxones fúngicos aparentemente diferentes entre sí pasaron a denominarse *T. matsutake*. De golpe y porrazo, este hongo pasó a encontrarse en todos los bosques de coníferas que van desde California hasta Japón.

—*Kabenzotz*! ¿Cómo es posible que teniendo una distribución aparentemente tan amplia se paguen sumas de dinero tan elevadas por un kilo de estas setas?

—Pues, simple y llanamente porque, según los criterios de la UICN o Unión Internacional para la Conservación de la Naturaleza, se trata de una especie vulnerable debido, principalmente, a dos razones estrechamente relacionadas entre sí.

—Que son... Chico, que no parezca que tenga que sacarte las palabras con un sacacorchos.

—Luego bien que os quejáis de que hablo mucho, ¿eh?

—Pero esto es interesante, no compares.

—Vaya, gracias. Bueno, la primera causa se debe a la drástica reducción de efectivos numéricos que han sufrido algunas especies de coníferas asiáticas como consecuencia de los constantes ataques efectuados por el nematodo *Bursaphelenchus xylophilus*. Su llegada a este continente procedente de Norteamérica se produjo hace aproximadamente cinco décadas, asociada al transporte y comercio de madera infectada con este «gusano microscópico». Los daños ocasionados sobre las coníferas llegan a ser tan intensos que puede provocar su muerte en un periodo de tiempo de entre tres a seis meses. Este motivo, unido a su elevado potencial colonizador, han propiciado su inclusión en el Catálogo Español de Especies Exóticas Invasoras, aprobado por el Real Decreto 630/2013.

—Obvio. No bosques, no *matsutake*. ¿A quién va a micorrizar si no hay con quién ligarse?

—Efectivamente. Sin embargo, la pérdida de extensiones boscosas asiáticas conformadas por pinos y sus parientes cercanos no es debida únicamente a la presencia del nematodo *B. xylophilus*. El *matsutake* tiene la particularidad de crecer en lugares recónditos y ambientes antropizados y degradados. De hecho, una leyenda cuenta que después de que cayese en Hiroshima la bomba atómica, los habitantes de esta zona de Japón aseguran que lo primero que vieron brotar de las entrañas de la tierra fue un ejemplar de *matsutake*.

—Como leyenda tiene gancho. Teniendo en cuenta cómo debió quedar todo después de semejante estropicio…

—Si has visto la película *Oppenheimer* habrás advertido que para algunas personalidades que aparecen en la gran pantalla, prototipos de físicos arrogantes, dominar el átomo representaba la culminación de la febril idea de someter la naturaleza a su antojo. No obstante, si lo piensas detenidamente, la naturaleza conoce tan bien las reglas del juego que ha establecido que, en ocasiones, se permite el lujo de violarlas.

—Explícate, Edu. No veo exactamente por dónde pretendes ir.

—Verás, los *matsutake* son setas que, *per se,* habitan bosques alterados por la mano humana. «Exigen» esa alteración tanto como nosotros el aire trece veces por minuto, que escribiera Gabriel Celaya. Para que nos entendamos, serían el equivalente fúngico de las ratas o las cucarachas que, como sabes, se han «acostumbrado» a vivir en condiciones de basura y suciedad. De estas setas se dice incluso que han sido capaces de resistir algunos de los desastres medioambientales más recordados por la humanidad, incluyendo episodios como el de Chernóbil.

—Bueno, eso no implica que las setas de allá fuesen aptas para su consumo.

—Correcto, Sonia. Pero da una idea de las condiciones ambientales en las que puede llegar a desarrollarse y del nivel de contaminación que, *a priori*, es capaz de soportar. A esta circunstancia súmale que la legislación medioambiental en muchos países del continente asiático brilla por su ausencia, por lo que además de contaminados, muchos ecosistemas muestren elevadas tasas de deforestación.

—Resumiendo: la recolección y cultivo del *matsutake*, unida a la actividad del nematodo y a la más que probable falta de legislación que permita proteger los bosques donde se desarrolla está abocando a la extinción a este taxón fúngico y a todos cuantos se asocian de una u otra manera con él, incluyendo a los recolectores de estos manjares. ¿Es así?

—Lo has explicado perfectamente, Sonia.

—¡Toma! Que soy profe, ¿qué te habías creído?

—Nada, nada. Oye, tengo que dejarte. Ya sabes que con la burocracia uno sabe cuando empieza pero nunca cuándo acaba.

—¡Agur, Edu!

—¡Agur, Sonia!

Escribiendo las líneas que acaba de leer debo reconocer que en mi cabeza no han parado de resonar unos versos de Lorca: «La aurora de Nueva York tiene / cuatro columnas de cieno / y un huracán de negras palomas / que chapotean las aguas podridas[...] La aurora llega y nadie la recibe en su boca / porque allí no hay mañana ni esperanza posible. / A veces las monedas en enjambres furiosos / taladran y devoran abandonados niños». Si recuerda las clases de Literatura del instituto, el poeta muestra con estos versos que la armonía de la naturaleza se ha visto truncada por la acción —e intromisión— del ser humano. Así, la aurora que describe Federico está a la sombra de las luces de una ciudad industrial que, deshumanizada, se ha visto invadida por todos los males de las *polis* sometidas al voraz desarrollismo: oscuridad, avaricia, hormigón, contaminación, ruido… ¿Ve por dónde pretendo ir? Igual mis intenciones resultan menos confusas si le digo que el de Fuente Vaqueros escribió este poema días después de que se declarase el crack del 29. Como cien años atrás ya advirtiera Lorca, estamos viviendo —y viendo— los primeros coletazos de una sociedad y economía productiva abocada al fracaso. La del *matsutake* es, en los términos en que actualmente se plantea, una actividad extractiva insostenible y con visos de extinguirse que, a diferencia de como ocurriese en París, no va a dar una segunda oportunidad a aquellos cuyo modo de vida dependa de ella. Quienes se dedican a la recolección del *matsutake* arriesgan su vida para que otros puedan disfrutar de un manjar exclusivo y caro del que solo reciben las migajas —a pesar de haber hecho el grueso del trabajo—.

Confío en que, en esta ocasión, el presagio de Federico García Lorca, que aseguraba que la luz será sepultada por cadenas y ruidos en impúdico reto de ciencia sin raíces, no se haga realidad; en este caso concreto, raíces de coníferas que sirvan de aliadas al *matsutake* quedan pocas. Y retrotrayéndonos a poemas más antiguos, quizá sea el momento de tener presente los siguientes versos goliardos: «*Tempus urget nos homines. Ne timete pia facere* (El tiempo apremia a los humanos. No tengas miedo de ser amable)». A estas alturas del texto creo que a nadie se le escapa que el cultivo y recolección de *T. matsutake* no es una práctica muy amable con nuestra madre Gaia, ¿verdad?

PARA SABER MÁS

Arrondo Odriozola, Ernesto. *Los hongos y el hombre*. Sevilla: Punto Rojo Libros, 2014.

Bergius, Niclas y Danell, Eric. «*The Swedish matsutake (Tricholoma nauseosum syn. T. matsutake): Distribution, Abundance and Ecology*». *Scandinavian Journal of Forest Research* 15, nº 3 (2000): 318-325.

Larkham, Stephen. *Stephen Larkham's World Cup Diary: The inside story of rugby's greatest tournament*. Nueva York: Viking Australia, 2004.

Lowenhaupt Tsing, Anna. *La seta del fin del mundo: Sobre la posibilidad de vida en las ruinas capitalistas*. Madrid: Capitán Swing, 2021.

Mata, Gerardo Gaitán-Hermández, Rigoberto y Salmones, Dulce. *El cultivo de shiitake: Tecnología e innovación en la producción de un alimento y medicina ancestral*. Ciudad de México: Instituto de Ecología de México, 2020.

Vedder, P. J. C. (1996). *Cultivo moderno del champiñón (4ª ed)*. Ed. Mundi-Prensa. 369 pp.

LOS ASOMBROSOS PRODIGIOS MICOLÓGICOS
RELACIONADOS CON LA FUERZA MOTRIZ
DE LA NATURALEZA

«Agua, ¿dónde vas?
Riyendo voy por el río
a las orillas del mar».
Federico García Lorca

«No hay nada más frágil que el equilibrio de lugares hermosos».
Marguerite Yourcenar

Cuando estudiaba Biología en la Universidad de Sevilla cursé una asignatura llamada Biomoléculas. El temario era realmente interesante, pero superar la asignatura se convirtió en una auténtica pesadilla: quince preguntas de tipo test donde había que responder sin error a, al menos, diez de ellas ¡para alcanzar un simple aprobado! Varios compañeros decidimos entonces dividir el trabajo en bloques consistentes en leer y resumir cada uno de los capítulos que conforman el libro *Elementos y moléculas de la vida: Introducción a la Química Biológica y la Biología Molecular* —que constaba de dos volúmenes— escrito por Miguel Ángel de la Rosa —en coautoría con el ilustre Manuel Losada Villasante, premio príncipe de Asturias de Investigación

Científica y Técnica—, persona encargada de impartirnos las clases. Comprendimos en ese momento que, si buena parte de lo que nos contaba durante las sesiones lectivas venía recogido en ese infumable libro de texto, lo mejor era estudiarse a rajatabla esa especie de «biblia» bioquímica. Curiosamente, en una de esas clases que se impartían a las cuatro de la tarde tocó abordar la que nuestro ínclito profesor consideraba la fuerza motriz más importante de la naturaleza: el agua.

El agua, cuya fórmula —H_2O— es, posiblemente, de las primeras cosas que aprendemos en las clases de química del instituto. En este medio tuvo lugar el origen de la vida en la Tierra, hasta el punto de acuñar el concepto «caldo primigenio» o «sopa primitiva» como metáfora para ilustrarla. Asimismo, esta sustancia cubre las tres cuartas partes de la superficie de nuestro planeta, motivo más que suficiente para que el alumnado de primaria conozca con todo detalle su ciclo —aunque a veces lo hagan con desgana y a regañadientes—. Con su estudio también aprenden a reconocer las principales masas de agua: ríos, lagos, mares, océanos… ¡y a veces hasta estudian la biota asociada a cada uno de estos ecosistemas acuáticos! Normalmente, los libros de texto suelen mencionar en este último apartado seres vivos que al alumno le resulten familiares, como plantas acuáticas, peces, mamíferos acuáticos o invertebrados —tanto artropodianos como no artropodianos—. No obstante, advertí que el libro de texto de Julia, la hija de una amiga de la infancia, incluía entre los integrantes de los ecosistemas acuáticos a las bacterias y lo que la niña calificó de «sombrillas de río». Helena, la madre de Julia, me preguntó con extrañeza si sabía qué era aquello que aparecía dibujado junto a la orilla del río. Y vaya si lo sabía.

El libro de Julia había incluido en el esquema pictórico a uno de los más peculiares representantes del fascinante mundo fúngico. Sí, estimado lector, en las masas de aguas también pueden encontrarse hongos. Sin ir más lejos, ya habíamos citado con anterioridad el caso de *Batrachochytrium dendrobatidis* —véase el capítulo «Enemigo público número uno»—. Asimismo, en hábitats intermareales como los manglares se han descrito casi medio centenar de hongos lignícolas de aspecto filamentoso: *Verruculina enalia, Aigialus parvus, Trichocladium nypae* o *Leptosphaeria paucispora*. El papel de estos hongos aún está siendo objeto de estudio; no obstante, parece que podría estar vinculado con la alimentación de algunos gasterópodos, como *Littorina angulifera* —especie típica de los manglares atlánticos—. Por si fuera poco, estos microorganismos también liberan al medio una batería de enzimas degradadoras de celulosa que, de una u otra manera, aumentan la biodisponibilidad de alimento para otros organismos xilófagos —como los ya citados gasterópodos—.

Dejando a un lado todo lo expuesto anteriormente —después regresaré de nuevo a ello para darle la importancia que tiene—, las preciosas «sombrillas» descritas por Julia eran, en realidad, hongos. O más concretamente sus cuerpos fructíferos —vulgarmente llamados setas—. ¡Qué demonios! ¡Si hasta sé su nombre científico! Esa seta a la orilla del río solo puede pertenecer a *Psathyrella aquatica*, un basidiomiceto descrito en 2010 por Jonathan Frank, Robert Coffan y Darlene Southworth en la cabecera del río Rogue, al sur de Oregón (Estados Unidos). A diferencia de los hongos de los manglares anteriormente citados, este taxón no habita sobre madera sumergida, sino que su estípite o pie le ancla al sustrato del lecho fluvial, donde aguanta el envite de la corriente. Al encontrarse sumergido, el cuerpo fructífero de *P. aquatica* presenta unas características esporas en forma de balsa que presentan una serie de adaptaciones —entre las que se encuentra la acumulación de gas en forma de burbujas— que permiten aumentar su flotabilidad en la columna de agua.

Asombroso, ¿verdad? Aunque debo reconocer que tengo sentimientos enfrentados. Entiéndame, creo que es necesario que el estudiantado conozca que existen especies fúngicas capaces de vivir y reproducirse en el medio acuático. A poco que el profesorado les haya contado sobre estos organismos, sabrán

Psathyrella aquatica es una especie que aún está siendo objeto de estudio por los micólogos. Habita en aguas con escasa cantidad de nitrógeno disuelto, por lo que actualmente se estudia su consideración como agente bioindicador de la calidad del agua.

reconocer sin dificultad los dos factores que determinan especialmente su crecimiento y desarrollo: temperatura y humedad. Y hasta que se demuestre lo contrario, no hay nada más húmedo que el agua. No obstante, en el caso de *P. aquatica* —que parece fructificar cuando la temperatura ambiental ronda entre los 23 y los 24 ºC— se necesitan, al parecer, aguas poco contaminadas. Quizá todo esto que pretendo decir se entienda mejor si comento que el nivel de nitratos —uno de los indicadores de la calidad del agua— del río Rogue no pudo ser registrado, al ser menor que el límite que era capaz de detectar el equipo —0.2 mg/l—. Por su parte, el de fósforo total fue de 0.05 mg/l. Es decir, este hongo se desarrolla en aguas oligotróficas y —presumiblemente— cristalinas, no en el arroyo plagado de basura del Springfield de *Los Simpsons*. Por consiguiente, considero que es igual de importante mostrar la existencia de *P. aquatica* a quienes están cursando estudios primarios como también concienciarlos —someramente— del inestable alambre por el que transita su acervo genético.

Como ven, en esta ocasión todo gira alrededor del líquido elemento. Nada en estas líneas es casual, pues me encuentro redactando este capítulo coincidiendo con la llegada de la borrasca Aline a España —19 de octubre de 2023—. Y hasta en una circunstancia tan catastrófica como son las lluvias torrenciales que está dejando en nuestra geografía, nuestros micológicos protagonistas están presentes. Sí, como lo lee. Seguro que ha escuchado en más de una ocasión que al olor a tierra mojada le llaman petricor. En alguna ocasión, hay hasta personas que exclaman sin tapujos que «huele a petricor». En realidad, estos repipis perfumistas de refinados olfatos ignoran que el petricor es el nombre que, en 1964, le otorgaron Bear y Thomas a «la mezcla de aceites exudados por ciertas plantas después de [entrar en contacto con agua tras] un periodo de sequía». Es decir, los aceites están ahí, impregnados en el suelo y las rocas, absorbidos —y adsorbidos— en ellas; el agua solo nos ayuda a percibirlos mejor. Dicho de otra forma, el agua, al caer sobre suelos secos, libera a la atmósfera toda una mezcla de aceites, entre los que se encuentra la geosmina. ¿Qué es el petricor? Bajo mi punto de vista, nada. Es un término obsoleto acuñado por dos investigadores para explicar un fenómeno que, hoy, conocemos a la perfección. En breve entenderán los motivos que me llevan a emprender esta cruzada lingüística que de sobra sé que no llegará a ningún puerto. Deben saber que esta «pataleta dialéctica» es un acto de rigurosidad, pues considero esta cualidad una obligación del «buen divulgador» —o lo que quiera que sea que hago—. Casualmente, no hay nadie que diga que las remolachas huelen a petricor, ¿verdad? Y sin embargo, también están impregnadas de la misma geosmina y aceites que llegan a nuestras narices con las primeras lluvias. Debe ser que como vemos llover de manera tan esporádica, hemos otorgado un halo de poesía a este fenómeno meteorológico —y a los característicos olores que lleva asociados—.

Como decía anteriormente, entre las muchas sustancias que forman parte del característico olor a tierra mojada se encuentra la geosmina, un alcohol bicíclico derivado de la decalina. La relación existente entre este compuesto químico y el líquido elemento es tal, que animales como los camellos —y sus parientes cercanos, dromedarios y afines— son capaces de detectar fuentes de agua en mitad del desierto gracias al inconfundible aroma de la geosmina. Podría decirse que estos animales son capaces de «oler el agua». Asimismo, miembros de la familia *Cactaceae* pertenecientes a los géneros *Pereskia* y *Rebutia* atraen a sus polinizadores utilizando esta misma fragancia. Los insectos, que creen que seguir el rastro de geosmina los va a llevar a un improvisado vergel provisto de agua, están siendo dirigidos y utilizados por la planta para asegurarse su reproducción. Como ve, se trata de una sustancia más «coligada» al agua que a la lluvia en sí misma. Porque estaremos de acuerdo en que si por algo se caracterizan los paisajes desérticos donde habitan los camellos es por la escasez de precipitaciones, ¿verdad? Huelga decir que esto último no excluye que existan surgencias hídricas en estos hábitats, como son los populares oasis, de los que solo en el desierto del Sáhara se cuentan unos noventa. Todo ello sin contar los *qanats*, que son canalizaciones hidrogeológicas creadas para captar una capa de agua subterránea que acaban «desembocando» en algún tipo de exsurgencia —ya sea de origen natural o artificial—.

Más allá de cuestiones terminológicas propias de la RAE, debo decir que he sacado este debate para hacernos recapacitar —o, al menos, esa es la intención—. Verá, cuando yo estudiaba, se decía que los organismos productores de geosmina por antonomasia eran los actinomicetos. Actualmente sabemos que esos actinomicetos son, en realidad, bacterias Gram-positivas que forman estructuras filamentosas ramificadas semejantes a las de algunos hongos, hecho que provocó que fuesen incorrectamente clasificados en el árbol de la vida. El error puede parecer

ASC

Ilustración de *Pereskia grandiflora* realizada por
Toni Gürke y extraída de la obra *Iconographia
Cactacearum*. Este miembro de la familia
Cactaceae tiene la capacidad de atraer a sus
polinizadores con fragancias de geosmina.

de escasa magnitud o enjundia, pero piense que todo un género
de actinobacterias —el más extenso de este filo, de hecho— recibe por nombre *Streptomyces*, palabras que, literalmente, significa «hongo que se dobla o retuerce con facilidad». Es más, la
actinobacteria productora de geosmina por excelencia responde
al nombre de *Streptomyces coelicolor*. Lo que me lleva a pensar
que la ciencia cambia —en mi modesta opinión— de una manera más orgánica de lo que lo hace nuestro diccionario.

Empero, no es momento de hacerse mala sangre ni de querer
cobrarse deudas pasadas. El error anteriormente mencionado
tiene disculpa porque, como acaba de leer, existen multitud de
organismos vivos capaces de sintetizar geosmina. Y, siendo honesto, aún faltarían por mencionar a los auténticos protagonistas

de este libro: los hongos. Paradójicamente, los hongos productores de esta sustancia son esos que mencionamos a la hora de hablar de la podredumbre de los vinos: unos asombrosos seres vivos que igual convierten un caldo en un producto *gourmet* —los vinos botritizados— que le otorgan un particular aroma terroso al vino, característico de la geosmina, que lo devalúa. Sin embargo, no es la única factoría de geosmina de origen fúngico conocida por el hombre, aunque esta otra causa enfermedades en manzanos, perales, fresales o arrozales, llegando incluso a inhibir la germinación de variedades de trigo blando como, por ejemplo *Triticum aestivum* var. lutescens. ¿El nombre de este fúngico «villano»? *Penicillium expansum.*

Todo esto está muy bien; pero ¿qué enseñanza podemos sacar de todo lo relatado hasta el momento? La principal —que no única— es tomar consciencia de la importancia que tienen todos estos hongos, algo que trasciende al papel ecológico que juegan en sus respectivos hábitats y va mucho más allá de cualquiera de las curiosidades que haya contado a lo largo de estas líneas. No, no me estoy poniendo trascendente como consecuencia de mi pasión por la micología: ¿recuerda aquellos hongos acuáticos de los que le hablé al comienzo de este capítulo? Sí, esos que eran comunes incluso en los manglares. Pues, verá, resulta que de uno de ellos, *Verruculina enalia*, se han aislado dos compuestos fenólicos —enalina A y enalina B— que están siendo ensayados con prometedores resultados en el tratamiento de la diabetes. Asimismo, parece presentar compuestos con actividad antimicrobiana que están siendo testados con bacterias patogénicas como *Klebsiella aerogenes* o *Staphylococcus aureus.* Si el final de este largo camino termina de manera satisfactoria podremos añadir dos nuevos principios activos a nuestro ya «obsoleto» arsenal farmacológico en la lucha contra las bacterias resistentes a antibióticos. Sin embargo, este no es el único caso: de *Aigialus parvus*, otro de esos hongos marinos lignícolas anteriormente mencionados, hemos sido capaces de aislar dos policétidos —aigialomicina e hipotemicina— con actividad antitumoral y antimalárica que, en la actualidad, están siendo estudiados de manera exhaustiva.

Ambos escenarios son prometedores, pero solo el tiempo —y la financiación adecuada y suficiente de estos proyectos de investigación— dirá si alguno de estos principios activos acaba finalmente convirtiéndose en uno más de los muchos medicamentos que encontramos en una oficina de farmacia. Sin embargo, a menudo se nos olvida que para llegar a este último paso antes hemos debido recorrer el arduo camino de la caracterización e identificación de todos y cada uno de los integrantes fúngicos de un ecosistema, incluyendo los acuáticos. Paradójicamente, hasta hace treinta o cuarenta años las ciencias de la vida en España tenían un enfoque eminentemente descriptivo. Actualmente, la tendencia se ha revertido hasta un punto peligroso, en el que nos empecinamos en buscar la practicidad o aplicabilidad de todo, incluso antes de haberlo caracterizado o catalogado adecuadamente. En un escenario de pandemias, emergencia climática y cada vez más recurrentes crisis sociales y económicas, el taxónomo —especie en peligro de extinción— es cuando más falta hace. Los gobiernos —y algún que otro compañero científico con mala babilla— deben empezar a cambiar su forma de ver a este colectivo como simples *frikis* cuya única utilidad práctica es poder preguntarle los nombres en latín de las más variopintas aves o los árboles más extravagantes. Antes de que *P. expansum* nos preocupase por ser capaz de sintetizar metabolitos neurotóxicos y buscar la forma de combatirlos —y no morir así al comer una manzana infectada—, alguien la aisló. ¿Y sabe de quién no se acuerda nadie a la hora de intentar acabar con la patulina —que así se llama la neurotoxina—? Exacto, de Link, el que la nombró y clasificó en 1809. Aunque hay un ejemplo mucho más esclarecedor si tomamos a *A. parvus* como protagonista: cuando se hace mención de esta especie, siempre es para referirnos a los estudios de biólogos moleculares como Lin o Vongvilai y sus colaboradores, nunca para mencionar a Scott Schatz, que fue uno de sus descriptores en 1986 —y que aún sigue vivo—.

Si alguien piensa que esto es una pataleta, que piensen en el caso de Francisco Juan Martínez Mojica que, a pesar de ser quien describió el mecanismo CRISPR, se quedó sin recibir el Nobel —y todos consideramos poco menos que una afrenta internacional—. Se ve que describir algo, bien sea un nuevo mecanismo que plantee un novedoso escenario para la edición genética o un hongo del que podrían obtenerse nuevos fármacos, no son méritos suficientes para aspirar a tener el reconocimiento del resto de la comunidad científica. Y esto mismo les ocurre a los hongos, a los que ignoramos hasta que llega el momento de extraer algún beneficio de ellos. Una relación asimétrica e interesada, ¿no cree? Por nuestro bien, más nos vale empezar a cambiarla.

Para saber más

Bear, I. J. & Thomas, R. G. «Nature of argillaceous odour». *Nature* 201 (1964): 993-995.

Bear, I. J. & Thomas, R. G. «Petrichor and plant growth». *Nature* 207 (1965): 1415-1416.

Chen, Senhua, Cai, Runlin, Liu, Zhaoming, Cui., Hui y She, Zhigang. «Secondary metabolites from mangrove-associated fungi: source, chemistry and bioactivities». *Natural Products Reports* 39 (2022): 560-595.

Frank, Jonathan L., Coffan, Robert A. y Southworth Darlene. «Aquatic gilled mushrooms; Psathyrella fruiting in the Rogue River in southern Oregon». *Mycologia* 102 (2010): 93-107.

Hibbett, David S. y Binder, Manfred. «Evolution of marine mushrooms». *The Biological Bulletin* 201 (2001): 319-322. https://www.journals.uchicago.edu/doi/abs/10.2307/1543610?journalCode=bbl

Kaiser, R. y Tollsten, L. «An introduction to the scent of cacti». *Flavour and Fragrance Journal* 10, nº 3 (1995): 153-164.

Kohlmeyer, J. y Bebout, B. «On the occurrence of marine fungi in the diet of Littorina angulifera and observations on the behavior of periwinkle». *Marine Ecology* 7, nº 4 (1986): 333-343.

Losada, Manuel, Vargas, María Ángeles, de la Rosa, Miguel A. y Florencio, Francisco J. *Los elementos y moléculas de la vida. Introducción a la Química biológica y Biología molecular (1ª parte).* Madrid: Rueda, 1998.

Losada, Manuel, Vargas, María Ángeles, de la Rosa, Miguel A. y Florencio, Francisco J. *Los elementos y moléculas de la vida. Introducción a la Química biológica y Biología molecular (2ª parte).* Madrid: Rueda, 1999.

Shu-Lei, Jia, Chi, Zhe y cols. «Fungi in mangrove ecosystems and their potential applications». *Critical Reviews in Biotechnology* 40, nº 6 (2020): 852-864.

ME MATA TU PRESENCIA

«Y de nuevo volvió a sentirse sola ante la presencia
de su eterna angustia: la vida».
Al faro, Virginia Woolf

«Conozco tu presencia en las cortezas húmedas del aire y sé que
en un lugar, excavada en la lluvia tu iluminada soledad persiste».
Carlos Barral

Dentro del mundo micológico son muchos los representantes
que podrían poner fin a la vida de un ser humano. Conocido es
el caso de la muerte de Tiberio Claudio César Augusto Germá-
nico (10 a.e.c.-54 d.e.c.), al que muchos consideraban un estúpido, fácilmente influenciable y mentalmente discapacitado —
su evidente cojera y tartamudez no ayudaban—. Sin embargo,
ese hombre al que todos despreciaban sorprendió a sus contem-
poráneos por ser capaz de encabezar un periodo gubernativo
prudente y sagaz donde no solo mejoraron las infraestructuras
romanas, sino también la calidad de vida de sus ciudadanos. El
final de la historia ya es de sobra conocido: Claudio se reconcilió
con su hijo Británico y el temor de Agripina —sobrina y tercera
esposa de este—, que anhelaba que su hijo Nerón se convirtiese
en emperador romano, crearon las condiciones adecuadas para

acabar con su vida. Aún hoy los micólogos y médicos no son capaces de determinar con claridad si la muerte fue causada por la ingesta de setas venenosas o envenenadas, llegando incluso a especular con el taxón que podría haber consumido, hecho que supone una tarea compleja —solo sabemos qué ocurrió por diferentes crónicas de la época—.

Paradójicamente, siempre mencionamos como hongos letales a una retahíla repetitiva de nombres donde, además de *A. phalloides*, se incluyen otros taxones —más o menos conocidos— como *Amanita muscaria, Lepiota brunneoincarnata* o *Cortinarius orellanus*. Sin embargo, nunca se hace mención a otras especies tanto o más letales que las primeras como, por ejemplo, *Microascus brevicaulis* —anteriormente conocida como *Penicillium brevicaule* o *Scopulariopsis brevicaulis*—, *Aspergillus fumigatus* o *Alternaria alternata*, por citar solo algunas de ellas. De hecho, algunos de estos nombres han estado involucrados en la muerte —o eso se especula— de una de las mayores personalidades históricas: Napoleón Bonaparte. Pero antes de entrar en materia, considero oportuno otorgar un poco de contexto a lo que voy a pasar a narrar.

Estaremos de acuerdo en que en nuestro día a día existen miles de productos en el mercado de cuyos riesgos no estamos enterados. Sin ir más lejos, muchos juguetes con los que crecieron «esos locos bajitos» de la década de los treinta y los cuarenta estaban fabricados con plomo; no fue hasta que la ciencia médica estableció que su toxicidad ponía en serio riesgo la salud y el desarrollo cognitivo de los pequeños que esos juguetes, hasta entonces inocuos, empezaron a cambiar su modo de fabricación. Algo similar ocurrió en París al término de la Revolución Industrial, donde la excesiva urbanización y la desaparición de espacios naturales hizo que se volviese extremadamente popular entre sus habitantes decorar sus ropajes o las estancias de su vivienda con motivos florales pintados con un tono de verde muy concreto: el que responde al código Hex #50C878, también conocido como verde de París o «verde esmeralda». Este pigmento, sintetizado en 1814 por Friedrich Russ y William Sattler, es un acetoarsenito de cobre (II), siendo su fórmula $Cu(C_2H_3O_2)_2 \cdot 3Cu(AsO_2)_2$. El hecho de tratarse de un compuesto arsenical —elemento que sabemos que se caracteriza por su elevada toxicidad—, unido al tono de su color, hizo que fabricantes de papel pintado como William Morris empezasen a comercializarlo como una forma elegante de repeler de los hogares decimonónicos a chinches y otros insectos indeseables. Sin embargo, por muy bellas que fueran las creaciones pictóricas que adornaban esos papeles pintados —le recomiendo que use los buscadores de internet para observar algunos de los diseños—, su popularización parecía estar correlacionada de manera significativa con un aumento en el número de muertes. Y claro, podría ser una simple casualidad de no ser por un detalle: todos los fallecidos presentaban una sintomatología compatible con el envenenamiento por arsénico. ¿Cómo era posible? Un crío sí podría por accidente chupar el papel pintado con «verde de París», pero un adulto… ¿O es que en Europa se había convertido en moda chupar paredes empapeladas con este papel?

La respuesta a este enigmático fenómeno, mal que les pese a los químicos —Dani, Ginesa; lo siento— la ofreció el médico y microbiólogo italiano Bartolomeo Gosio en un trabajo titulado *Advances in Applied Microbiology*. En él, Gosio concluyó que el hongo *Scopulariopsis brevicaulis* era capaz de metabolizar el arsénico del verde de París liberando en el proceso un compuesto volátil llamado trimetilarsina —$As(CH_3)_3$—. Y digo bien, el hongo. Porque es cierto que la metilación del arsénico es un proceso de origen bacteriano —que tiene su influencia, qué duda cabe—, pero existen otras rutas metabólicas. Concretamente, este hongo —y otros como *Paecilomyces*— tienen la capacidad de alimentarse del engrudo usado como adhesivo para fijar las tiras de papel a la pared. De esta forma, estos hongos que habitan en las humedades de la pared se dedican a transformar los enlaces As-O del arsenito de cobre en enlaces As-C, lo que en última instancia acaba dando lugar a la trimetilarsina. Fascinante, ¿verdad?

Retrato de Napoleón en su gabinete de trabajo, de Jacques-Louis David. Probablemente el que fuese rey-emperador de Francia falleciera a causa de un cáncer de estómago, pero también debió estar expuesto a compuestos arsenicales liberados por los hongos de la humedad que se cobijaban bajo aquel alegre papel pintado.

Imagino que aún se estará preguntando qué mató a Napoleón, ¿verdad? Sabemos que el clima de Santa Elena es húmedo, por lo que las paredes de la casa debían ser un criadero de hongos. Si Napoleón tenía las paredes de su vivienda empapeladas con papeles pigmentados de verde de París, muy probablemente inhaló cantidades ingentes de arsina; más aún si tenemos en cuenta que los últimos años de su vida pasaba mucho tiempo encerrado en su habitación. Análisis capilares, que arrojaron valores de arsénico anormalmente altos, respaldan esta hipótesis. También el hecho de que meses antes de su muerte mostrase una sed inusual, síntoma compatible con el envenenamiento por arsénico. Sin embargo, no es menos cierto que muchos médicos afirman que la sintomatología de su enfermedad también podría corresponderse con cáncer de estómago. Si quiere mi opinión, creo que la muerte del rey-emperador francés pudo deberse a la acción combinada de ambos cuadros médicos. Los ejemplares conservados en la hemeroteca de la Biblioteca Nacional de España reseñan lo siguiente con respecto a su muerte: «Los papeles extranjeros que recibimos hoy anuncian que el 5 de mayo a las 6 de la tarde murió Napoleón Bonaparte en Santa Elena, después de cuarenta días de cama. La causa, un cáncer de estómago, según se ha descubierto por la disección de su cadáver pedida por él mismo». Esto demuestra que las sospechas del hombre que un día quiso ver a Europa bajo sus pies eran ciertas, había sufrido la misma enfermedad que acabó con la vida de su padre; sin embargo, no se realizaron —que sepamos— pruebas adicionales. Aunque la microbiología en 1821 aún era una disciplina floreciente, quizá se podrían haber observado esporas fúngicas bajo el microscopio de haberse tomado las muestras correspondientes.

Es probable que piense que me estoy haciendo trampas al solitario, pero nada más lejos de la realidad. Los hongos de las humedades pueden hacernos enfermar gravemente e, incluso, en algunos casos, acabar con nuestra vida. Puede que a estos últimos los conozca mejor bajo el nombre de «hongos alergénicos».

Sí, lo que realmente llamamos «alergia a la humedad» es, en realidad, a los hongos que habitan en las humedades de nuestras viviendas, como *Aspergillus fumigatus*, *Alternaria alternata* o algunos integrantes del género *Penicillium* como *P. glabrum*, *P. brevicompactum* o *P. chrysogenum*. Lamentablemente, el fascinante mundo de la micología también ofrece esta cara en la que algunos taxones fastidian a la especie humana. Como alérgico a estos hongos de la humedad, sé de lo que hablo. ¡Son ubicuos y son un fastidio!

Podría parecer que el fenómeno de la alergia a hongos es reciente, pero no es así. El primer caso que relaciona un cuadro alérgico con la exposición a hongos data de 1726, cuando Floyer observó síntomas de asma en pacientes que habían visitado días antes unas bodegas. Posteriormente, en 1873, Blackley describió un «catarro bronquial» después de haber inhalado esporas de *Chaetomium* y *Penicillium*. Sin embargo, no fue hasta 1924 que van Leeuwen, un compañero de Fleming, relaciona la aparición de asma con el clima y la presencia de esporas fúngicas en el ambiente. Curiosamente, van Leeuwen estudiaba la asociación entre hongos y asma en el hospital St. Mary de Londres, justo en un laboratorio situado una planta más abajo de donde investigaba el descubridor de la penicilina. ¿Es posible que fuese el interés de los alergólogos por las esporas fúngicas el que verdaderamente hiciese las veces de catalizador y acelerase la aparición de la conocida como «era de los antibióticos»? Soñar es gratis. A fin de cuentas, mi alergia la trató desde pequeñito Manuel Díaz Fernández, ilustre alergólogo sevillano al que yo, inocentemente, tenía por Fleming —un retrato del médico escocés presidía el homónimo hospital sevillano y este servidor, a sus tiernos cuatro años, tenía tendencia a confundir caras «similares»—.

La exposición a alérgenos fúngicos se puede producir, por consiguiente, tanto en espacios abiertos como cerrados. De hecho, esos hongos de la humedad de los que antes hablaba penetran en nuestros edificios a través de ventanas, sistemas de ventilación o por pequeñas grietas que se abren en nuestras paredes. Los hay incluso que, como *Aspergillus* o *Penicillium*, se encuentran en mayores concentraciones en nuestros domicilios que en espacios abiertos, debido a que los arrastramos con nosotros en la tierra que queda en los zapatos que utilizamos. Así, diferentes estudios realizados con niños alérgicos demostraron que los riesgos de sufrir sintomatología respiratoria aumentaban de 1.5 a 3.5 veces si la criatura vivía en casas mal aisladas y con elevada humedad. Si quiere saber dónde se esconden nuestros protagonistas fúngicos le diré que prefieren los sótanos, los cuartos de baño, los muebles tapizados o los armarios. Además, aunque usted no sea alérgico, debe saber que la exposición repetida a estos propágulos fúngicos aumentan el riesgo de que desarrolle reacciones alérgicas específicas contra estos antígenos, existiendo varios casos recogidos en la literatura médica. A fin de cuentas, la Organización Mundial de la Salud (OMS) ha establecido que para el año 2050 la mitad de la población mundial sufrirá algún tipo de alergia, considerándose un nuevo tipo de pandemia.

La sensibilización a los alérgenos fúngicos es particularmente común entre personas asmáticas. De hecho, parece que está creciendo el número de asmáticos con sensibilización a alérgenos de origen fúngico, debido quizá a una mejora en los procedimientos diagnósticos, a un procedimiento de obtención de extractos fúngicos más eficaz y a la mejora en los estudios realizados. Empero, uno de los mayores problemas que se encuentran los investigadores que se dedican al estudio de las alergias a los hongos —si no es el mayor— es la estandarización de los antígenos. Se conocen importantes variaciones antigénicas relacionadas con el tiempo y la temperatura de incubación, el pH o incluso las concentraciones de nitrógeno y carbohidratos en los medios de cultivo empleados para hacer crecer a estos microorganismos. Asimismo, debemos ser conscientes de otro pequeño inconveniente: los alérgenos fúngicos pueden aislarse tanto del micelio como de las esporas del hongo, ¡o incluso del medio cultivo! Un auténtico quebradero de cabeza para los médicos e investigadores dedicados a la alergología.

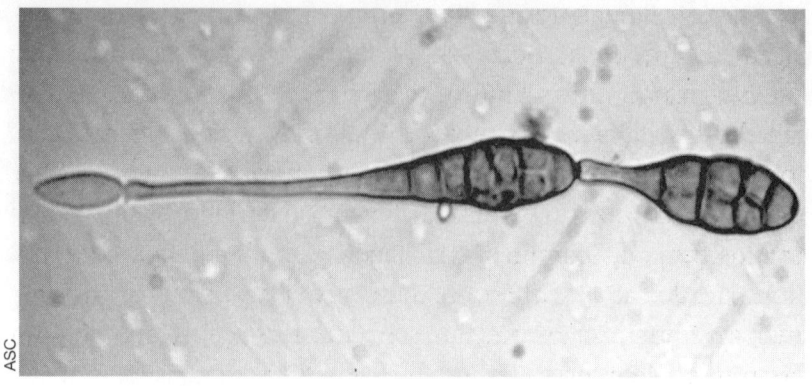

Las esporas de *Alternaria alternata* muestran una característica forma de haltera o maza. Esta especie fúngica es responsable de numerosos casos de alergia respiratoria, especialmente entre aquellos individuos que habitan viviendas con humedades y mal aisladas del exterior.

Por cierto, una variación antigénica no es más que una alteración en las proteínas o carbohidratos de superficie, como las que sufre cada año el virus de la gripe y que le permite sortear las barreras profilácticas que despliega nuestro sistema inmunológico, motivo por el que cada año tenemos que vacunarnos nuevamente. Recuerde, el virus no «ha mutado», ha sufrido una nueva variación antigénica —y las que quedan—. Este es uno de los motivos por los que se dice que el mejor tratamiento para las personas alérgicas es evitar la exposición al alérgeno desencadenante de la reacción. En segundo lugar, se prescribe una terapia, bien consista en un tratamiento farmacológico o uno inmunológico —vulgarmente conocido como vacuna—. La inmunoterapia o vacuna, como sabe, consiste en la administración de pequeñas cantidades de un alérgeno a un paciente hipersensible a ese mismo alérgeno con la intención de modular la respuesta inmunológica ante la exposición natural al mismo —que es exagerada—. Sin embargo, vuelve a surgir un pequeño contratiempo en la lucha contra estos hongos que vuelve a dejarnos sin aire —nunca mejor dicho—. ¿Recuerda que le comenté anteriormente que existen importantes variaciones antigénicas y que este hecho dificulta que los antígenos puedan estandarizarse? Pues el motivo es que resulta que esta particularidad dificulta el hecho de desarrollar extractos uniformes con los que elaborar vacunas. Por este motivo, la inmunoterapia se está enfocando en el empleo de vacunas no elaboradas con extractos fúngicos completos, sino con alérgenos recombinantes —fabricados artificialmente después de introducir material genético en organismos unicelulares, a los que se les hace fabricar la proteína de interés—.

A este respecto, la investigación biomédica está mejorando las herramientas que permitan a estos pacientes tener una mejor calidad de vida, aunque queda trabajo por hacer. Piense que tampoco esperábamos ver vacunas basadas en ARNm para tratar enfermedades víricas como la popular COVID-19 y, sin embargo, en el mercado se encuentra el producto, ¿verdad? ¿Quién dice que pasados unos años no veremos extractos terapéuticos estandarizados de alguno de los alérgenos de estos hongos de la humedad? Desde hace unos años ya disponemos de vacunas que únicamente contienen Alt a1, el alérgeno mayor de *Alternaria alternata*. Si aún no está asombrado, piense que se han descrito más de una veintena de alérgenos de este taxón y que la alergia a este hongo es, en realidad, la causa más común de asma. Ahora piense que aislar ese alérgeno fuese muy complejo —algo que ya le he contado—. Se entiende así mejor que, aunque parezca un pequeño paso, en realidad es un salto cualitativo, ¿verdad? Y estoy convencido de que pronto llegarán más y de mayor calado, solo tenemos que esperar. Claro que siendo urgente, quizá lo más oportuno es mejorar la inversión en investigación.

Después de leer este capítulo igual piensa que he exagerado con el título y que estos hongos de la humedad tampoco son para tanto, ¿verdad? Lamento decirle que hay casos descritos de *shocks* anafilácticos mortales desencadenados por hongos de la humedad, aunque no es menos cierto que son escasos. Si hablamos de frecuencia, es más probable que *Aspergillus fumigatus* provoque aspergilosis broncopulmonar alérgica y aspergiloma —crecimiento fúngico miceliar en forma de pelota que se aloja dentro del parénquima pulmonar—, en pacientes alérgicos. Es más, *Aspergillus* fue el agente letal que se encontraba detrás de «la maldición de Tutankamón». Piénselo por un momento: una cripta cerrada durante miles de años, humedad... Las condiciones idóneas para que *Aspergillus flavus* y otras especies congenéricas se desarrollen a su antojo. Solo era cuestión de que Howard Carter y su expedición de curiosos arqueólogos respiraran ese aire cargado de esporas fúngicas durante todo el periodo de tiempo que duró la excavación en Luxor (Egipto). Por si esto fuese poco, muchos murciélagos usan como refugio las tumbas recién abiertas, siendo un hecho constatado que su guano es un reservorio natural de *Histoplasma capsulatum*, agente fúngico desencadenante de la histoplasmosis —esta enfermedad se contrae después de haber inhalado sus microconidios, un tipo de esporas—.

El óstracon de arcilla que custodiaba la antecámara funeraria tenía razón y la muerte golpeó con su miedo a aquel que turbó el reposo del faraón, aunque con una maldición más terrenal. El presunto mensaje era un tanto tétrico, pero la idea que debe prevalecer de todo esto es que los hongos son seres ubicuos —y los de la humedad, más— y su sola presencia podría hacerle enfermar de manera más o menos grave. Yo, como diría el sabio, a los hechos me remito.

Para saber más

Bazo, Eduardo. *Con mucho gusto: Un menú cuajado de historias botánicas.* Madrid: Cálamo, 2021.

Bentley, Ronald. «Bartolomeo Gosio, 1863-1944: An appreciation». *Advances in Applied Microbiology* 48 (2001): 229-250.

Bunse, T. y Merck, H. «Mycological aspects of inhalative mould allergies». *Mycoses* 35 (1992):61-66.

González Minero, Francisco José, Candau, Pilar y Cepeda, J. M. «Presencia de esporas de Alternaria en el aire (SO de España) y su relación con factores meteorológicos». *Revista Iberoamericana de Micología* 11 (1994): 92-95.

Rendueles, Belén Elvira y Maya Manzano, José María. «Aeromicología: ¿por qué debe ser una parte esencial la Aerobiología?». *Revista de Salud Ambiental* 19 (2019): 124-127.

Thom, C. y Raper, K. B. «The arsenic fungi of Gosio». *Nature* 76 (1980): 548-550.

Vasanthakumar, Archana, DeAraujo, Alice y cols. «Microbiological survey for analysis of the brown spots on the walls of the tomb of King Tutankhamum». *International Biodeterioration & Biodegradation* 79 (2013): 56-63.

VV. AA. «Hongos y actinomicetos alergénicos». *Revista Iberoamericana de Micología* (2002).

TU HONGO SE HA COMIDO AL MÍO

«¿Es un signo de progreso el que el antropófago
coma con cuchillo y tenedor?».
Stanislaw Jerzy Lec

«Una vez terminado el juego, el rey y el peón
vuelven a la misma caja».
Proverbio italiano

Quienes me conocen saben de mi gusto por el cine. Eso incluye el visionado de películas de todo tipo: buenas, regulares y malas como un dolor. Dentro de esta última categoría debo añadir que me he tragado muchas —y las que quedan—, algunas con títulos tan sugerentes como *Kung fu contra los siete vampiros de oro*, *Terrorvisión* o *Killer Sofá*. No son películas que uno podría encontrar a mediados de los noventa en su videoclub —o, al menos, no en los «normales»—. Mi cinefilia, una adolescencia difícil, una precaria situación económica —similar a la de cientos de estudiantes universitarios— y un mundo de internautas compartiendo cultura —y algún que otro virus— era la única forma de poder acercarse a grandes títulos del cine coreano como *Hierro 3* o *Lazos de guerra*… una filmoteca de difícil calificación.

Casi por diversión, comencé también a frecuentar las bibliotecas —o más bien videotecas— de otras facultades de la Universidad de Sevilla. De entre todos ellos, me encantaba el catálogo del que disponían en la facultad de Comunicación, motivo que hizo que también empezara a cogerle el gusanillo a eso de organizar videoforums. Por norma general, solía tener calendarizadas las películas que veríamos a lo largo del mes, pero de vez en cuando consultaba a los asistentes y los animaba a que propusiesen títulos que considerasen de interés. Así fue como en vísperas del 1 de noviembre salió por votación ver *Braindead*, aunque quizá la conozca por su otro título: *Tu madre se ha comido a mi perro*, una película de serie B dirigida por Peter Jackson. En ella, un grupo de científicos descubren un extraño ejemplar zoológico que, según los nativos de la zona, estaría maldito. El animal, que es trasladado a Nueva Zelanda, acaba mordiendo a la madre de Lionel —el protagonista de la peli— mientras este se cita allí con su novia. La tiránica madre de Lionel acaba convertida en zombi, pero le dejo a usted que descubra por su cuenta cómo transcurre el resto del film.

Así ha nacido este capítulo que ahora está leyendo, rememorando con amigos mis primeros pasos en el mundo del cine de forma autónoma y autodidacta gracias a esos modestos hallazgos que consideraba revolucionarios. Y por este motivo, el título de este capítulo intenta servir de homenaje a la película de Jackson. Por dos motivos: primero, porque intenta poner de manifiesto un hecho desconocido y no accesible para todo el mundo —como esas «raras» películas que buscábamos de manera ilegal para poder verlas porque ningún cine en el pueblo las ponía— y, en segundo lugar, porque versa sobre una extraña relación trófica en la que unos hongos se alimentan de otros.

Sí, ha leído bien: existen hongos capaces de alimentarse de otros representantes fúngicos en un curioso —por lo inusual y desconocido— episodio de parasitismo. Esta relación recibe el nombre de micoparasitismo, habiéndose descrito dos estrategias diferentes para consumarlo: 1) biotrofismo, en el que el hongo parásito obtiene nutrientes sin generar ningún daño aparente a los anfitriones y 2) necrotrofismo, donde el huésped excreta sustancias tóxicas que destruyen las células del huésped y hace uso de los nutrientes liberados al medio. Con estas nociones que le acabo de ofrecer sobre el micoparasitismo, huelga decir que el mayor problema que puede generar a la especie humana este fenómeno está estrechamente relacionado con el cultivo de especies fúngicas como ocurre, por ejemplo, en *Agaricus bisporus* —el popular champiñón de París, que ya tuvo su cuota de protagonismo en un capítulo anterior—. El champiñón de París juega un importante papel económico para el sector agroganadero europeo, pero su producción es un proceso extremadamente frágil y delicado debido a la enfermedad del moho verde. El «moho verde» es, en realidad, la asociación micoparásita que desarrolla sobre este último el hongo *Trichoderma aggressivum*. Tan agresivo es, que Hatvani y sus colegas reportaron en 2007 a la revista *Phytopathology* un caso en Hungría en el que el ataque de moho verde hizo perder el 100 % de la cosecha de champiñones de París. No obstante, no es el único micoparásito que causa pérdidas millonarias a los agricultores que se dedican al cultivo de *A. bisporus*, habida cuenta de que *Lecanicillium fungicola* —anteriormente *Verticillium fungicola*— hace perder anualmente entre el 2 y el 4 % de la producción total europea. Este hongo rara vez parasita ejemplares silvestres de *A. bisporus*, habiendo sido descrito por primera vez en plantaciones comerciales de Norteamérica en 1981. Esta última particularidad ha llevado a estudiar la genética de ambas variedades con la intención de buscar posibles diferencias si las hubiere. Así, actualmente se comercializan dos cultivares diferentes de *A. bisporus*: *A. bisporus* 'Sylan A15' —susceptible a *Lecanicillium*— y *A. bisporus* 'MES01497' —parcialmente resistente a *Lecanicillium*—. ¿Qué diferencia hay entre ambos? Pues la que acabo de contar: 'MES01497' es parcialmente resistente a los ataques de *Lecanicillium,* aunque se desconocen los motivos, porque son genéticamente similares —es decir, no se han encontrado diferencias significativas entre el material genético de ambos cultivares—. ¿Podría esto implicar que *A. bisporus* presenta este mecanismo de defensa solo cuando ha sufrido otras heridas previas? Nadie puede afirmarlo con rotundidad, pero la respuesta de *A. bisporus* muestra semejanzas con la respuesta hipersensible de las plantas, donde las células que rodean el sitio por el que penetró el patógeno se «suicidan» con la intención de encapsular al patógeno y frenar así el avance de la infección. Quizá si se sigue investigando este fenómeno encontremos la respuesta, disminuyendo las pérdidas ocasionadas en los cultivos de champiñones de París. Por cierto, aunque el ejemplo que acabo de relatar es, probablemente, uno de los más divulgados, no es el único caso conocido de micoparasitismo. ¿Recuerda aquellos hongos entomopatógenos de los que ya le hablé con anterioridad? Sí, esos que podían convertir a los insectos en improvisados zombis. Pues resulta que taxones como *Cordyceps capitata* o *C. ophioglossoides* son capaces de parasitar a diferentes especies de «trufas de ciervo» —género *Elaphomyces*—. A eso se le llama «versatilidad».

Por supuesto, debemos tener siempre presente que, como en el mundo del cine, en micología nada es lo que parece y las apariencias engañan. Dicho de otra forma: ni los malos son tan malos... ni los buenos, tan buenos. Si recuerda brevemente *La roca,* en ella, el general Francis X. Hummel —al que da vida Ed Harris— solicitaba 100 millones de dólares a cambio de no hacer detonar varias armas químicas. ¿Y sabe decir para qué quería ese dinero? ¡Pretendía ayudar económicamente a los familiares de los caídos en diferentes operaciones encubiertas puestas en marcha por la inteligencia de Estados Unidos! Con los hongos parásitos ocurre exactamente algo similar: no todos son tan malos como aparentan. Por ejemplo, *Peckiella lateritia* es un taxón que crece cubriendo y deformando el himenio o

Hagen Graebner

Setas del género *Lactarius* deformadas después de ser
atacadas por el parásito fúngico *Peckiella lateritia*.

parte fértil de la seta de especies del género *Lactarius, Russula* o
Panus. Curiosamente, en Cataluña este parásito es conocido con
el nombre de «mare del rovelló» debido a que parasita a este preciado manjar, ¡mejorando incluso su calidad gastronómica! ¿No
me cree? Pues debería saber que en determinados restaurantes
de estrella Michelín ofrecen platos elaborados con verduras in-
festadas por hongos parásitos, como ocurre con el *cuitlacoche*
o *huitlacoche,* mazorcas de maíz que han sido atacadas por
Ustilago maydis, popularmente conocido con el sobrenombre de
«carbón de los maizales». Así, *U. maydis* parasita las plantas
de maíz (*Zea mays*) provocando tumores en las inflorescencias,
hecho que desencadena una manifiesta pérdida en el rendimiento del cultivo… *a priori.* Así, en un primer momento podríamos pensar que los cultivos infectados se desechan o, siendo
aún comestibles, se comercialicen a un precio más bajo; sin embargo, las mazorcas atacadas por carbón adquieren en el mercado un valor desorbitado que solo los paladares más exquisitos

están dispuestos a pagar. Solo para que tenga constancia de este fenómeno, recientemente pregunté al chef utrerano Jesús Escalera —afincado en México desde hace varios años— el coste aproximado de este artículo y me comentó que rondaba los 1 800 pesos —aproximadamente 100 euros—. Si quiere probarlo y no desea viajar a tierras aztecas, basta con buscar el restaurante que ofrezca este manjar en su menú degustación.

Como iba diciendo, los hongos —y su comportamiento— son las dos caras de una misma moneda; el yin, que carece de significado sin su opuesto, el yang. Desde hace unos años —o décadas—, algunas especies han despertado interés debido, también, a que algunos de sus metabolitos secundarios pueden ser empleados como agentes de control biológico. Así, Röhrich y sus colegas publicaron que el hiperparásito *Trichoderma stromaticum* —un pariente del moho verde— se emplea en la lucha contra el patógeno del cacao *Crinipellis perniciosa*. Este parásito de parásitos —de ahí el término hiperparásito— es capaz de sintetizar hipophellinas, un particular grupo de polipéptidos antibióticos no ribosomales —conocidos también con el nombre de peptaibióticos— que protegen al cacao frente al ataque de patógenos fúngicos como el anteriormente mencionado.

Otro de esos hiperparásitos que ha demostrado ser eficaz contra la podredumbre de la mazorca negra del cacao ha sido *Trichoderma martiale*. La podredumbre de la mazorca negra del cacao es provocada por *Phytophthora palmivora*, un hongo que pudre las raíces, frutos y yemas de algunos taxones «con aspecto de palmera» —tal y como revela su epíteto específico— como el cocotero (*Cocos nucifera*), la papaya (*Carica papaya*) o el ya mencionado cacao (*Theobroma cacao*). *T. martiale* se aisló como endófito en la albura de los troncos de cacaoteros, hecho que obligó a la comunidad científica a realizarse la siguiente pregunta: si el estudio de su ARN polimerasa ha demostrado que se trata de un pariente cercano de *T. viride*, que ataca a plantones de *Pinus nigra*, ¿puede que la actual relación

P. palmivora-T. cacao haya sido en realidad la historia de una infección que salió mal y acabó convirtiéndose en una bonita amistad? Recuerden que esta misma pregunta ya la planteamos en el capítulo dedicado a las orquídeas. A diferencia de aquella ocasión, en esta hay que añadir una nueva salvedad, puesto que *T. viride* es, por un lado, parásito de *Pinus nigra* y, por el otro, un biofungicida hiperparasítico que ataca a otros hongos como *Rhizoctonia solani o Macrophomina phaseolina,* populares por provocar daños en cultivos como la patata o los frijoles —también llamadas judías o habichuelas—.

Mazorca de maíz afectada por el ataque del hongo *Ustilago maydis*. Estas mazorcas, en lugar de ser desechas para el consumo, son consideradas por algunas comunidades un alimento exquisito.

La siguiente pregunta toma un cariz aún más interesante si tenemos en cuenta que otras especies del género *Trichoderma* —como *T. theobromicola* o *T. paucisporum*— han demostrado *in vitro* actividad fungicida frente al hongo responsable de la pudrición del cacao, *Moniliophthora roreri*. ¿Pueden los polipéptidos antibióticos mencionados con anterioridad resultar beneficiosos para nuestros cultivos en algunos casos y perjudiciales en otros? Es más, desde siempre los biólogos evolutivos han insistido en la idea de que el camino del parasitismo conlleva una cierta especialización y que este no es un trayecto bidireccional, sino que es solo «de ida». ¿Cómo se explica entonces que un mismo taxón, como *T. viride*, sea a su vez parásito de pinos e hiperparásito de aquellos hongos que atacan, entre otros, a frijoles o patatas? ¿Qué está ocurriendo en uno y otro caso? Para saberlo, necesitamos seguir estudiando la fisiología de estos peculiares representantes fúngicos y, quizá con el tiempo, además de conocer los mecanismos que hacen posible este «comportamiento» hayamos conseguido nuevas herramientas que permitan mejorar el rendimiento de nuestros cultivos.

Hace unos años, con el objeto de concienciar acerca de los efectos del cambio climático, se mencionó la posibilidad de vivir en un escenario donde no habría chocolate. Según un estudio publicado en 2016 por la Oficina Nacional de Administración Oceánica y Atmosférica de Estados Unidos, para el año 2050 sería cada vez más complicado recolectar cacao debido a la alarmante pérdida de humedad de los terrenos donde se cultiva. Si a este escenario apocalíptico le sumáramos las pérdidas producidas por el ataque de hongos parásitos… el panorama para los más glotones sería realmente estremecedor. Curiosamente, la ciencia está trabajando en ambos campos, pero lamentablemente en uno de ellos los resultados no son tan prometedores o esperanzadores. Le dejo a usted decidir cuál. Pero decida pronto porque igual no vemos llegar *El día de mañana*. ¿Recuerda las palabras pronunciadas por el coronel Walter E. Kurtz —magistralmente interpretado por Marlon Brando— en *Apocalypse Now* cuando el capitán Benjamin L. Willard —Martin Sheen— acaba con su vida? «El horror... el horror», esas son sus palabras exactas. Y a eso, nada más y nada menos, nos enfrentamos. ¿Nos exterminará a todos esa bomba?

Para saber más

Anderson, N. A. «The genetics and pathology of Rhizoctonia solani». *Annual Review of Pathology* 20 (1982): 329-347.

Dragt, J. W.; Geels, F. P. y cols. «Resistance in wild types of Agaricus bisporus to the mycoparasite Verticillium fungicola var. fungicola». *Mushroom Science* 14, n° 2 (1996). Proceedings of the 14th international congress on the science and cultivation of edible fungi, 17-22 september of 1995.

Foulongne-Oriol, Marie; Rodier, Anne y cols. «Quantitative genetics to dissect the fungal-fungal interaction between Lecanicillium verticillium and the white button mushroom Agaricus bisporus». *Fungal Biology* 115, n° 4-5 (2011): 421-431.

Foulongne-Oriol, Marie, Rodier, Anne y Savoie, Jean-Michel. «Relationship between yield components and partial resistance to Lecanicillium fungicola in the button mushroom, Agaricus bisporus, assessed by quantitative trait locus mapping». *Applied and Environmental Microbiology* 78, n° 7 (2012): 2435-2442. https://journals.asm.org/doi/full/10.1128/aem.07554-11

Hatvani, Lorant, Antal, Zsuzsanna, Manczinger, László y cols. «Green mold diseases of Agaricus and Pleurotus spp. are caused by related but phylogenetically different Trichoderma species». *Ecology and Epidemiology* 97, n° 4 (2007): 532-537. https://apsjournals.apsnet.org/doi/epdf/10.1094/PHYTO-97-4-0532

Hanada, Rogério Eiji, Pomella, Allan, Soberanis Whilly y cols. «Biocontrol potential of Trichoderma martiale against the black-pod disease (Phytophthora palmivora) of cacao». *Biological Control* 50, n° 2 (2009): 143-149.

Juárez-Montiel, Margarita, Ruiloba de León, Sandra y cols. «El huitlacoche (tizón del maíz), causado por el hongo fitopatógeno Ustilago maydis, como alimento funcional». *Revista Iberoamericana de Micología* 28, n° 2 (2011): 69-73.

Rubini, Marciano R., Silva-Ribeiro, Rute T. y cols. «Diversity of endophytic fungal community of cacao (Theobroma cacao L.) and biological control of Crinipellis perniciosa, causal agent of witches' broom disease». *International Journal of Biological Sciences* 1, n° 1 (2005): 24-33.

Sriwati, Rina y cols. «Field application of Trichoderma suspension to control cacao pod rot (Phytophthora palmivora)». *Agrivita Journal of Agricultural Science* 41, n° 1 (2019): 175-182.

Torkelson, Anna Elise. «Sepedonium chrysospermum and Peckiella lateritia, two ascomicetes new to the Canary Islands». *Vieraea* 6, n° 2 (1976): 105-108.

MICOLOGÍA POP(ULAR)

«Los juegos son la forma más elevada de investigación».
Albert Einstein

«Jugar es la forma favorita escogida
por nuestro cerebro para aprender».
Diane Ackerman

Que levante la mano aquel al que no le guste jugar. Todos, sin
excepción, jugamos. No importa la edad que tenga, puesto que
estoy convencido de que usted también habrá encontrado su
juego predilecto: pueden ser juegos de mesa, de cartas, videojuegos o esos estimulantes *scape rooms* que tanta popularidad han
alcanzado en la actualidad. Todas ellas son opciones de juego —y
ocio— válidas y sanas. Quiero que esto último quede muy claro,
puesto que no he incluido formas de juego como las máquinas
tragaperras o los casinos por considerarlas desencadenantes de
patologías adictivas. Si alguna vez me ven pasear por la calle con
una camiseta que reza «*Boardgame addict*», sepa que mi «adicción» —y la de otros muchos como yo— se restringe al gozo
que siento probando juegos de mesa, de los que disfruto siempre
que tengo ocasión. Por cierto, si de paso puedo aprender o en-
señar conceptos científicos haciendo uso de estas herramientas

lúdicas, tanto mejor: *Periodic*, *Turing Machine*, *Mary Anning*, *Hipatia*, *Fauna*, *Wingspan*... son solo algunos de los títulos que conforman mi particular ludoteca y que versan sobre diferentes aspectos o disciplinas de la ciencia.

Esta forma de entender la ciencia —y su divulgación— tan particular supone, a menudo, verse sometido a no pocas críticas. Por un lado, hay quienes consideran que es impropio de un adulto que se haga llamar «serio y formal» esta forma de comportarse, dando a entender que el juego solo está circunscrito a la etapa infantil del ser humano. En el otro extremo, se encuentran todos esos autoproclamados *popes* de la divulgación que se piensan que reducir conceptos científicos tan complejos a un compendio de reglas dentro de un manual es una forma simplista de transmitir el conocimiento. Al parecer, no hay forma divertida de explicar la valencia de los elementos químicos que conforman la tabla periódica ni cómo estos se combinan para formar compuestos de uso tan cotidiano como la sal común o la arena de la playa. Y ojo, que solo estoy adentrándome en las someras aguas de la denominada *gamificación* de la enseñanza —o aprendizaje mediante juegos—, porque si hablo de videojuegos y ciencia...

¿Qué decir de los videojuegos que resulte novedoso? Responsables de todos los malos hábitos desarrollados por los jóvenes desde hace, al menos, ¿cuatro? décadas. Le dejo a usted poner la fecha de origen de este «malvado y malsano» pasatiempo, pero que levante la mano aquel que no haya jugado a títulos como *Pong*, *Space Invaders* o alguno de los múltiples títulos de la casa Nintendo protagonizados por Super Mario, la creación estrella de Shigeru Miyamoto. ¡La de horas que dedicamos a acompañar a este fontanero italo-estadounidense —y su hermano menor, Luigi— en su travesía por el Reino Champiñón! Siendo honestos, creo que fue la primera incursión micológica de millones de personas alrededor de todo el mundo. Claro que

Shigeru Miyamoto, creador de Super Mario
Bros., ha reconocido en múltiples ocasiones
que a la hora de desarrollar videojuegos se
inspira en hechos de la vida cotidiana.

para hacer una afirmación de semejante calado, antes debería exponer los argumentos que me llevan a pensar de esta forma.

Como me imagino que sabrá, *Super Mario Bros.* fue un juego desarrollado en 1983 por Miyamoto, aunque el personaje ya aparecía en el mítico *Donkey Kong*, obra del mismo autor. En aquella ocasión, la princesa Peach aún no era heredera del trono del Reino Champiñón y Mario era conocido con el sobrenombre *Jumpman*, aludiendo a su mayor habilidad: el salto. Todo esto ocurrió en 1981, mucho antes de que el malvado Bowser, rey de los *koopas* —una tribu de tortugas capaces de utilizar la magia negra para someter a sus enemigos— secuestrara a la princesa Peach y Mario tuviese que traerla de vuelta a su reino, restaurando así la paz. Mario, durante su heroico viaje, solo contaba con la potencia de su salto y la ayuda de unas setas alucinógenas que parecían otorgarle algún tipo de superpoder, aumentando su tamaño. El súper champiñón —como fue bautizado por Miyamoto— otorgaba a Mario un mayor tamaño y, con ello, el poder acceder posteriormente a otros nuevos superpoderes. Este ejemplar micológico, que empezó siendo marrón a puntos blancos, en la tercera entrega de la saga pasó a ser la típica seta roja con manchas blancas que todos conocemos y que podemos encontrar en nuestros bosques: *Amanita muscaria* o matamoscas.

Este basidiomiceto es mundialmente conocido gracias a su amplia distribución, al formar parte de la funga de África, Eurasia, América y Australia. De hecho, según los análisis filogenéticos realizados por Geml y su equipo, publicados en la revista *Molecular Ecology* bajo el título «Beringian origins and cryptic speciation events in the fly agaric (Amanita muscaria): Phylogeography of Amanita muscaria», la población ancestral de este taxón pudo desarrollarse en las inmediaciones de Siberia y el estrecho de Bering y, desde ahí, colonizar el resto de localizaciones anteriormente citadas. Aunque su distribución cosmopolita ayuda a su reconocimiento internacional, no es menos cierto que, para otros muchos, *A. muscaria* es la seta de la Alicia de Lewis Carroll. Si recuerda la obra del lógico y matemático británico, en ella, Alicia consumía una seta que la hacía aumentar de tamaño. Mario y Alicia están unidos por un vínculo común: el consumo de setas psicoactivas. De esta forma, la matamoscas es una seta cargada de principios activos que alteran nuestra percepción sensorial, tales como la muscarina o el ácido iboténico. La ingesta de esta seta, con toda esa batería de sustancias psicoactivas, desencadena una distorsión del tamaño de las cosas —o incluso de uno mismo—. El videojuego, como el pasaje de la novela de Carroll, solo plasma los efectos del consumo de este hongo, los cuales conocemos también gracias al trabajo de todos esos etnógrafos que han recopilado rituales chamánicos donde se utilizan como sustancias enteógenas o capaces de producir alucinaciones. La vida real plasmada en un videojuego. O, dicho de otra forma, Mario sufre los mismos efectos que el común de los mortales tras consumir *A. muscaria.*

Amanita phalloides es representada en la saga Super Mario como la seta 1-UP, otorgando al jugador una vida extra. En la vida real es una de las setas que provoca más muertes en todo el mundo debido a intoxicaciones.

El segundo champiñón más consumido por Mario durante su heroica tarea de rescatar a Peach de las garras de Bowser es el champiñón 1-UP. A diferencia del súper champiñón, este otorga una vida extra al jugador. El champiñón 1-UP muestra una característica coloración verdosa con manchas blancas. Para que todos nos entendamos, mientras el súper champiñón es sevillista, 1-UP es bético hasta la muerte. Y nunca mejor dicho, pues este hongo podría tratarse, muy probablemente, de *Amanita phalloides*, un taxón venenoso y mortal que habita las zonas templadas del hemisferio norte —a excepción del continente americano— y provoca en quienes lo consumen el popular síndrome faloidiano. Los síntomas que provocan las toxinas

—amatoxinas— presentes en esta especie tardan, por lo general, entre seis y cuarenta y ocho horas en aparecer. El síndrome faloidiano se manifiesta en forma de vómitos dolorosos, diarrea, calambres musculares… para acabar provocando la muerte del individuo entre dos y veinte días después de la intoxicación si no se actúa con celeridad. Sin ir más lejos, el consumo de *A. phalloides* es responsable del 90 % de las muertes causadas por intoxicación de setas, a pesar de que el síndrome faloidiano se ha descrito también para otros taxones como *Amanita verna*, *Amanita virosa* o *Galerina marginata*. Indistintamente del responsable de la intoxicación, el cuadro clínico siempre muestra tres fases:

- **Fase gastrointestinal:** Aparecen síntomas similares a los que podría provocar una gastroenteritis vírica, con vómitos y diarreas malolientes que pueden ir acompañadas de sangre. También son frecuentes la debilidad muscular y una intensa sensación de sed. Esta fase podría desencadenar la muerte del individuo por parada cardíaca debido a la pérdida de potasio asociada a vómitos y diarrea. Con semejante cuadro clínico, y ante la sospecha del consumo accidental de *A. phalloides*, se recomienda acudir urgentemente al centro sanitario. En esta etapa, el tiempo de reacción resulta crítico para salvar la vida.

- **Fase de remisión aparente:** Pasadas unas horas —entre 18 y 72 horas después de la ingesta—, los síntomas remiten. El enfermo podría pensar que, en este caso, el síndrome faloidiano ya ha pasado y suspender el tratamiento, por lo que se recomienda extrema vigilancia y continuar el tratamiento pautado por los facultativos el tiempo recomendado por estos últimos.

- **Fase hepática:** Si el paciente ha llegado a esta fase, el pronóstico se vuelve más delicado, puesto que las toxinas han empezado a atacar al hígado, provocando hemorragias internas y coma hepático.

Resulta cuanto menos curioso pensar que aquello que puede quitar la vida a los seres humanos en la realidad, a Mario, por el contrario, se la da en el videojuego. Afortunadamente, con la aplicación de sondas nasoduodenales, la administración de carbón activado y apomorfina y restableciendo el balance hidroelectrolítico, las ingestas leves y moderadas de amatoxinas —menos de 10 ng/ml en los test de inmunoensayo— quedan en un desagradable susto.

Siguiendo con las intoxicaciones generadas por el consumo de setas tóxicas se antoja obligado hablar de los *goombas*, unas setas de color pardo dotadas de comillos que aparecen recurrentemente a lo largo de los diferentes niveles. Si Mario o Luigi son alcanzados por una de ellas, se volverán pequeñitos o perderán una vida, dependiendo del tamaño del fontanero en el momento de encontrarse con este ejemplar fúngico. Si un micólogo tuviese que relacionar la seta que aparece en el videojuego con algún taxón existente en el medio natural tendría que decantarse por alguna especie del género *Cortinarius*, como *C. orellanaoides*, *C. orellanus* o *C. rubellus*. Todas estas especies son muy parecidas, mostrando una coloración pardo rojiza muy similar entre sí. Tan parecidas resultan que, además, son responsables de desencadenar el famoso síndrome orellánico. Al ser consumidas, nuestro organismo entra en contacto con la orellanina, una toxina de efectos devastadores con estructura química de bipiridina similar a la que presenta el herbicida paraquat. A diferencia del síndrome faloidiano, el orellánico muestra un periodo de incubación muy largo, lo que hace más complejo si cabe el diagnóstico, puesto que el paciente no establece relación alguna entre sus molestias y el consumo de setas, pudiendo ambos episodios estar bastante espaciados en el tiempo —pueden aparecer hasta veinticinco días después de haberse consumido la seta—.

Aún no sabemos cómo tratar el síndrome orellánico, por lo que es lógico que los desarrolladores del juego decidieran que

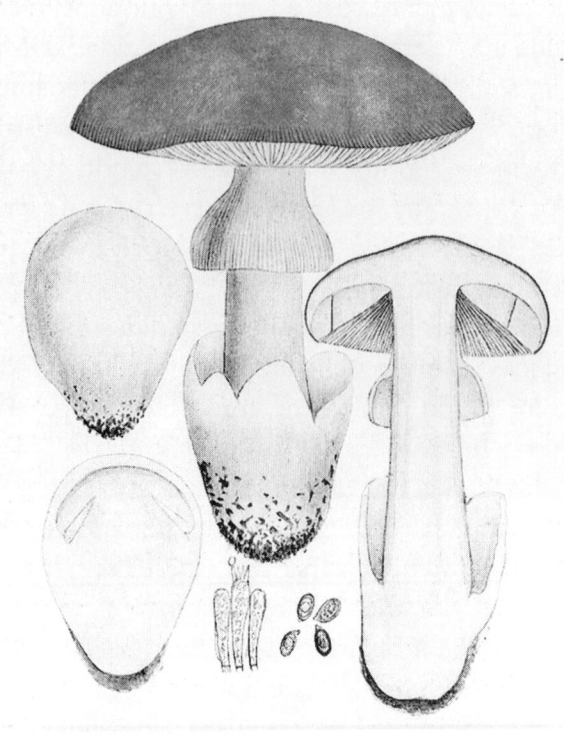

ASC

Ilustración de *Amanita caesarea* de Giacomo Bresadola
para la obra *Iconographia Mycologica*. La amanita
de los césares desempeña en los juegos de la saga
Mario el papel de potenciador de velocidad.

Mario sufriese los daños ocasionados por una seta del género *Cortinarius* de manera similar a como lo hacemos quienes dirigimos los pasos en su travesía en busca de Peach. Es más, empezamos a conocer y describir este síndrome después de que en Polonia, en 1952, más de cien personas fallecieran tras la ingesta de setas de la especie *C. orellanus*. Cuando Mario vino al mundo, habían pasado únicamente tres décadas de este luctuoso suceso.

De lo que no cabe duda es de que si algo sobra en el Reino Champiñón son representantes del fascinante mundo micológico, ¿o es que pensaba que en la saga de videojuegos protagonizada por Mario solo se enfrentaba exclusivamente a estas setas? Sin ir más lejos, en la saga Mario Kart aparece también otro representante del género *Amanita*, aunque en esta ocasión lo hace en forma de potenciador de velocidad: el champiñón dorado. Como mencioné con anterioridad, si el jugador se hace con esta seta, obtiene un plus de velocidad por un tiempo limitado. La seta en cuestión es *A. caesarea* y la representación que nos ofrece el videojuego de ella no ofrece ningún género de dudas: una seta dorada en cuya cabeza se ha colocado una corona para indicar que el cuerpo fructífero de este taxón era del gusto de los máximos mandatarios del Imperio romano, tal como demuestra el epíteto científico *caesarea*. Vale, el champiñón dorado no aparece con la lauréola o corona triunfal, pero todo no se puede tener. Los desarrolladores del juego han querido dar un toque más regio a la seta cuyo valor gastronómico ha hecho que su consumo y cultivo se haya expandido por medio mundo —dejando a su paso algún que otro cadáver—, a pesar de tratarse de una seta que gusta de desarrollarse en suelos silíceos y bosques caducifolios de alcornoques, castaños, encinas y robles. Semejante currículum es más que suficiente para que *A. caesarea* tenga su correspondiente virtual en uno de los títulos protagonizados por el fontanero más famoso del planeta Tierra.

Como leyó con anterioridad, Mario es capaz de aumentar su tamaño gracias a la ingesta de matamoscas o falsas oronjas, cuyo nombre científico ya dijimos que era *A. muscaria*. Sin embargo, la percepción que siempre experimenta Mario después de consumirla es «creerse» más grande de lo que realmente es en realidad. ¿Existe alguna razón de carácter micológico por la que nuestro protagonista pueda «sentirse» más pequeño de lo que realmente es? Pues lo cierto es que en la saga New Super Mario Bros existe una seta de coloración azulada que permite a Mario y Luigi adoptar el tamaño de un cuarto de bloque —uno de esos ladrillos que rompen para conseguir recompensas—, cualidad que les permite poder pasar por pequeñas tuberías y estrechos pasillos. Curiosamente, el azul es un color que evolutivamente la especie humana ha asociado con toxicidad y veneno, motivo por el que, por ejemplo, no encontramos alimentos de origen vegetal con esta coloración. Sea como sea, en esta ocasión los desarrolladores del videojuego no nos han puesto fácil la tarea de buscar su correspondiente fúngico en la vida real, puesto que existen varias opciones, todas ellas igual de válidas.

La primera opción que se nos vendrá a la cabeza es, sin duda, la del añil u hongo azul (*Lactarius indigo*), un representante de la familia Russulaceae que debe su particular coloración a la presencia de azuleno. Paradójicamente, uno de esos compuestos que otorgan esta coloración, el 1-estearoiloximetilen-4-metil-7-isopropenazuleno, solo se ha descrito y aislado en la naturaleza, hasta la fecha, de este organismo. Asimismo, que este taxón se encuentre micorrizando los pinos y robles de todo el mundo —a excepción del continente europeo— lo convierte en un buen candidato a ser el protagonista fúngico de la entrega de videojuegos anteriormente mencionada, pues es conocido en Asia. Lamentablemente, no se le conocen usos enteógenos ni principios activos que hagan perturbar nuestra conciencia y/o sentidos, a pesar de que el azuleno parece haber demostrado eficacia como calmante de la piel por vía tópica en personas que sufren de procesos alérgicos. A menos que Mario hubiese sufrido un fuerte prurito durante su aventura, la candidatura de este taxón decae.

Mejores candidatas resultan dos especies pertenecientes al género *Entoloma*: *E. hochstetteri* y *E. nitidum*. La primera de ellas es una especie autóctona de Nueva Zelanda que rinde reconocimiento al naturalista germano-austríaco Ferdinand von Hochstetter. Esta especie crece sobre la hojarasca de los podocarpos —género *Podocarpus*—, mientras que *E. nitidum* lo hace en los bosques húmedos de coníferas de medio mundo. Si para el caso de *L. indigo* indiqué con anterioridad que no presenta principios activos con actividad enteógena, en este caso, sospechamos que sí los tienen, aunque su toxicidad esté vinculada a trastornos de tipo gastrointestinal, mucho menos «graciosos». Se sospecha que *E. hochstetteri* y *E. nitidum* pudieran ser tóxicos, pero el motivo de su sospecha está envuelto a su vez en un galimatías taxonómico donde se considera que ambas especies pudieran no ser merecedoras de tal categoría. Los análisis genéticos realizados hasta la fecha no terminan de esclarecer el entuerto, lo que motiva que las relaciones filogenéticas no hayan sido todavía resueltas. En resumidas cuentas, muchos de los integrantes del género *Entoloma*, tras ser consumidos —*Entoloma lividum*, vulgarmente conocida como seta engañosa, es frecuentemente confundida con *Calocybe gambosa*, la popular seta de San Jorge, un buen comestible— provocan trastornos digestivos. Lo común es que los síntomas aparezcan dos horas después de la ingesta, prolongándose en el tiempo no más de tres días —aunque hay casos clínicos donde la sintomatología perduró quince días—. Salvo casos que obliguen a la hospitalización, la intoxicación cursa con náuseas, vómitos, diarrea y dolor de cabeza y rara vez resulta

Mycena interrupta es una seta de color azulado que no supera los 3 cm de altura. Este taxón podría ser el responsable de que Mario se haga pequeñito en la popular saga de videojuegos después de entrar en contacto con él.

fatal. El tratamiento pautado ante este tipo de intoxicación suele incluir suero para evitar la deshidratación y fármacos para aplacar los espasmos intestinales.

Con semejantes argumentos, no parece muy probable que sea esta la seta que consume nuestro amigo Mario con la finalidad de hacerse pequeñito y poder colarse por las estrecheces que nos ofrece el juego. No obstante, si Mario lo que pretende es pasar desapercibido por el Reino Champiñón para así no ser detectado por sus enemigos, sí que existe una seta que podría haber servido de inspiración a los desarrolladores: *Mycena interrupta*. Este hongo, perteneciente a la familia Mycenaceae, muestra una coloración celeste, a diferencia de los citados anteriormente, que mostraban unos colores más intensos, virando casi al violeta. *M. interrupta* tiene la particularidad de que habita en Australia, Nueva Zelanda, Nueva Caledonia y Chile. Actualmente, los micólogos no son capaces de explicar su llegada a este último país; pero sabiendo que en su hábitat natural crece en eucaliptales, donde pasa desapercibido entre su hojarasca, una hipótesis que podría explicar este insólito hecho es que pudo llegar como polizón accidental en un cargamento de eucaliptos con destino a esta nación sudamericana. A mi juicio, lo verdaderamente relevante de todo este asunto es ser capaces de encontrar una seta que rara vez supera los tres centímetros de altura entre la hojarasca. ¡Eso sí que es encontrar una aguja en un pajar! Encontrar *M. interrupta* en un eucaliptal se antoja una tarea tan compleja como intentar localizar a Mario en la pantalla cuando este *power-up* está activo. Al final van a llevar razón los oculistas y optometristas cuando afirman que los videojuegos nos queman la vista. Y la sangre, añadiría yo, pues convertir a nuestro heroico fontanero en poco más que un píxel, no sé si nos echa una mano… al cuello. Le dejo al lector opinar de este asunto, pues a mí me resulta una molestia más que una ayuda.

Para los desarrolladores de videojuegos, la imaginación es la puerta de entrada a otras realidades —al menos, así lo afirman cada vez que tienen oportunidad—. Gracias a los videojuegos, Mario y sus enemigos nos han ofrecido una enseñanza micológica muy valiosa —o eso espero—. Lo intentaré explicar de forma más directa y sin tantos ambages ni referencias pop: el consumo de hongos silvestres queda siempre bajo la responsabilidad de la persona que los recolecta y los consume, por lo que nunca debiera realizarse esta labor si se carecen de los conocimientos requeridos para ello. Acaba de ver que el más mínimo descuido o accidente —salvo en el caso de *Mycena interrupta* y *Lactarius indigo*, que han sido incluidas a modo de *bonus track*— puede provocar una intoxicación y, en el peor de los casos, la muerte. Incluso una preparación inadecuada o un consumo excesivo podría acarrearnos problemas indeseados. Dado que los videojuegos pueden ser herramientas educativas efectivas que pueden permitir el desarrollo del pensamiento crítico y la toma de decisiones, le recomiendo que reflexione sobre lo que acaba de leer. A Mario, los hongos, en ocasiones, le otorgan poderes que le ayudan a superar las adversidades, sin embargo, también se encuentra a su paso con otros que le hacen daño. No obstante, si tiene pensado arriesgarse a consumir setas silvestres sin poseer los conocimientos necesarios para que la práctica resulte segura, recuerde que, a diferencia de los videojuegos, en la vida real no hay vidas extra.

Para saber más

Arrillaga, Pedro, Mayoz, Itziar y Avilés, Jesús S. *Las setas y su toxicidad. Identificación macroscópica y microscópica. Síndromes y tratamientos.* San Sebastián: Sociedad de Ciencias Aranzadi, 2023.

Bazo, Eduardo. *Con mucho gusto: Un menú cuajado de historias botánicas* Madrid: Cálamo, 2021.

Gallego Domínguez, S. y cols. «Fracaso renal agudo tras ingestión de setas: síndrome orellánico». *Nefrología* 28, n° 3 (2008): 351-352.

Geml, József y cols. «Beringian origins and cryptic speciation events in the fly agaric (Amanita muscaria): Phylogeography of Amanita muscaria». *Molecular Ecology* 15, n° 1 (2006): 225-239.

Gorges, Florent. *La historia de Nintendo. Vol. 3: 1983-2016. Famicom o Nintendo Entertainment System.* Sevilla: Héroes de Papel, 2018.

Moyano, M. R. & Molina, A. M. «Intoxicaciones por setas», monografía dentro de la obra *Toxicología Alimentaria*. Madrid: Ediciones Díaz de Santos, 2006.

VV. AA. *Enciclopedia Super Mario Bros 30° aniversario: Guía oficial de Nintendo.* Barcelona: Planeta Cómic, 2019.

MAESTRO, ¿LOS HONGOS SUDAN?

«El pan más sabroso y las comodidades más gratas
son las que se ganan con el propio sudor».
Honoré de Balzac

«Y, al darse cuenta de lo que ocurría,
le entraron sudores fríos».
La Nochevieja de Montalbano, Andrea Camilleri

El segundo principio de la termodinámica establece la irreversibilidad de los fenómenos físicos, en especial, en aquellos procesos donde se pone de manifiesto un intercambio de calor. En otras palabras más mundanas que las utilizadas por Nicolas Léonard Sadi Carnot —para muchos, desconocido «padre de la termodinámica»—, este principio es consecuencia directa de que, desde el Big Bang, el universo no haya alcanzado la fase de equilibrio termodinámico, por lo que todas las formas de vida se comportan como sistemas disipativos, pudiendo así estar solo más fríos o más calientes que su entorno. Teniendo en cuenta todo lo expuesto líneas arriba, se establece un nuevo concepto: el de homeostasis, que podemos definir como la capacidad de mantener unas condiciones internas estables compensando los cambios producidos en el entorno mediante el intercambio de materia y energía con el exterior. Todo ello hace que la temperatura de cualquier ser vivo dependa del delicado equilibrio existente entre producción-ganancia-disipación de energía calorífica. En el caso de los organismos endotermos —u homeotermos—, estos controlan su temperatura corporal mediante la producción interna de calor, manteniéndola por encima de la temperatura ambiental. De esta forma, usted reconocerá que seres vivos como los humanos, por ejemplo, usamos el sudor para evaporar el agua de nuestras superficies, disipando de esta forma el calor para, por consiguiente, enfriarnos. Este fenómeno refrigerante se basa en la evaporación del agua, un proceso endotérmico —ocurre con absorción de energía— que, con el paso del agua de estado líquido a gas, rompe los puentes de hidrógeno.

Así nos explicaron en la escuela y el instituto, a grandes rasgos, por qué sudamos y cómo controlamos nuestra temperatura corporal en ese estrecho rango de los 36-37 °C. Sin embargo, ¿se ha preguntado alguna vez si los microorganismos se pueden «termorregular»? Es más, amplío la pregunta: ¿existen seres vivos, más allá de animales y plantas, capaces de modificar su temperatura interna con respecto a la del ambiente en que se desarrollan? Debo reconocer humildemente que jamás me lo había planteado. O, al menos, no con tanta vehemencia como después de que uno de los niños del centro de Altas Capacidades de Córdoba, entidad con la que colaboro, me planteara esta misma pregunta en términos similares a como se la estoy trasladando yo ahora. Sabía que, por conversaciones con mi compañero y amigo Juan Jesús Arcenegui, para los físicos, los microorganismos son seres ectotérmicos —incapaces de generar su propio calor interno mediante proceso fisiológico alguno— cuya masa térmica individual es despreciable de cara a mantener una diferencia de temperatura con respecto al entorno que le rodea. No obstante, me comentó que unos japoneses habían publicado hace unos años en la revista *BMC Microbiology* un artículo titulado «Measurement of soil bacterial colony temperatures and isolation of a high heat-producing bacterium» («Medición de las temperaturas de colonias bacterianas del suelo y aislamiento de una bacteria productora de calor»). Efectivamente, en este *paper*, Tabata y su equipo habían descrito que colonias de bacterias de *Pseudomonas putida* eran capaces de producir calor. Es decir, cuando estos microorganismos viven en comunidad, son capaces de modificar su temperatura con respecto a la del entorno en que se están desarrollando. Podríamos decir que el sumatorio de cantidades insignificantes de masa térmica acaban otorgando al colectivo la propiedad emergente de «regular» la temperatura de la comunidad.

Esto fue justamente lo que plasmaron Radames Cordero y su equipo en el artículo publicado en mayo de 2023 en la revista *Proceedings of the National Academy of Sciences* titulado «The hypothermic nature of fungi» («La naturaleza hipotérmica de los hongos»). Para comprobar si los hongos son capaces de desprender calor, los autores del estudio se dedicaron a cuantificar la temperatura a la que se encontraban tanto hongos microscópicos —en su hábitat— como representantes fúngicos microscópicos —cultivados en laboratorio—. Los datos pusieron de manifiesto un sorprendente hecho: los termogramas realizados respondían a un fenómeno de hipotermia inducida por evapotranspiración. Para ser precisos, los termogramas de las veinte especies de hongos macroscópicos, entre los que se encontraban especies que le resultarán ya familiares como la matamoscas o la seta de ostras, revelaron temperaturas superficiales $2.9 \pm 1.4\ °C$ más frescas que la temperatura del aire circundante. Para las levaduras y mohos cultivados en placas de Petri, que fueron un total de quince especies diferentes, resultó que las colonias de estos microorganismos estaban entre 0.3 y $1.9\ °C$ más frías que los bordes del medio de cultivo donde habían sido sembradas. En este segundo grupo se encontraban taxones de los que ya hemos hablado como, por ejemplo, *Candida krusei*,

Aspergillus niger o *Penicillium*. Si pongo énfasis en revelar los nombres de estos «sujetos experimentales» es para hacer hincapié en la polivalencia de estos seres vivos, pues poco a poco vamos viendo que *Penicillium*, además de ser un hongo productor de antibióticos mundialmente conocido gracias a los trabajos de Fleming, también puede provocar alergias respiratorias… ¡y hasta termorregular su temperatura! ¿Quién da más?

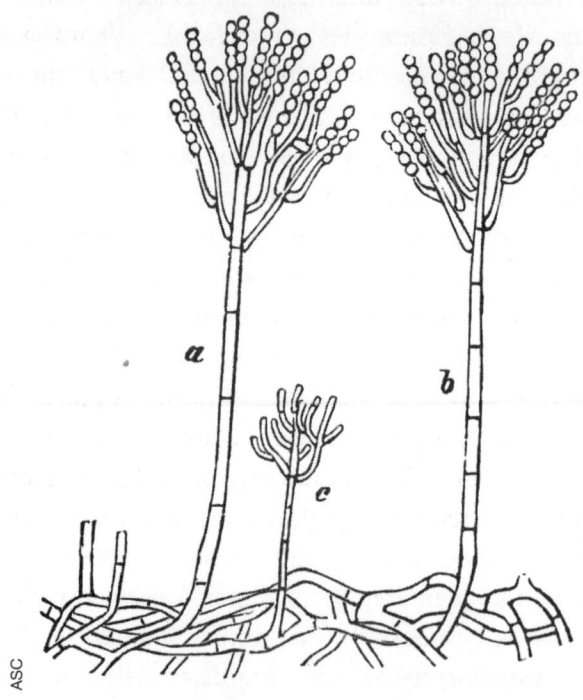

Ilustración de hongos del género *Penicillium*. Observe que los conidios dan lugar a unas estructuras ramificadas que recuerdan la forma de un pincel.

Habrá quien se pregunte qué utilidad o relevancia puede tener esta investigación. Para esos que denomino «utilitaristas» de la ciencia —algo que considero un auténtico oxímoron, pues pocas cosas hay más útiles que el conocimiento— tengo que decir que nos ayuda a saber de dónde venimos. Me explico, gracias a este hallazgo, los biólogos evolutivos tendrán que abordar la cuestión trascendental de poner fecha al hito denominado «aparición de la termorregulación», que ya no es un rasgo exclusivo de animales y plantas, ¿verdad? Si esta respuesta no fuese suficiente para aplacar sus furibundas críticas, le ofrezco una visión más práctica del problema. No obstante, querido lector, siga teniendo presente la cuestión planteada líneas arriba. Verá, estudiar la termorregulación de los hongos abre también un escenario de investigación con presumibles aplicaciones clínicas. Este fenómeno podría ayudarnos a conocer mejor cómo se relaciona la funga con su entorno y/u otros organismos, entre los que se encuentra el ser humano. Sin ir más lejos, la OMS estima que alrededor de 1.5 millones de muertes anuales en el mundo se deben a agentes micóticos; esto significa que los hongos son, cuantitativamente, tan letales como la tuberculosis o tres veces más mortíferos que la malaria. Téngalo presente, porque el capítulo dedicado a los hongos alergénicos cobra ahora un nuevo significado.

Si estas dos razones no resultasen poderosas, aún hay una tercera que apela al legado que dejaremos a los hombres y mujeres del futuro. Estoy hablando, por supuesto, del planeta que vamos a dejar a nuestros vástagos, más aún en un escenario de calentamiento global que, en una incomprensible muestra de empecinamiento, parecemos no querer tomar en serio. Como en este asunto no he querido dejar nada al azar, debo añadir que a los motivos ecológicos se unen nuevamente razones clínicas. Debe saber que existen ya varias investigaciones que apuntan a que un aumento de las temperaturas podría llevar aparejado consigo un incremento del número de especies fúngicas que podrían, potencialmente, provocar infecciones más graves en humanos o generar nuevos escenarios de pandemia para los que no estamos preparados —no hace falta que le recuerde lo que vivimos con el dichoso COVID-19, ¿verdad?—. De hecho, existen autores que vinculan el aumento de micosis provocadas por *Candida auris* con este fenómeno, puesto que algunas cepas son capaces de burlarse del tratamiento pautado con equinocandinas creando biopelículas formadas por una intrincada y compleja mezcla de azúcares, proteínas e, incluso, ADN que la hacen inmune al fármaco por impermeabilidad.

Escribo estas líneas después de haber asistido y disfrutado de las ponencias de Rota Ciencia 2024, cuyo hilo argumental, *grosso modo*, era la medicina del futuro. Allí, he tenido el placer de poder compartir unas palabras con algunos de los ponentes, con los que he llegado a una misma conclusión: la ciencia del presente continuo —porque el futuro ha adquirido este tiempo verbal típicamente anglosajón— es, a partes iguales, revolucionaria y fascinante. ¿Recuerda lo que le decía líneas arriba sobre el problema que supone determinar en el devenir evolutivo el momento en que apareció la termorregulación? En un artículo titulado «Mitochondria are physiologically maintained at close to 50 °C» («Las mitocondrias se mantienen fisiológicamente alrededor de los 50 °C»), publicado en *Biochimica et Biophysica Acta*, Chrétien y su grupo descubrieron que las mitocondrias, esas pequeñas centrales nucleares que albergan nuestras células, presentan un rango de temperatura cercanos a los 50 °C. ¿Implica este hallazgo que en nuestro día a día están operando motores térmicos a nanoescala? Interesante pregunta para la que no conocemos la respuesta, aunque puede que la conozcamos próximamente: hemos abierto una nueva ventana al conocimiento.

Sí, reconozco que se trata de una ventana que trae de cabeza a físicos y matemáticos, principalmente. En la actualidad, con los conocimientos que poseemos sobre física térmica —que no son pocos— , no disponemos de una explicación convincente que nos permita comprender cómo es posible que este orgánulo mantenga una temperatura más alta que la del citosol. ¿Quiere esto decir que toda la física térmica debe ser corregida y reescrita? Por supuesto que no, puede que solo tengamos que considerar nuevos participantes que, ignorados hasta ahora, juegan

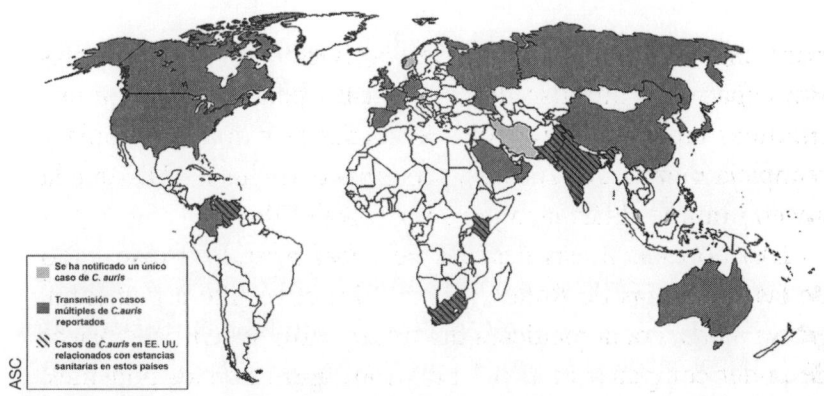

Esquema sobre la difusión de casos de *Candida auris* en todo el mundo.
Fuente: Centers for Disease Control and Prevention, National Center
for Emerging and Zoonotic Infectious Diseases (EE. UU.).

un papel protagonista en el escenario de la nanoescala. Empero,
son muchas las preguntas que ahora surgen que no tienen respuesta: ¿puede haber surgido la termorregulación en la evolución como mecanismo de refrigeración mitocondrial? ¿Es la
termorregulación eucariótica una suerte de «servicio *premium*»
otorgado con la adquisición de aquella bacteria roja que se le
indigestó a uno de nuestros ancestros? Y, lo más importante,
¿es este fenómeno descrito para la mitocondria extrapolable al
cloroplasto, cuya procedencia también es bacteriana?

¡Y todo esto se ha liado por tomar la temperatura de unos
hongos en el campo y en unas placas de Petri en el laboratorio!
Esto nos pasa, como dirían mis amigos mexicanos, por *meti-
ches*. Sin embargo, no me negará que la vida es más divertida
con un poco de misterio. Y si esa pizquita de misterio viene de
la mano de estos organismos a los que estamos cogiendo cariño
a esta altura del libro, tanto mejor. Y es que, como dice el prestigioso micólogo Merlin Sheldrake: «Cuanto más sabemos de
los hongos, menos sentido tiene todo sin ellos». Ahora acaba de
comprender por qué no hay motivos para contradecirle. Además, ¿vamos a negarle una respuesta satisfactoria a los niños

del Centro de Altas Capacidades de Córdoba? Qué no haríamos por, en palabras de Serrat, «esos locos bajitos».

Para saber más

Casadevall, Aarturo, Kontoyiannis, Dimitrios P. y Robert, Vincent. «On the emergence of Candida auris; Climate change, azoles, swamps and birds». *American Society for Microbiology* 10, nº 4 (2019). https://journals.asm.org/doi/epub/10.1128/mbio.01397-19

Chrétien, Dominique, Bénit, Paule, Hyung-Ho, Ha, Keipert, Susanne y cols. «Mitochondria are physiologically maintained at close to 50 ºC». *PLoS ONE* 16, nº1). https://journals.plos.org/plosbiology/article?id=10.1371/journal.pbio.2003992

Cordero, Radames J., Mattoon, Ellie Rose Ramos, Zulymar y Casadevall, Arturo. «The hypothermic nature of fungi». *Proceedings of the National Academy of Sciences* 120, nº19 (2023). https://www.pnas.org/doi/epdf/10.1073/pnas.2221996120

Dusenbery, David B. *Living at micro scale: The unexpected Physics of being small. Massachusetts:* Harvard University Press, 2009.

Fernández Pineda, Cristóbal y Velasco Maíllo, Santiago. *Introducción a la termodinámica. Madrid:* Síntesis, 2009.

Macherel, David, Haraux, Francis, Guillou, Hervé y Bourgeois, Olivier. «The conundrum of hot mitochondria». *Biochimica et Physica Acta-Bioenergetics* 1862, nº2 (2021). https://www.sciencedirect.com/science/article/pii/S0005272820301985

Tabata, Kenji, Hida, Fuminori y cols.. «Measurement of soil bacterial colony temperatures and isolation of a high heat-producing bacterium». *BMC Microbiology* 13, nº 56 (2013). https://bmcmicrobiol.biomedcentral.com/articles/10.1186/1471-2180-13-56#citeas

UNA NUEVA ESPERANZA

«La medicina es el arte de disputar
los hombres a la muerte de hoy
para cedérselos en mejor estado un poco más tarde».
Noel Clarasó

«La medicina ha prolongado nuestra vida,
pero no nos ha facilitado una buena
razón para seguir viviendo».
Miguel Delibes

¿Recuerda que en el capítulo anterior le mencioné mi presencia en el evento Rota Ciencia 2024? Pues este capítulo es fruto de dos conversaciones con personas distintas y el visionado del episodio IV de *Star Wars* —titulado de la misma forma que el capítulo que ahora lee—. Siendo sincero, lo mejor de estos eventos es poder charlar con algunos de los ponentes y establecer sinergias —si procede y es posible—. En mi caso, un humilde botánico metido a paisajista, no establecí sinergias, aunque sí di pistoletazo de salida a otros muchos proyectos conjuntos. De paso, y casi sin esperarlo, me traje un puñado de ideas que esbozar en las líneas que empezarán a tomar forma de ahora en adelante.

Podría decirse que el germen de este capítulo que ahora lee es consecuencia de una apasionante conversación con José Domingo Sanmartín, jefe del Servicio de Electromedicina del Hospital Universitario Virgen del Rocío. José Domingo tuvo la oportunidad de deleitar a todos los asistentes a la mesa redonda —moderada por Daniel Torregrosa, al que también acompañaban los investigadores María Rosa Durán y José Manuel López— con algunas de las herramientas médicas con las que podremos contar en el futuro. ¿O debería decir en el presente? Porque habló de términos muy novedosos, como *teragnosis* —unión de las voces terapia y diagnóstico— que, aunque suene a ciencia ficción, ya se aplica en la detección y tratamiento de enfermedades como, por ejemplo, el cáncer de próstata. De hecho, en el momento en que estoy escribiendo estas líneas, está siendo noticia autonómica por otro motivo aunque, a mi juicio, de mayor calado: el Hospital Virgen del Rocío acaba de incorporar a su UCI neonatal 42 incubadoras de última generación. La ciencia del futuro… más inmediato. Y más tratándose de niños que, como cantara SFDK en su tema *Me queo en mi casa*, «un niño es intocable, al menos para mí, señor».

Debo reconocer que la intervención de José Domingo en Rota Ciencia me removió algo por dentro. Y no es que dijese nada especialmente emotivo; es que simplemente soy «sentido» —adjetivo otorgado en Andalucía a las personas que se conmueven fácilmente—. Eso, sumado a una realidad familiar en la que los genes «parecen estar empeñados» en jugar a la ruleta rusa con el cáncer, me hizo pensar que, a pesar de lo puñetera que es la enfermedad, las esperanzas siguen aumentando y con ellas el pronóstico de dejar *knock out* a la puñetera enfermedad. Ya había tenido la oportunidad de charlar con José Domingo distendidamente durante el almuerzo, pero fue la suma de esos dos ratitos en que estuve empapándome de su conocimiento, sumado a la conversación que tuve con Curro Jr. a mi vuelta a la ciudad donde habito, lo que acabó por desencadenar lo que a continuación voy a pasar a narrarle. Es más, el auténtico detonante de lo que a continuación paso a narrarles fue el +, denominación con la que conocemos a Curro Jr. los «parroquianos» que frecuentamos su negocio.

Durante ese cruce dialéctico entre dos artistas del vacileo y la sorna, Curro Jr. me dijo que no lograba comprender cómo yo, con todo lo que sabía, no estaba al tanto de esas nuevas herramientas. Mientras intentaba defenderme de ese golpe bajo alegando que los botánicos sabemos, principal —y casi exclusivamente— de cosas relacionadas con el mundo vegetal, caí en la cuenta de que estaba reproduciendo una mentira en voz alta. En ese momento, saqué mi cuaderno de notas y me puse a escribir las ideas que, a modo de fogonazos, iban bombardeando mi cabeza. Ignoro si esto que voy a contar a continuación es algo común entre las personas detectadas con TEA —Trastorno del Espectro Autista— pero, habiendo sido yo detectado a la tardía edad de treinta y siete años, he empezado a comprender qué es eso de entrar en *hiperfoco*. Y eso fue justamente lo que Curro Jr. tuvo la suerte de presenciar con sus ojos. Podríamos definir al *hiperfoco* como un periodo de máxima concentración en el que el individuo con TEA no se ve alterado por ningún estímulo externo; está tan concentrado en la tarea que tiene entre manos, que puede llegar a olvidarse de alimentarse. ¡Como a mí, que me marché de allí sin pagar y con media tostada aún por comer! Por suerte, Curro Jr. me conoce y, a la mañana siguiente, además de recordarme la deuda contraída con el local que regenta, me preguntó si ayer me indispuse. En esta ocasión, para evitar quedar como alguien mentalmente inestable, le comenté la posibilidad de grabar la conversación con el móvil para, además de transcribir —un extracto—, dejar anotadas todas esas pamplinas que hablamos y que, en ocasiones, ponen a trabajar mi caldera creativa. La conversación transcurrió como cuento a continuación:

—¿Ayer qué te pasó? Saliste pitando y me asustaste. Hasta le pregunté a tu padre si te habías indispuesto. Sabía que eras raro, pero tanto…

—Tuve una de esas revelaciones, como tú las llamas. Anda, dime qué te debo de ayer, que puedo ser muchas cosas, pero no un moroso.

—Me lo contó tu padre. Por lo visto, te pasa desde pequeño.

—Así es, Niñato. Pero no ha sido hasta la vejez que he aprendido que eso se llama entrar en hiperfoco. Yo lo comparo, salvando las distancias, con el momento en el que a los grandes artistas les iban a visitar las musas. En mi caso, me puse a recordar que también hay grandes avances en medicina que se han hecho posible gracias al conocimiento botánico. ¿Sabías que un principio activo sacado de la naranja, llamado tangeretina, se usa como agente quimioterápico en varios tipos de cáncer?

—Recuerdo la famosa polémica que se montó con la que fuera mujer de Carlos Herrera, que dijo que oliendo limones te curabas del cáncer. Y me acuerdo de que me explicaste esto, pero no pretenderás que me acuerde del nombre del medicamento, ¿no?

—Y no es el único. También los hay que se obtienen de hongos.

—Anda, mira tú. ¿Y no querrá este insigne botánico deleitarme con esos conocimientos que ayer le hicieron marcharse de aquí como si se lo llevasen los demonios.

—Claro que quiero. Pero pon atención a los detalles, que esta es la razón por la que ayer salí corriendo como si al Lute lo persiguiera la *pestañí*.

Así fue como le relaté a Curro Jr. la utilización de algunos principios activos de origen fúngico en el tratamiento contra el cáncer. En un primer momento, le hablé del polisacárido-K, obtenido de *Trametes versicolor*. Este hongo, que es popularmente conocido como yesquero variegado o cola de pavo, muestra una coloración parduzco-blanquecina que se alterna a modo de franjas concéntricas. Asimismo, goza de la condición de ser uno de esos «indispensables» de la medicina tradicional china, aunque en este caso sí que ha demostrado tener alguna utilidad, motivo por el que lleva utilizándose como tratamiento coadyuvante en múltiples tipos de cáncer desde comienzos de la década de los ochenta. Concretamente, el polisacárido-K suele administrarse para disminuir los efectos secundarios derivados de la quimioterapia en cáncer gástrico. Así, los investigadores Junji Akagi e Hideo Baba, del Hospital Minami de Kumamoto (Japón), observaron que administrando PSK a los pacientes junto con tegafur y uracilo, estos presentaban una disminución significativa en el número de células T que mostraban el antígeno CD57 en comparación con aquellos pacientes que solo habían recibido el tratamiento quimioterápico compuesto por tegafur y uracilo.

Como imagino que se estará preguntando qué es el antígeno CD57 y por qué es interesante conocer su presencia o ausencia en los linfocitos T, debo decir que este oligosacárido permite a los oncólogos conocer el estado de salud en el que se encuentra nuestro sistema inmunitario. Dicho de otro modo: si el paciente muestra muchas células T CD 57+ —CD 57 positivas—, podemos sospechar que el sistema inmunitario del paciente necesita aliados. De hecho, ahora sabemos que aquellas personas con niveles elevados de marcadores CD 57 entre las células que conforman su sistema inmunológico fueron afectadas más gravemente por la epidemia de COVID-19. Como comprenderá, si su sistema inmunitario se encuentra comprometido o debilitado, es más fácil que cualquier proceso viral le afecte más gravemente. En el caso del cáncer gástrico, la idea es la misma: valores elevados de células T con marcadores CD 57+ pueden indicarnos que el cáncer aún no ha remitido y que quizá sean necesarias otras sesiones adicionales de quimioterapia —o cualquier otro tratamiento pautado y supervisado por el personal médico correspondiente—.

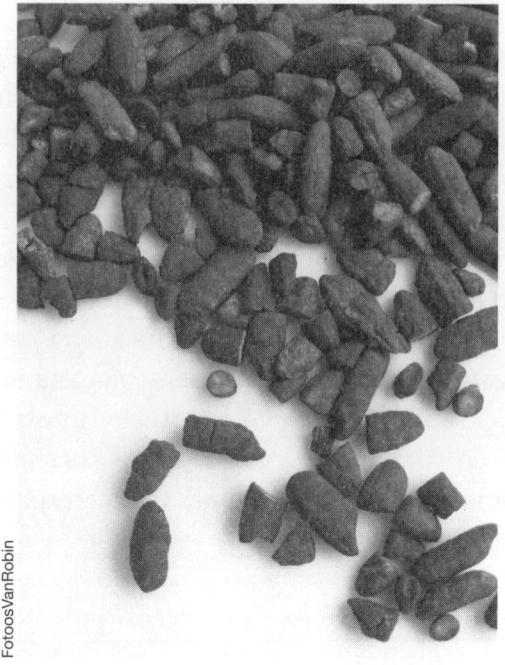

Fotoos Van Robin

El popular arroz koji rojo no es más que
arroz convencional atacado por la levadura
Monascus purpureus. De este hongo se aisló el
principio activo hoy conocido como citrinina.

Interesante, ¿verdad? Pensábamos que la mayor contribución de los hongos al desarrollo de la medicina se restringía al
descubrimiento y caracterización de los antibióticos, pero lo
cierto es que no somos conscientes de lo que estos microorganismos hacen cada día por nosotros. Le pondré un ejemplo
para intentar escenificar la importancia que han adquirido los
principios activos de origen fúngico en los últimos años. Como
sabrá, millones de personas en el mundo desarrollado sufren
de hipercolesterolemia, una enfermedad que, salvo contadas
excepciones, está eminentemente asociada a una dieta y un
estilo de vida sedentario y poco saludable. Lo común es que
los médicos de familia, para tratar esta dolencia, prescriban al
paciente algún tipo de estatina. Desde un punto de vista farmacológico, las estatinas son un grupo de fármacos utilizados para

hacer disminuir los niveles elevados de colesterol y triglicéridos por medio de la inhibición de la HMG-CoA reductasa —cuyo nombre oficial es 3-hidroxi-3-metil-glutaril-CoA reductasa—. La HMG-CoA es una enzima que juega un papel importantísimo en la llamada «ruta del mevalonato», la vía metabólica encargada de la síntesis de colesterol. Y, mire usted por dónde, los hongos están implicados en esta bonita historia.

El origen de las estatinas es el de una infección y, por más que me duela, también el del resurgimiento —especialmente a partir de los años setenta— de las innumerables bonanzas de la medicina tradicional asiática frente a la medicina occidental basada en la evidencia científica. Digo esto —y no es a modo de chiste— porque una de las mayores fuentes de estatinas se encuentra en el arroz rojo fermentado. Bajo este nombre se esconde un producto que no deja de ser más que *Oryza sativa* infestado por la levadura *Monascus purpureus*, responsable de otorgarle ese característico color rojizo por el que se le conoce. Sabemos que este arroz ya se usaba por japoneses y chinos desde, al menos, el 300 a. e. c., donde aparece nombrado en la literatura científica como «arroz koji rojo». Por cierto, el término *koji*, actualmente circunscrito a *Aspergillus oryzae*, servía para referirse a todos los micoparásitos que atacaban a los cultivos arroceros; el adjetivo rojo solo les ayudaba a diferenciar uno de otro.

Así es como llegamos a 1971, momento en el que, casi por casualidad, se describe la citrinina, una micotoxina que, en el momento en el que escribo estas líneas, se sabe que es producida por más de una docena de especies del género *Penicillium*, varias especies del género *Aspergillus* y nuestra amiga *Monascus purpureus*. Esta citrinina resultó ser un potente inhibidor de la enzima HMG-CoA reductasa. Con esta idea en la cabeza y habiendo definido la diana terapéutica sobre la que se debía actuar y el tipo de molécula que podría bloquearla, se peinó toda la funga conocida en busca de nuevas estatinas. En 1972 y 1973 se aíslan la mevastatina, a partir de cultivos de *Penicillium citrinum*, y la compactina —anteriormente llamada lovasta-tina— de *Aspergillus terreus*, cuyos ensayos clínicos empiezan a ser prometedores. A partir de este momento, el número de es-tatinas descritas empieza a crecer de manera vertiginosa hasta obtener la pravastatina, un metabolito aislado de *Nocardia autotrophica* que presentaba un problema de biodisponibilidad, ya que la absorción del fármaco se reducía si el medicamento se administra junto con la comida. Esta circunstancia, a lo que hay que sumar un mayor conocimiento de la estructura química de las estatinas, hicieron posible la obtención de la primera esta-tina completamente de síntesis: la fluvastatina, cuyo uso ha ido decayendo por presentar como efectos secundarios insomnio y cefaleas frecuentes. Pero la ciencia es tan perseverante que busca una nueva solución a cada problema que se le presenta, motivo por el que la simvastatina —tratamiento de elección en la actualidad para tratar la hipercolesterolemia— es fabricada mediante un sistema mixto en el que lo que se modifica quími-camente es un subproducto de la fermentación de *Aspergillus terreus*. Lleva con nosotros desde 1988 y nada parece indicar que vaya a dejar de acompañarnos en los próximos años, luego entenderá por qué.

Toda esta retahíla y perorata que le he soltado sobre el origen y evolución de las estatinas tiene un por qué. En primer lugar, creo que es mi responsabilidad indicarle que el consumo de arroz rojo fermentado no ha demostrado disminuir los niveles de co-lesterol, solo lo ha demostrado la citrinina, una micotoxina debi-damente aislada y purificada del hongo que parasita al arroz. Es más, en no pocas ocasiones, lo que adquirimos por internet no es más que arroz coloreado con rojo Sudán G. Tenga cuidado con la engañifa, que no deja de serlo por más que el vendedor recurra a tratados de farmacopea publicados en épocas tan remotas como la de la dinastía Tang. La segunda razón, aunque no por ello me-nos importante, responde a mi anhelo de hacer una digresión sobre cómo, desde hace casi cincuenta años, la forma de trabajar en farmacología ha vuelto a poner de manifiesto la importancia de la ciencia básica. Antes de que el polisacárido K se usara en el tratamiento del cáncer gástrico, hubo que caracterizarlo y aislarlo de un hongo. Utilizando el caso de las estatinas he querido escenificar el camino que recorremos a la hora de hacer ciencia: de dónde venimos y hacia dónde vamos —o pretendemos ir—. Quién sabe cuán lejos llegaremos en ese camino, puesto que a veces no atisbamos el horizonte, teniendo únicamente por seguro que el viaje que emprendemos será apasionante. Pero esto es de otra película protagonizada por un anillo, algo que va más en la línea del amigo Jose López Nicolás.

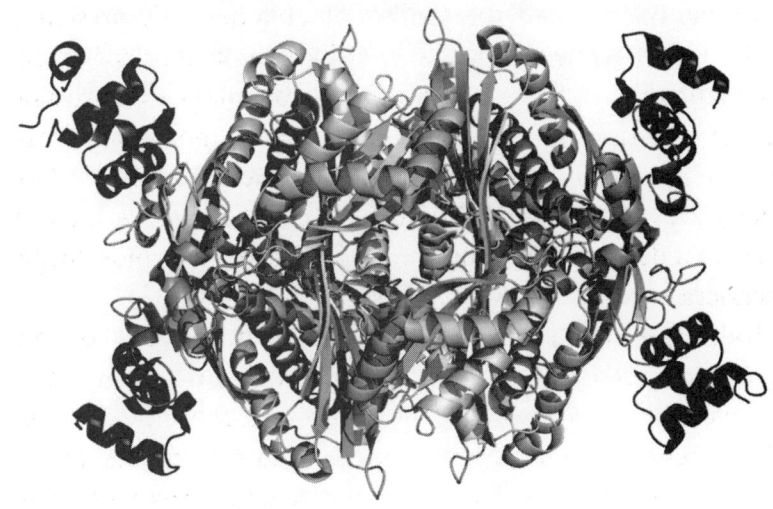

Emw

Estructura de la enzima HMG-CoA reductasa, encargada de llevar a cabo la síntesis de colesterol. La simvastina, como el resto de estatinas, interactúan con ella haciendo disminuir los niveles séricos de colesterol en personas con hipercolesterolemia.

Hace escasas líneas le dije que no parece que la simvastatina vaya a abandonarnos en un periodo corto de tiempo. ¿Y sabe por qué me atreví a afirmar anteriormente esto? Simple y llanamente porque, sin pretenderlo, hemos abierto una nueva puerta en la que este fármaco está siendo ensayado como posible tratamiento de enfermedades como, por ejemplo, la osteoporosis —los ensayos siguen sin ser concluyentes—. El camino que comenzamos a recorrer hace ya algunos años ha mostrado un ramal que pudiera ser interesante explorar. ¿Podemos permitirnos el lujo de no adentrarnos en él y conocer sus intimidades? Creo que ni el genio más creativo hubiera imaginado que un subproducto de la fermentación de un hongo o un polisacárido aislado de otro de ellos abrirían una nueva puerta a la farmacología... y a la esperanza de muchos pacientes. Una puerta a la aventura y la exploración de ignotos lugares similar a la que George Lucas abrió cuando su fecunda imaginación creó el universo *Star Wars*. Por todo ello, solo me queda decirle a nuestros brillantes investigadores aquello de «¡que la fuerza os acompañe!».

Para saber más

Akagi, Junji y Baba, Hideo. «PSK may suppress CD57+ T cells to improve survival of advanced gastric cancer patients». *International Journal of Clinical Oncology* 15, nº2 (2010): 145-152.

Carreras Delgado, José Luis. y cols. «*Teragnosis en medicina nuclear*». *Anales de la Real Academia Nacional de Medicina* 137, nº 1 (2020): 54-59. https://analesranm.es/wp-content/uploads/2020/numero_137_01/pdfs/ar137-rev06.pdf

Chan, Kinwei Arnold y cols. «Inhibitors of hydroxymethylglutaryl-coenzyme A reductase and risk of fracture among older women». *Lancet* 355 (2000): 2185-2188.

Cummings, S. R. y Bauer, D. C. «*Do statins prevent both cardiovascular disease and fracture?*». *Journal of the American Medical Association* 283, nº24 (2000): 3255-3257.

Kono, Koji y cols. «*Protein-bound polysaccharide K partially prevents apoptosis of circulating T cells induced by anti-cancer drug S-1 in patients with gastric cancer*». Oncology 74, nº3-4 (2008): 143-149.

Sadowska, Anna y cols. «Statins: from fungi to pharmacy». *International Journal of Molecular Sciences* 25, n º 1, (2024): 466. https://www.mdpi.com/1422-0067/25/1/466

Sakagami, H.; Aoki, T.; Simpson, A. y Tanuma, S. «Induction of immunopotentiation activity by a protein-bound polysaccharide , PSK (review)». *Anticancer Research* 11, nº 2 (1991): 993-999.

Sakamoto, Junichi y cols. «*Efficacy of adjuvant immunochemotherapy with polysaccharide K for patients with curatively resected colorectal cancer: a meta-analysis of centrally randomized controlled clinical trials*». Cancer Immunology Immunotherapy 55, nº 4 (2006): 404-411.

LO QUE MAX GOODWIN NO SABÍA
SOBRE LOS HONGOS

«¿En qué puedo ayudarte?».
Max Goodwin, personaje de la serie *New Amsterdam*

«Iggy, necesito tu ayuda». Esta es una frase recurrente en *New Amsterdam*, una de las muchísimas series sobre médicos y hospitales que, servidor, ha tenido a bien visualizar. A diferencia de otras creaciones similares, las historias que protagonizan Max Goodwin y sus compañeros están basadas en la obra de Eric Manheimer *Doce pacientes: Vida y muerte en el hospital Bellevue*. Manheimer, en quien está inspirado el personaje de Max Goodwin —magistralmente interpretado por el actor Ryan Eggold—, fue director médico del hospital Bellevue de Nueva York durante quince años. Así, su libro relata las dificultades al frente de la dirección de un hospital público que tiene que dar cobertura tanto a algunos magnates de Wall Street como a los presos de la penitenciaría Rikers. Aunque no deja de ser una serie de ficción, con todo lo que eso conlleva, Manheimer es asesor en la producción e intenta que sus vivencias se reflejen en la pantalla de la manera más fiel posible, utilizando como apoyo los más de ciento cincuenta cuadernos con anotaciones que fue acumulando durante su mandato.

Si usted ha visto la serie sabrá —y si no ya se lo digo yo— que al poco de comenzar su andadura al frente de la gestión del hospital, al doctor Goodwin se le diagnostica un carcinoma de células escamosas sito en la cavidad orofaríngea; esta nos ayuda a respirar, hablar, comer, masticar y tragar entre otras cosas. De hecho, las glándulas salivales menores ubicadas en la cavidad oral y la orofaringe producen la saliva que mantiene a la boca y la garganta húmedas facilitando, por ejemplo, la deglución. Salvo que se trate de un carcinoma invasivo, este tipo de dolencias solo afecta al revestimiento epitelial más superficial, lo que no significa en ningún caso que deba ser tomado a broma. No existe cáncer que no sea un fastidio, por no decir una palabra más gruesa y malsonante, sin embargo, mi visión de esta enfermedad cambió bastante hace unos días mientras repasaba algunos apuntes sobre microbiología. Y, aunque reconozco que a menudo echo de menos mi etapa de estudiante —adicción que sobrellevo gracias a la existencia de esa institución llamada Universidad Nacional a Distancia—, en esta ocasión me encontraba repasando esas notas por otro motivo que ahora comprenderá.

Grabado publicado en 1866 en *Harper's Weekly*. La primera morgue de la ciudad de Nueva York se instaló en este famoso hospital.

Cada cierto tiempo tengo la costumbre de ir al trastero a recordar mis años de estudiante. Es allí donde custodio todos mis apuntes de la carrera. Los tengo incluso por duplicado. Fue en uno de esos días, tras varias horas de lectura en mi modesta «Fortaleza de la Soledad», que apareció ante mí y casi por casualidad uno de esos artículos científicos que hablaban sobre los diferentes mecanismos de adquisición de la microbiota infantil. Recordaba haber hecho esas anotaciones en los márgenes del *paper* como apuntes de un trabajo que realicé sobre este tema para una asignatura de la carrera —juraría que llevaba por nombre Microbiología Clínica—. No obstante, advertí que subrayados con rotulador fluorescente aparecían marcados una serie de taxones correspondientes a los géneros *Sistotrema*, *Dividiella*, *Malassezia* y *Penicillium*. ¡Pero si todos son hongos! Leyendo con detenimiento, comprendí que todos se pueden encontrar en el tracto intestinal de bebés lactantes. Asimismo, el artículo continuaba asegurando que también están presentes en la propia leche materna y eran, junto con la especie *Debaryomyces hansenii*, los taxones prevalentes en esta secreción mamaria. Como comprenderá, después de ver esos nombres los ojos se me querían salir de las cuencas. ¡¿Cómo era posible que hubiese hongos formando parte de nuestra microbiota?! A decir verdad, lo realmente llamativo —y, a mi juicio, más grave— de todo este asunto era que no le hubiese prestado la debida atención a este interesantísimo tema. Hasta ahora, puesto que desde aquel instante supe que la micobiota humana —fracción fúngica de la microbiota— se convertiría en mi mejor amiga. O peor enemiga, quién sabe.

Mientras repasaba aquellos artículos y anotaciones sobre microbiología observé que una misma llamada de atención se repetía con regularidad e insistencia a los márgenes de no pocos folios. Decía así: «Micobioma intestinal e ¿influencia en diferentes tipos de cáncer?». Por más que busqué, no apareció en la pila de documentos ninguna carpeta con este mismo epígrafe o ningún trozo de papel que hiciese referencia a esta anotación. Como dicen que no hay forma más cómica de mantener entretenido a un obseso de las respuestas que intrigándolo, me empeciné en encontrar el artículo en cuestión y analizarlo como merecía —tanto él como yo—.

Huelga decir que lo encontré, aunque admito que por miedo a que lo que se decía en él hubiese quedado obsoleto —el texto databa de 2010— realicé una segunda búsqueda en varios metabuscadores de revistas científicas. Así es como llegué a encontrar un *paper* publicado en la revista *Annals of Translational Medicine* en octubre de 2020 y que llevaba por título «Of fungi and men: role of fungi in pancreatic cancer carcenogenesis» («De hongos y hombres: el papel de la funga en la carcinogénesis del cáncer pancreático»). En él, los investigadores afirmaban que los resultados obtenidos en estudios realizados con ratones apoyaban la tesis en la que la disbiosis en la comunidad micobiótica pancreática estaba, de alguna forma, correlacionada con una mayor incidencia de cáncer pancreático. De esta forma, al estudiar las comunidades fúngicas presentes en el páncreas sano y enfermo de diferentes ratones de experimentación observaron que las comunidades micobióticas eran diferentes, estando muy presentes en estos últimos individuos los hongos del género *Malassezia*. Asimismo, cuando los ratones con una disbiosis a favor de la presencia de hongos del género *Malassezia* —pero en la que aún no se había producido progresión oncogénica— eran tratados con antimicóticos como anfotericina B o fluconazol, estos quedaban protegidos y no desarrollaban cáncer. Por el contrario, cuando sus páncreas eran nuevamente repoblados con hongos del género *Malassezia*, volvían a desarrollar tumores. Quizá le sorprenda saber que lo que vale para los ratones también se hace extensivo a los humanos, hasta el punto de haberse descrito ya varios casos de cáncer asociados a una anormal proliferación de *Malassezia* en páncreas y colon.

No me duelen prendas en reconocer que este asunto me preocupa profundamente, pues en mi familia hay varios antecedentes de cáncer de colon. Estas mismas dudas se las trasladé a mi oncóloga cuando empecé con mis revisiones hace unos meses —se recomienda comenzar a hacer estas visitas diez años antes de que el familiar directo sufriese su episodio oncogénico—. Le comenté que, por un tema totalmente ajeno, como es la elaboración de este libro —o, más concretamente, este capítulo—, había leído algo sobre este asunto y que me preocupaba la situación. Le comenté que era conocedor de que una anormal proliferación de hongos del género *Malassezia* se correlaciona con una mayor incidencia de cáncer de colon y páncreas y que parecía uno de los responsables últimos de esos procesos oncogénicos asociados a «cambios de dieta». Acertadamente, la doctora me calmó y me dijo que, aunque se conoce el hecho de que cambios muy drásticos en la dieta pueden alterar o modificar la composición de la microbiota intestinal y que estos cambios pueden desencadenar un proceso oncogénico, no todo es tan absoluto y existen otros factores quer también deben ser considerados en la ecuación como la edad, el sexo, la exposición a antibióticos, la obesidad… ¡o incluso la estación del año! Todos estos factores pueden alterar, de una u otra manera, la comunidad que conforma nuestra microbiota intestinal. Asimismo, me advirtió de que mi temor, aunque comprensible, era irracional: solo cambios muy concretos en este microecosistema son los que parecen estar vinculados a la aparición de tumores pancreáticos o de colon. Por si se me olvidó aquello de que correlación y causalidad no siempre van de la mano, me lo dejó meridianamente claro con este ejemplo, más todavía en un asunto tan peliagudo como el cáncer, que es una enfermedad multifactorial. Nunca una cura de humildad fue tan reconfortante, la verdad.

A estas alturas de la película —nunca mejor dicho— me imagino que se estará preguntando quién diablos es *Malassezia* y por qué ha recibido toda mi atención en esta ocasión. Para el común de los mortales, *Malassezia* y sus especies son, probablemente, solo un género fúngico de nombre impronunciable cuyo nombre rinde homenaje al botánico francés Louis-Charles Malassez. Su especie tipo, que además fue la primera en ser descrita, recibe el nombre de *M. furfur*. ¿Y saben cual es el mayor reconocimiento de *M. furfur*? Ser el agente causal de la caspa, la dermatitis seborreica o la tiña circinata, entre otras enfermedades. A decir verdad, *M. furfur* es una especie fúngica que vive como comensal en las capas superficiales de la dermis humana; no obstante, en casos de desequilibrio en nuestra microbiota dérmica, acaba desarrollando alguna de las afecciones anteriormente citadas. Parece, por tanto, que el problema no es tanto el hongo en sí como el mantenerlo a raya y controlado, habida cuenta de que la comunidad de bacterias intestinales, que viven en estrecho contacto con los hongos, compiten con ellos por los nutrientes. Dicho de otra forma, cualquier alteración en el equilibrio de nuestras bacterias u hongos intestinales —lo que hemos venido a llamar disbiosis— puede afectar a la microbiota… o viceversa. Ahora solo falta saber qué fenómeno se esconde detrás de esa anormal proliferación de *Malassezia* en páncreas y colon tumorales, aunque cada vez vamos conociendo más piezas de este grandísimo y apasionante puzzle médico.

Pero volvamos a ver cómo le va a nuestro queridísimo Max Goodwin, a quien habíamos dejado lidiando con la gestión del New Amsterdam mientras recibe tratamiento para su carcinoma de células escamosas. Aunque pueda parecer lo contrario, en todo este tiempo no hemos dejado de hablar de los problemas de salud de uno de los fenómenos televisivos de los últimos años. Y es que, aunque lo ignore, su cáncer puede estar provocado por la microbiota que puebla su cavidad orofaríngea. Esa es, al menos, una de las hipótesis en las que trabaja el equipo que coordina Paula Barbugli, quien publicó en la revista *Frontiers in Cellular and Infection Microbiology* un artículo

Coyau

Busto de Louis-Charles Malassez. Este célebre anatomista y botánico francés, cuyos restos descansan en el cementerio parisino de Père Lachaise, da nombre a todo un género de hongos.

titulado «Proto-oncogenes and cell cycle gene expression in normal and neoplastic oral epithelial cells stimulated with soluble factors from single and dual biofilms of *Candida albicans* and *Staphylococcus aureus*» («Proto-ongogénes y expresión génica del ciclo celular en células epiteliales orales normales y neoplásicas estimuladas con factores solubles de biofilms simples y duales de *Candida albicans* y *Staphylococcus aureus*»). El estudio *in vitro* muestra cómo ciertos hongos y bacterias pueden activar genes asociados con el cáncer de cuello cuando están formando biopelículas. De alguna manera, estas biopelículas estimulan las vías de señalización celular necesarias para el desarrollo tumoral y la resistencia al tratamiento. En concreto, se observó que el conjunto de los metabolitos obtenidos a partir de la biopelícula formada por *C. albicans* y *S. aureus* —que recibe el nombre de secretoma— alteran la expresión de genes como CDKN1A, BRAF, hRAS o mTOR, entre otros. Por ejemplo, CDKN1A es el popular gen p21 humano —localizado en el cromosoma 6— y está encargado de regular el avance a la fase

283

S dentro del ciclo de división celular; por su parte, BRAF, está implicado en el envío y regulación de señales celulares, permitiendo que la célula crezca y se diferencie. Como esta amalgama de nombres y letras puede resultar algo confusa, resumiré toda la palabrería anterior con un hecho: la revista *Nature* publicó un artículo en el año 2002 donde se puso de manifiesto que algunos cánceres humanos presentaban mutaciones a nivel de BRAF. ¿Verdad que ahora se ve mejor el paisaje?

El microbioma oral humano, como el intestinal, es una diversa comunidad en equilibrio compuesta por virus, bacterias, hongos y protozoos que, cuando dejan de vivir en armonía, nos hacen la puñeta. Aún estamos empezando a conocer su funcionamiento. Que alguien pudiese tratar la obesidad con un «simple» trasplante fecal parecía ciencia ficción hace apenas cuarenta años, ¿verdad? Algo similar ocurre con este escenario que se nos plantea, con la salvedad de que la palabra cáncer despierta en todos y cada uno de nosotros un miedo atávico indescriptible. Lo sé porque en casa son tantas las veces que la hemos escuchado que es ya una palabra a desterrar. Aunque hasta el momento se han identificado marcadores genéticos asociados a la anormal presencia y/o abundancia de microorganismos en pacientes aquejados de cáncer de estómago, colon o páncreas, otros, como el de cuello, siguen sin contar con consenso sobre este asunto. ¿Qué y cuáles son esas sustancias secretadas por las biopelículas que se forman en nuestra cavidad oral? ¿Cómo interfieren y modifican la expresión de los genes encargados de regular nuestro ciclo de división celular? ¿Se trata de una acción sinérgica entre diferentes sustancias que se encuentran presentes en este secretoma? Como ve, son muchas preguntas las que quedan aún por responder, pero esta es una empresa colectiva.

De hecho, la ciencia es, sin ninguna duda, la mayor empresa colectiva de la humanidad, puesto que ninguna otra cuida de nuestra salud y nos permite vivir mejor y durante más tiempo. Puede que Max Goodwin no fuese consciente de lo que le acabo de contar en estas líneas, pero sí sabía de la importancia de querer mejorar los servicios prestados —habíamos acordado considerar la ciencia una empresa, ¿recuerda?—. De hecho, parafraseando una de sus frases más grandilocuentes, «que tu artículo esté obsoleto no significa que tu línea de investigación lo esté. Quiero darles líneas de investigación que importen, que inspiren». Modestamente, creo que nadie en su sano juicio puede decir que este nuevo escenario no es inspirador. Cada paso nos acerca a conocer y tratar mejor el cáncer. Quizá solo tengamos que ver pasar unas cuantas temporadas hasta conocer el final de esta serie médica. Pero no espere mucho para engancharse a ella, que lo mejor está por venir e igual pasa inadvertido a su interés. ¡Y contado pierde, créame!

Para saber más

Arbeláez, María Isabel, Alves de Paula e Silva, Ana Carolina y cols. (2021). «Proto-oncogenes and cell cycle gene expression in normal and neoplastic oral epithelial cells stimulated with soluble factors from single and dual biofilms of Candida albicans and Staphylococcus aureus». *Frontiers in Cellular and Infection Microbiology* 11, (2021). https://www.frontiersin.org/journals/cellular-and-infection-microbiology/articles/10.3389/fcimb.2021.627043/full

Aykut, Berk, Pushalkar, Smruti y cols. «The fungal mycobiome promotes pancreatic oncogenesis via activation of MBL». *Nature* 574 (2019): 264-267.

Boix-Amorós, Alba, Puente-Sánchez, Fernando y cols. «Mycobiome profiles in breast milk from healthy women depend on mode of delivery, geographic location, and interaction with bacteria». *Applied and Environmental Microbiology* 85, nº 9 (2019). https://journals.asm.org/doi/pdf/10.1128/aem.02994-18

Davies, Helen, Bignell, Graham R. y cols. «Mutations of the BRAF gene in human cancer». *Nature* 417 (2002): 949-954.

Dinleyici, Meltem, Pérez-Brocal, Vicente, Arslanoglu, Sertac y cols. «Human milk mycobiota composition: relationship with gestational age, delivery mode, and birth weight». *Beneficial Microbes* 11, n° 2 (2020): 151-162.

Gartel, Andrei L. y Radhakrishnan, Senthil K. «Lost in transcription: p21 repression, mechanisms, and consequences». *Cancer Research* 65, n° 10 (2005): 3980-3985. https://aacrjournals. org/cancerres/article/65/10/3980/517929/Lost-in-Trans cription-p21-Repression-Mechanisms

Wang, Heling, Capula, Mjriam y cols. «Of fungi and men: role of fungi in pancreatic cancer carcinogenesis». *Annals of Translational Medicine* 8, n° 19 (2020): 1257. https://atm. amegroups.org/article/view/42221/pdf

LA VIDA SE ABRE CAMINO

> «Si algo nos ha enseñado la historia de la Evolución
> es que la vida no puede contenerse. La vida se libera,
> se extiende a través de nuevos territorios
> y rompe las barreras dolorosamente.
> Incluso peligrosamente… la vida se abre camino».
> Ian Malcolm, personaje de *Parque Jurásico*

Hace escasos días reconocí haber mentido a mis alumnos del Centro de Altas Capacidades de Córdoba. Fue una mentira piadosa, de esas que, inconscientemente, salen de tus labios casi sin ser consciente de la falsedad que esconden. Y aunque reconozco que no tardé mucho en enmendar semejante error, es algo que aún me pesa. No está bien engañar a un niño, pero aún es más cruel ofrecerle información errónea o incompleta; más aún cuando este particular estudiantado está deseoso de conocer más y mejor todo cuanto nos rodea. Los hechos sucedieron mientras les mostraba mi modesta colección de fósiles, lo que motivó la algarabía no solo de los más pequeños. Mientras observaban los restos de un foraminífero marino, les iba avanzando algunas de las características de este «protista» —categoría taxonómica obsoleta a la que recurrí por resultarle familiar de sus libros de texto— y cómo pueden encontrarse con facilidad en las tiendas de *souvenirs* de toda la geografía marroquí. También les advertí de que el comercio de falsificaciones de fósiles mueve mucho dinero en este país africano y que, dados mis escasos conocimientos en la correcta identificación de este tipo de material, no podía descartar que alguno de ellos no fuese falso.

En mitad de mi exposición una niña levantó su mano para preguntarme cómo era posible que este ser, siendo de origen marino, apareciese en yacimientos desérticos de Marruecos. Y aquí fue cuando bajé la guardia y, tras hablarle de la Crisis del Messiniense —o Gran Crisis del Mediterráneo, en palabras de algunos peques— solté la mayor mentira jamás dicha al colectivo estudiantil de infantil y primaria: «¿En los desiertos qué va a haber? Si apenas hay vida». Repetí la misma cantinela con la que algunos docentes bombardean a sus alumnos desde tiempos inmemoriales. No obstante, conseguí enmendar rápidamente mi error y corregí mi garrafal metedura de pata. Porque en los desiertos sí hay vida. Gracias a este desafortunado exabrupto he creado estas líneas para intentar redimirme de aquel «pecado original» y que nadie tenga que pasar jamás por una situación similar a la que yo pasé delante de tan exigente público —bendita exigencia la que nos obliga a dar lo mejor de todos y cada uno de nosotros—.

A usted, querido lector, como a mí, le dijeron durante sus años de escolar que los desiertos eran un bioma árido caracterizado por un régimen de precipitaciones anual inferior a los 300 mm. Con suerte, le hicieron la oportuna división entre clima desértico cálido —o BWh— y clima desértico frío —también conocido como BWk—, invitándole a encontrar las diferencias existentes entre el desierto del Kalahari y el de la Patagonia. Sin embargo, en mi libro de 6º de Primaria de Conocimiento del Medio sí que recuerdo nítidamente un cuadro resumen donde, además de estas diferencias, aparecían las semejanzas entre ambos tipos de desiertos: «Vegetación escasa, baja y dispersa, apareciendo grandes extensiones sin cubrir. Fauna poco variada, consistente en lagartos y serpientes, insectos y arácnidos y aves rapaces. Entre los mamíferos destacan los ratones, coyotes, dromedarios y afines». Esta era toda la vida que habitaba en un desierto.

Convendrá conmigo en que si esta es toda la biota existente en el desierto, el ciclo de materia y energía no se cierra en estos ecosistemas, ¿verdad? En otras palabras, en mi libro de texto —editado por Edebé y que aún conservo— no hay una sola referencia a los descomponedores. Para los autores de este libro, las bacterias y los hongos no pueden habitar los climas desérticos, a pesar de que aproximadamente una sexta parte de la población mundial lo hace. Con semejantes criterios es normal que la biodiversidad de estos biomas les saliera tan baja. Pero no les culpo, porque, ¿quién iba a imaginar que en un desierto podrían aparecer trufas? Sí, como lo oye. ¡Trufas!

Las trufas del desierto, también conocidas como turmas de tierra, son un recurso de origen fúngico muy preciado entre las comunidades áridas por su elevado valor de mercado.

Probablemente, las trufas del desierto —cuyos nombres científicos son *Terfezia arenaria* y *T. claveryi*— sean, junto con la miel, uno de los productos naturales más valiosos de cuantos pueden explotarse en los ecosistemas áridos. Este recurso de origen fúngico es consumido por los habitantes de las regiones desérticas desde tiempos inmemoriales y su fama es tal que la leyenda cuenta que este manjar nunca faltaba en la mesa real del mismísimo faraón Keops. Ignoro si el kilo de este cuerpo fructífero era caro en tiempos de Keops pero, actualmente, en los mercados de Arabia Saudí ronda los 60 dólares estadounidenses. Un manjar que no está al alcance de todos los bolsillos. Tan apreciados son que muchos *gymfluencers* —de los que ya hablamos anteriormente— recomiendan el consumo de estos productos por su equilibrado contenido en carbohidratos, proteínas y fibra. Ya hablamos de dietas a base de setas y no me gusta repetirme pero, sabiendo todo esto, quizá ahora no le extrañe que en poco tiempo hayan aparecido varias empresas dedicadas al cultivo de trufas del desierto. Es más, algunas de ellas ofrecen hasta tres taxones diferentes: *Terfezia claveryi* —una pariente cercana de la que degustaba, presuntamente, Keops—, *Picoa lefebvrei* y *Tirmania nivea*. Curiosamente, a muchos micólogos, *Picoa lefebvrei* —que puede encontrarse en España micorrizando a Cistáceas del género *Helianthemum*— le parece un comestible de calidad media. Cuando tenga el gusto de consumirla no dude de que dejaré constancia de mi experiencia por escrito pero, hasta la fecha, lo más cerca que he conseguido estar de ella ha sido en Palencia, durante la celebración de unas jornadas micológicas.

Aunque estemos hablando de setas y hongos que habitan zonas desérticas debemos tener presente un hecho: al igual que sus pares, que habitan ambientes húmedos, necesitan agua y nutrientes para desarrollarse. Por este motivo, los micelios se desarrollan en la cercanía de plantas —a las que, frecuentemente, micorrizan— y a una profundidad donde, además de humedad, encuentren restos vegetales que descomponer y acabar transformando en su alimento. Este fenómeno explica que en mitad del desierto podamos encontrar setas de algo más de medio metro de altura. Es el caso, por ejemplo, de *Battarrea phalloides*, que puede crecer tanto en dunas litorales del Campo de Gibraltar como sobre suelos desérticos del Sáhara. Crezca en uno u otro lugar, su tamaño es consecuencia de una necesidad biológica: la reproducción. Por este motivo, al llegar la temporada estival, emerge de entre las arenas y esparce su esporada al aire. Quizá la próxima vez que vaya a la playa sea consciente de su presencia entre los arenales costeros. ¡Ojo, que muchos vecinos de Chipiona o Chiclana no sabían de la existencia de este vecino micológico!

Empero, no todos los «moradores de las arenas» pertenecientes al mundo fúngico se pueden apreciar tan fácilmente debido a su tamaño. De hecho, en desiertos como el de Atacama también crecen sobre sus rocas, hecho que ha motivado que estos organismos sean conocidos con las siglas RIF —del inglés *rock-inhabiting fungi*, u hongos que habitan rocas—. *Devriesia, Pseudogymnoascus, Macroventuria* y *Neosartorya* son géneros que se mezclan en estos roquedos desérticos con otros nombres que nos resultan ya familiares como *Alternaria, Aspergillus* o *Penicillium*. El interés en estos hongos radica en el hecho de que habitan lugares sometidos a drásticas variaciones en los niveles de radiación, temperatura, agua y/o nutrientes, motivo que ha propiciado que la comunidad científica haya mostrado interés en conocer los mecanismos que hacen posible la supervivencia en semejantes condiciones. A todo ello hay que añadir una nueva razón que ayudaría a explicar el creciente interés en su estudio: casualmente, se ha observado que algunos extractos fúngicos aislados en estas montañas desérticas han mostrado actividad citotóxica contra células tumorales MCF-7 —adenocarcinoma de mama—. Así, de entre más de una veintena de ellos, algunos como los extractos UFMGCB 8025, 8011 y 8019 inhibieron el crecimiento tumoral hasta en un 90 %. ¡Y no es la única actividad de interés que parecen poseer estos organismos! Así, un extracto aislado a 3 500 metros de altitud proveniente de *Hypoxylon* cf. *trugodes* y etiquetado con las siglas UFMGCB 8020 mostró actividad antiviral selectiva contra el virus del dengue a una concentración efectiva —EC50— de 1.18 g/ml. Aunque aún faltan por realizar muchos otros estudios preliminares, me gustaría que no dejase de tener presente lo que conté anteriormente sobre el papel que, presumiblemente, van a jugar los hongos en la «medicina del futuro». Las rocas del desierto de Atacama han proporcionado un microambiente favorable para la colonización, supervivencia y dispersión de estos hongos y, de paso, han abonado un terreno fértil para una nueva etapa de estudio de los hongos con finalidades terapéuticas: la micomedicina.

No creo que nadie, a estas alturas del texto, ponga en duda que en los desiertos hay vida. No obstante, por contraposición, si la vida se abre camino… también lo hace la muerte. Dos caras de una misma moneda en la que también los hongos del desierto tienen un papel protagonista. ¿Ha oído hablar de «la fiebre del valle»? Si la respuesta es no, ha llegado el momento de presentársela, aunque no descarto que lo haya hecho ya alguna que otra serie médica —ahora tan de moda— como a la que me referí hace únicamente unas pocas páginas. La fiebre del valle o coccidioidomicosis es una enfermedad de origen fúngico que se contrae al inhalar esporas de *Coccidioides posadasii* y *C. immitis*. Su presencia es frecuente en el suelo de regiones áridas de Estados Unidos como Arizona, Nuevo México, Nevada, Utah, California o Texas, aunque la distribución de estos dos representantes fúngicos abarca la casi totalidad del continente americano, con excepción de las zonas más meridionales y septentrionales del mismo. Como curiosidad, sepa que se conoce popularmente como fiebre del valle por tratarse de una enfermedad frecuente entre los moradores del valle de San Joaquín —estado de California—, afectando principalmente

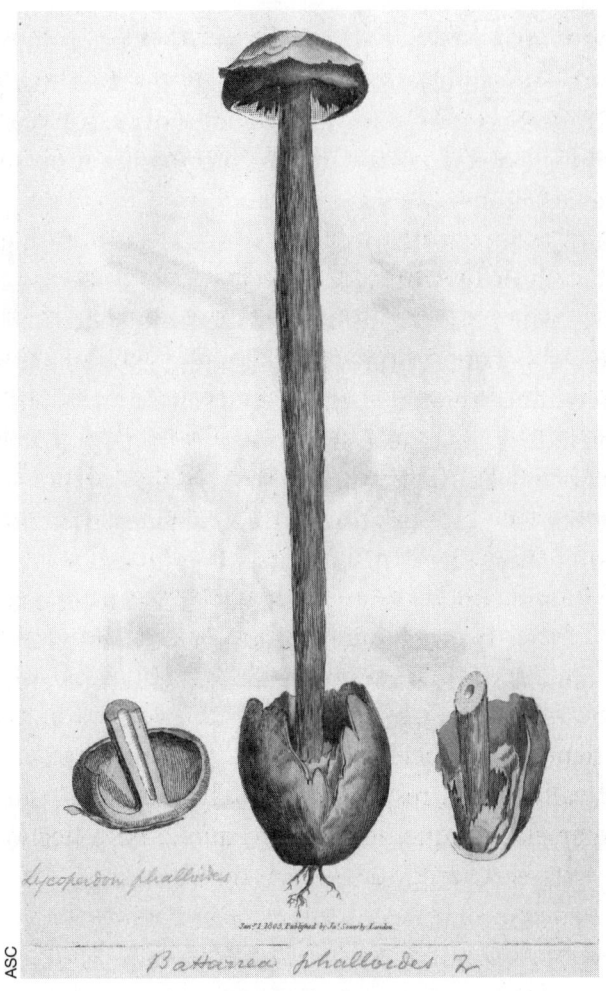

Ilustración, obra de James Sowerby, de la seta dunar *Battarrea phaloides*. A pesar de su llamativo aspecto faloideo, suele pasar desapercibida para muchos bañistas.

a agricultores, ganaderos y operarios de la construcción. Las esporas, extremadamente pequeñas, son transportadas por el viento y, una vez inhaladas, se alojan en los pulmones, lugar donde se reproducen dando lugar a una enfermedad que cursa con fiebre, tos, falta de aire, cansancio, dolores articulares... y en los casos más graves —conocida como coccidioidomicosis diseminada—, lesiones dolorosas en huesos, meningitis o incluso la muerte —por una razón que aún desconocemos, la fiebre del valle afecta en una mayor proporción a personas de ascendencia filipina y africana—.

Durante todo este tiempo no hemos dejado de hablar de hongos de desiertos, ¿verdad? Pero claro, de desiertos cálidos. Hasta ahora, no he dicho ni una sola palabra sobre los hongos de los desiertos fríos. ¿Conoce usted algún ecosistema así? Estoy convencido de que, de pensar en uno, sin duda, el primero que ha venido a su cabeza ha sido la Antártida. ¿Y tenemos constancia de la existencia de hongos —y sus cuerpos fructíferos, las setas— en este helado continente? Pues lo cierto es que sí, querido lector. En las pocas zonas que no están permanentemente cubiertas por nieve y hielo suelen aparecer estos seres vivos, asociados frecuentemente a musgos. Estamos hablando, por consiguiente, de setas de pequeño tamaño que crecen a la húmeda sombra de tapices vegetales. Algunos representantes de la funga antártica son, por ejemplo, *Omphalina antarctica*, *O. pyxidata*, *Arrhenia salina* o *Galerina pseudomycenopsis*, todos ellos habitantes de la isla Rey Jorge —para los argentinos, isla 25 de Mayo—. Aunque aún no conocemos mucho sobre la biología de estos organismos, parece que estos hongos establecen algún tipo de asociación musgo-hongo, pues parece existir una cierta correspondencia entre especie de musgo y hongo asociado. Así, *Arrhenia salina* crece en las inmediaciones de *Sanionia uncinata* y *Hennediella heimii*, dos briófitos que facilitan que el micelio fúngico resista mejor frente las heladas que caracterizan al clima polar de esta región.

Sin embargo, la existencia de estos hongos antárticos, antaño circunscrita al verano antártico —entre diciembre y febrero—, se está extendiendo en el tiempo. El efecto del cambio climático sobre esta particular zona del planeta Tierra está haciendo que nuevas especies fúngicas estén llegando a colonizar el continente blanco. Porque la vida se abre camino... a pesar —¿o debería decir a costa?— de otras vidas. Una pugna fatídica que, en no pocas ocasiones, acaba como aquella mítica frase de *Los inmortales* donde «solo puede quedar uno». Todo lo que le he contado aquí responde a dos razones: dar a conocer la biodiversidad existente en ecosistemas que hemos interiorizado como «pobres» y la estrecha —y extrema— fragilidad sobre la que han decidido desarrollarse y hacer vida. Una de las muchas enfermedades cuya incidencia se estima que pueda aumentar como consecuencia del cambio climático es, precisamente, el dengue, para la cual aún no conocemos una cura específica. Empero, todavía hay un hecho que podría resultar gracioso de no ser porque esta «hilarante» serendipia afecta anualmente a unos 300 millones de personas en todo el mundo: el extracto UFMGCB 8020, ese que se extrajo en Atacama de hongos pertenecientes a la especie *Hypoxylon* cf. *trugodes*, también proviene de una zona sensible al cambio climático. Y es sensible porque no sabemos qué le deparará el clima a estas comunidades fúngicas. Podemos estar perdiendo una posible nueva herramienta farmacológica en la lucha contra el dengue... o solo un puñado de hongos. Y, en este último caso, quién va a acordarse de ellos —obviando a los plañideros integrantes de la comunidad micológica—, ¿verdad? No sé usted, pero yo opino como Kike Remolino y su chirigota, *Las Pitorrisas*: cuando ese día llegue, «que nadie busque un motivo, que podemos tener en nuestras manos la sangre del asesino».

Para saber más

Bonifaz, Alexandro. *Micología médica básica* (6ª edición). Madrid: McGraw-Hill Interamericana de España, 2020.

Gonçalves, Vívian N., Cantrell, Charles L., Wedge, David E. y cols. «Fungi associated with rocks of the Atacama Desert:

taxonomy, distribution, diversity, ecology, and bioprospection for bioactive compounds». *Environmental Microbiology* 18, nº 1 (2015): 232-245.

Guminska, Barbara, Heinrich, Zofia y Olech, Maria. «Macromycetes of the South Shetland Islands (Antarctica)». *Polish Polar Research* 15, nº 3-4 (1994): 103-109.

Leiva, Juan A. «Introducción al orden Gasterales en la provincia de Cádiz». *Sociedad Gaditana de Historia Natural* 4 (2004): 23-29.

Martin, Michael. *Desiertos. Barcelona:* Galaxia Gutenberg, 2004.

Pegler, D. N.; Spooner, B. M. y Smith, R. I. L. «Higher fungi of Antarctica, the Subantarctic zone and Falkland Islands». *Kew Bulletin* 35 (1980): 499-562.

VV. AA. *Desert truffles: Phylogeny, physiology, distribution and domestication. Luxemburgo:* Springer, 2013.

VV. AA. *The fungal communities: Its organization and role in the ecosystem.* Boca Ratón, Florida: CRC Press, 2017

UNA NUEVA HISTORIA FÚNGICA:
¡AHORA CON DINOSAURIOS!

«La realidad es un fenómeno subjetivo,
cada uno de nosotros la experimenta de manera diferente».
Albert Hoffman

Siempre me ha fascinado la fuerte atracción que ejercen los dinosaurios sobre los más pequeños de la casa. Sé que también hay adultos que comparten esa sana obsesión por conocer hasta el más mínimo detalle de este grupo de animales, pero son los niños los que me suelen hacer preguntas más comprometidas. Suelen pensar, en su bendita inocencia, que por el hecho de ser biólogo lo sabes todo sobre el «mundo vivo». Si a la situación anterior se suma la circunstancia de querer dar respuesta satisfactoria a la curiosidad propia de la infancia, las probabilidades de quedar «como Cagancho en Almagro» se multiplican exponencialmente si uno no es paleomicólogo —no abundan los expertos en esta materia—. Le pongo en antecedentes: imagine que el hijo de su mejor amigo le pregunta si hay fósiles de hongos. Hasta aquí todo correcto, porque los hay. Es cierto que no son tan numerosos ni conocidos como los fósiles de dinosaurios, pero existen. ¡Y tiene su mérito encontrarlos, caracterizarlos y estudiar sus relaciones de parentesco!

Quizá deba matizar mi afirmación anterior, pues podría parecer que es posible encontrar fósiles de *T. rex* dando un simple paseo por el campo. No es así. Lo que pretendo transmitir es que, a diferencia de lo que ocurre con los organismos que cuentan con estructuras «duras» —como conchas, huesos o dientes—, los hongos fosilizan peor. Al tratarse de organismos «blandos», necesitan de unas condiciones ambientales muy concretas para que se preserven entre los sedimentos sin descomponerse por la acción de otros parientes. Pero ahí tenemos los fósiles del género *Prototaxites*, unos hongos que vivieron hace entre 420 y 370 millones de años. Estos hongos, que habitaron el planeta Tierra durante, al menos, el Silúrico y el Devónico, alcanzaron los 8 metros de altura. Tenga presente que en el mismo periodo las plantas rondaban, de media, los 20 centímetros de altura. Se trata, por tanto, de los restos de un ser vivo realmente extraño; de hecho, en un primer momento el paleontólogo John William Dawson lo clasificó junto a las coníferas.

A priori, uno podría pensar que una explicación basada en los argumentos aportados hace solo unas líneas bastaría para calmar la sed de conocimiento de una criatura de ocho años. Pero no. Porque después de hablarle de las tres especies de *Prototaxites* —*P. loganiii, P. southworthii* y *P. taiti*— me dijo lo siguiente: «¿Entonces los dinosaurios comían setas?»

La respuesta está clara, ¿verdad? Pues nada más lejos de la realidad. Obviamente, los dinosaurios son un grupo que se originó en el Triásico, hace aproximadamente 245 millones de años. Una simple resta nos confirma que no pudieron alimentarse de *Prototaxites*. Sin embargo, ¿sabe en qué momento o periodo geológico se originaron los hongos sobre nuestro planeta? Se estima que los hongos más antiguos podrían haber evolucionado en el medio acuático hace unos 600 millones de años, es decir, en el periodo Ediacárico. Aunque cabe la posibilidad de que sean aún más antiguos, lo que sí parece estar más o menos claro es que durante este periodo, además de una amplia gama de animales con formas y estructuras anatómicas fascinantes —para comprobarlo, le recomiendo leer *La vida maravillosa*, escrito por Stephen Jay Gould— también aparecieron otras formas de vida. Como curiosidad, parece que dieron el salto a tierra al mismo tiempo que las plantas: hace unos 460 millones de años, allá por el Ordovícico. ¡Y siguen entre nosotros! ¿Ve ahora lo que le digo? Durante un tiempo, dinosaurios y hongos —así como sus cuerpos fructíferos— coexistieron. Por tanto, no es descabellado pensar que alguno los consumiera como un elemento más en su dieta «herbívora». No obstante, ¿hay alguna forma de poder plantear semejante posibilidad atendiendo a evidencias científicas? Veámoslo.

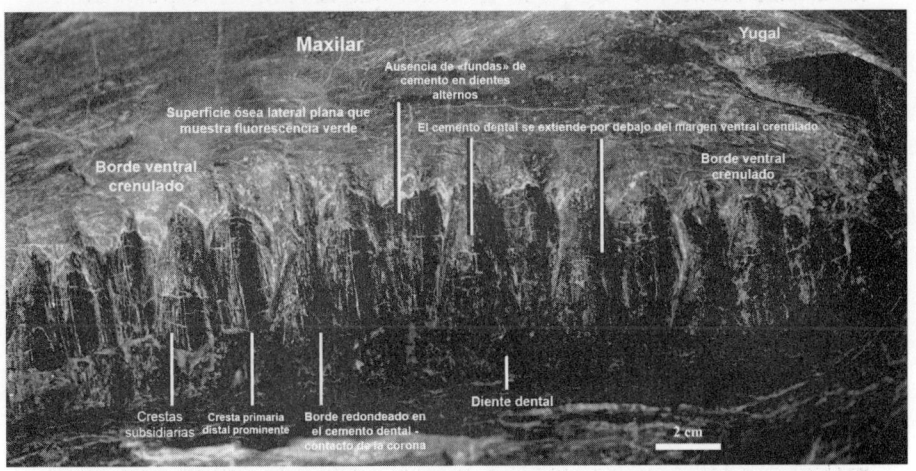

Mandíbula de *Equijubus normani* como en la que Yan y sus colegas encontraron fitolitos que demostraban el hecho de que los dinosaurios «pastasen» en aquellas ancestrales praderas de gramíneas (Pittman, Michael *et al.*, «Insights into Iguanodontian Dental Architecture from an Early Cretaceous Chinese Basal Hadrosauriform Maxilla (Ornithischia: Iguanodontia)». *PeerJ PrePrints* (2015) 3:e1329v1. https://doi.org/10.7287/peerj.preprints.1329v1).

En el año 2018, Yan y sus colegas publicaron en la revista *National Science Review* un artículo titulado «Dinosaur-associated Poaceae epidermis phytoliths from the Early Cretaceous of China» («Fitolitos de la epidermis de Poaceae asociados a dinosaurios del Cretácico temprano de China»). En él, sus autores mencionan el hallazgo de fitolitos —porción mineral de una planta que forma parte de una roca, generalmente, sedimentaria— identificados como restos de gramíneas en la dentición de un hadrosaurio basal conocido como «dinosaurio de pico de pato». Este pariente de *Edmontosaurus* responde al nombre de *Equijubus normani* y habitó China hace, aproximadamente, unos 110 millones de años. Obviamente, esto solo nos indica que los dinosaurios ya se alimentaban de gramíneas en aquel periodo geológico, ¿verdad? Pero piense un poco: ¿cuántas especies de hongo conoce que ataquen al trigo o alguno de sus muchos parientes? A estas alturas, estoy convencido de que recordará alguno de los casos que ya he mencionado en páginas anteriores. De lo contrario, le dejo como pista el siguiente fenómeno: fuego de San Antonio.

El fuego de San Antonio o ergotismo fue una enfermedad muy común en Europa durante la Edad Media. Se debía a la infección del centeno —*Secale cereale*— por parte del hongo parasítico *Claviceps purpurea*, conocido popularmente como cornezuelo del centeno, posible agente causal de las visiones místicas de Santa Teresa —otros autores apuntan a una neurobrucelosis o meningoencefalitis—. De lo que no cabe ninguna duda es de que ha causado casi un centenar de epidemias —especialmente en países europeos como Francia, Rusia o Alemania— desde que en el año 857 se describiese la primera en el valle del Rhin. Especialmente virulentas fueron, según las crónicas de la época, las ocurridas en la región de Aquitania en los años 945 y 994, dejando 20 000 y 40 000 muertos respectivamente. Así, el origen de esta «maldición divina» se debe a que a la hora de almacenar el grano en los silos se combinan las temperaturas cálidas con una elevada humedad, hecho que propicia que este hongo se desarrolle e infecte a las semillas del cereal. Durante su crecimiento, estos hongos producen diferentes

toxinas y metabolitos que, al ser ingeridos, provocan graves intoxicaciones en el ganado y el ser humano.

Antes de proseguir, debo advertirle de que aunque la última
epidemia de ergotismo registrada en Europa data de 1951 —
cuando un panadero de Pont-Saint-Esprit compró un cargamento de harina contaminada con el objeto de evadir impues-
tos— esta enfermedad sigue asolando otras zonas del mundo.
De hecho, recientemente hemos tenido casos en Sudáfrica y
Brasil donde el ganado se ha visto afectado. Pero volviendo al
asunto que nos ocupa, ¿afectaría el ergotismo a dinosaurios
como el hadrosaurio anteriormente reseñado? ¿Hay alguna
forma de saberlo? ¿Existe, por mínima que sea, una prueba de
intoxicación entre este grupo animal por el consumo de cereales contaminados con cornezuelo del centeno?

En el año 2015, George Poinar Jr. y su equipo publicaron en
la revista *Paleodiversity el* artículo «One hundred million year
old ergot: psychotropic compounds in the Cretaceous?» («Cornezuelo de cien millones de años: ¿compuestos psicotrópicos
en el Cretácico?»). En este artículo, los autores caracterizaron,
a partir de una muestra de ámbar rescatada de una mina de
la región de Myanmar, los restos de un esclerocio —estructura
de resistencia fúngica formada por una masa compacta de micelio y algunas sustancias de reserva— similar a los del género
Claviceps. Por este motivo, pasaron a denominar al material
con el nombre científico *Palaeoclaviceps parasiticus*. Y aunque
parezca que el descubrimiento no tiene mayor relevancia, este
hecho ha ofrecido un punto de partida que nos permite poner
fecha de inicio a las interacciones entre hongos y gramíneas, las
cuales se remontan, como poco, al Cretácico Superior —hace
entre 72 y 100 millones de años—. Así, gracias a los trabajos de
Prasad y sus colegas, quienes en 2005 publicaron en la prestigiosa revista *Science* un artículo titulado «Dinosaur coprolites
and the early evolution of grasses and grazers» («Coprolitos de
dinosaurios y la evolución temprana de pastos y herbívoros»),

también conocemos que se han hallado restos de gramíneas y otros pastos panicoides —subfamilia que engloba al sorgo o al maíz, entre otros taxones— en las heces fósiles de saurópodos cretácicos como los titanosaurios. Estas gramíneas tienen una particularidad: aparecen con frecuencia en el registro fósil de la región de Myanmar parasitadas por hongos del género *Pa-*

Los coprolitos como el de Lloyds Bank permiten a los paleoescatólogos inferir la dieta de distintos animales a partir de los restos presentes en sus heces.

laeoclaviceps, lo que indica que en el Cretácico la interacción entre ambos organismos era plenamente efectiva.

Sin embargo, a pesar de que hemos obtenido algunas respuestas —los dinosaurios comieron, aunque fuese por accidente, hongos—, seguimos sin saber otras muchas cosas. Se sabe que el grano afectado por cornezuelo del centeno da origen a harinas amargas al paladar. De hecho, sabemos desde tiempos inmemoriales que después de alimentar al ganado con grano atacado por *Claviceps* este rechaza comer este alimento. Esta situación ha llevado a considerar a toda la batería química que despliega el cornezuelo del centeno —una mezcla de alcaloides entre los que destacan la ergotamina, la ergonovina o la ergometrina— como un arma de disuasión frente a la herbivoría. En otras palabras: si la relación entre hongo y planta se mantiene a lo largo del tiempo a pesar de los daños ocasionados a esta última es porque la planta adquiere un mecanismo de defensa frente a los herbívoros, que no encuentran atractivo su consumo. ¿O sí? Porque hay casos de reses colocadas tras el consumo de estos potentes psicoactivos procedentes del cornezuelo. Bien es verdad que son casos de intoxicación leve, pero los animales aprenden. Lo que me lleva a plantearme la siguiente pregunta: ¿aprendieron los dinosaurios saurópodos a colocarse consumiendo gramíneas afectadas por el ataque de *Palaeoclaviceps*? En caso afirmativo, ¿esta conducta ha podido transmitirse a lo largo del tiempo al resto de linajes y parientes vivos?

Es difícil saberlo. Los comportamientos no fosilizan y, a pesar de lo que puedan decir los medios de comunicación mayoritarios, las pruebas suelen ser indicativos indirectos de sus conductas. Afortunadamente, podemos conocer un poco mejor su dieta porque, junto con sus esqueletos, hemos sido capaces de analizar sus heces —coprolitos— o los restos vegetales que han quedado entre sus piezas dentarias —fitolitos—, fotogramas *a posteriori* sobre qué debió conformar su menú. Quizá, dentro de unos años sepamos qué motivaba a los dinosaurios a consumir gramíneas contaminadas con *Palaeoclaviceops*... suponiendo que pudo haber existido una motivación adicional más allá de la puramente alimenticia. No tenemos constancia, a pesar de lo que pueda leer en algunos medios de comunicación, de que los dinosaurios del Cretácico tuviesen una relación de uso recreativo —¿o debería decir de abuso recreativo?— con estos hongos, ancestros de aquel del que, millones de años más tarde, los humanos sintetizaron el LSD. Pero que esto no haya ocurrido —a pesar del empeño de determinados «periodistas» sensacionalistas— no invalida en ningún momento el fascinante hallazgo realizado por la Paleontología y Paleobotánica que aquí le acabo de contar. ¿O cree que sí? Dígame, ¿quién le iba a decir, estimado lector, que acabaría sabiendo que los dinosaurios del Cretácico se alimentaron de hongos? El hecho de que lo hiciesen por accidente no desmerece esta historia. Es más, le invito a reflexionar: si algo tienen en común los niños y los científicos es que ambos demuestran tener una mente curiosa y realizan viajes a bordo de ella. El peaje a pagar es, simplemente, estar libre de ideas preconcebidas o prejuicios. A cambio, obtienen respuestas que aunque parecen intrascendentes acaban forjando fascinantes historias que poder contar a los demás. ¡Y además con protagonistas tan llamativos como los dinosaurios! Mientras unos pocos privilegiados escriben los capítulos de esta fascinante novela, el resto de los mortales solo podemos aspirar a ser privilegiados lectores. ¡Disfrutemos de nuestra condición!

Para saber más

Gascó, Frances. *Esto no estaba en mi libro de historia de los dinosaurios. Córdoba:* Guadalmazán, 2021.

Gascó, Francesc. *Paleontología Pop: Lecciones desde el pasado.* Barcelona: Ariel, 2023.

Gould, Stephen Jay. *La vida maravillosa: Burgess Shale y la naturaleza de la historia. Barcelona:* Drakontos, 2018.

Illana-Esteban, Carlos. «El cornezuelo de centeno (II): Brujería, Medicina y contenido en alcaloides». *Boletín Sociedad Micológica de Madrid* 33 (2009): 263-272. http://ergotism. absentis.org/es/cornezueloii.pdf

Lozano Sánchez, Francisco S. «Epidemias por ergotismo o fuego de San Antonio». *Revista de Medicina y Cine* 16 (2021): 207-236.

Nelsen, M Matthew P. y Boyce, Kevin. «What to do with Prototaxites?». *International Journal of Plant Sciences* 183, nº 6 (2022): 556-565.

Poinar Jr. George, Alderman, Stephen y Wunderlich, Joerg. *«One hundred million year old ergot: psychotropic compounds in the Cretaceous?». Palaeodiversity* 8 (2015): 13-19. https://

www.palaeodiversity.org/pdf/08/02Palaeodiversity_8-15_
Poinar-et-al_1.pdf

Prasad, Vandana, Strömberg, Caroline A. E. y cols. «*Dinosaur
coprolites and the early evolution of grasses and grazers*».
Science 310 (2005): 1177-1180.

Yan, Wu, Hai-Lu, You y Xiao-Qiang, Li. «Dinosaur-associated
Poaceae epidermis and phytoliths from the Early Cretaceous
of China». *National Science Review* 5, n° 5 (2018): 721-727.
https://academic.oup.com/nsr/article/5/5/721/4769666

NOTICIAS DE MODA

«No hay mejor diseñador que la naturaleza».
Alexander McQueen

«La ropa no significa nada hasta que alguien no vive en ella».
Marc Jacobs

Siempre me ha gustado la moda. Sé que suena raro si tenemos en cuenta mi torpe aliño indumentario, pero mi fascinación responde a otras inquietudes de carácter más filosófico. En su obra *La teoría de la clase ociosa*, Thorstein Veblen la define como la herramienta que utiliza la clase alta para diferenciarse de aquellos que conforman el estrato social más desfavorecido. Siguiendo los preceptos del sociólogo francés Pierre Felix Bourdieu, la moda no es más que una «práctica preceptiva», una manifestación más de la eterna lucha de clases que ya expusieron los pensadores marxistas durante los siglos xix y xx. Por el contrario, Georg Simmel —uno de los fundadores de la Sociedad Alemana de Sociología— la considera un mecanismo liberador frente a la angustia de la elección, permitiendo al individuo referenciarse con facilidad a un determinado grupo social. Sin embargo, esta dinámica desemboca en un combate simbólico de imitación-distinción entre clases sociales, una particular «carrera de armamento» que genera una obsolescencia fabril casi inmediata. En otras palabras, pretendiendo imitar el *outfit* de personajes distinguidos de la nobleza, acabamos convertidos en mártires de las últimas tendencias.

Basta con echar un vistazo a algún programa del corazón de la televisión nacional para advertir que si ha tenido lugar algún *sarao* al que han acudido famosos —o miembros de la aristocracia patria— lo primero que hacen es darnos un pormenorizado y detallado informe de los trajes y vestidos lucidos ante el *photocall*. ¡Si hasta en eventos como la gala de los Oscars se habla más de moda que de cine! No obstante, si algo me enseñó Lady Gaga en el magnífico film *La casa Gucci* es que la propagación de una tendencia en la moda desemboca ineludiblemente en fracaso, pues algo que es ampliamente aceptado deja de ser un elemento innovador —o diferenciador, según palabras de Simmel—. Porque estaremos de acuerdo en que siempre han existido modas, ¿verdad? Hay autores que, en el Renacimiento, ya se atreven a hablar del estilo español, considerando a Carlos I el estandarte de una novedosa forma de vestir más sobria, caracterizada por el uso de prendas oscuras y ceñidas, sin tantos pliegues. Sí, es cierto que se trataba de una indumentaria mucho más rígida, sobre todo para las damas de la corte, a quienes se les impuso el verdugado, precursor del aún más incómodo y aparatoso guardainfante.

Así es como he ido aprendiendo a descifrar los mensajes que la ropa lanza de aquellos que la visten. Supongo que, como ocurre en otras facetas de la vida cotidiana, esta también es cuestión de práctica. Por ejemplo: si usted ve a toda una multitud vestida completamente de negro y portando cazadoras de cuero, puede afirmar sin equivocarse mucho que lo que tiene ante sus ojos es un grupo de *heavys* —o rockeros—, una tribu urbana amante de la música *heavy metal* y el rock pesado que tomó prestada su característica indumentaria de los grupos rebeldes de moteros. Solo hay que fijarse en el mítico vocalista de Judas Priest, quien desde

1978 —coincidiendo con la promoción del álbum de estudio titulado *Hell Bent for Leather*— añadió a su puesta en escena una motocicleta Harley Davidson que, de ser todavía la misma, desde aquella gira hasta ahora ha debido dar varias vueltas al mundo. ¡Y eso que no ha debido salir mucho a carretera!

Cada una de las tribus urbanas se asocia con una estética e indumentaria característica. Rob Halford, vocalista de la banda británica de *heavy metal* Judas Priest, aunó a su apariencia la de los grupos moteros.

Y es que los *heavys* son fácilmente reconocibles. A comienzos de marzo de 2024 tuve la suerte de ver en Córdoba, coincidiendo con el décimo aniversario de la formación, a los flamenco-metaleros Fausto Taranto. Mientras hacía cola para acceder a la sala Ambigú Axerquía, devoré con avidez un bocadillo que me había preparado en casa para afrontar con energías tan ansiado concierto. Mientras me encontraba en la tarea de dar buena cuenta de aquel trozo de pan aderezado con filetes de lomo de cerdo, huevo frito, lechuga, tomate en rodajas y cebolla —hay que intentar comer sano— presencié una conversación entre dos chicas que me pareció muy interesante. Una de ellas, la más bajita de las dos, le estaba diciendo a la otra que por conciencia social había decidido adoptar un estilo de vida vegano. En ese momento, se acercó a ellas un chico y le dijo que le parecía fenomenal, pero que no comprendía cómo eso encajaba con el hecho de portar una chupa de cuero. Rápidamente, la joven se apresuró a dejar claro a su amigo que se trataba de un material que imitaba su aspecto y tacto. En ese mismo momento, esa sala de máquinas que vulgarmente llamamos cerebro se puso en marcha y, a falta de mi libreta, decidí grabar una serie de notas de voz en el móvil con las ideas que han hecho posible que ahora pueda leer estas líneas.

De no tener un miedo patológico a entablar conversación con personas que no conozco, en ese mismo momento les habría soltado una chapa botánica. De hecho, no es extraño que cuando quienes me acompañan son personas que conozco muy bien sean ellos quienes acaben recibiendo la lección. ¡Aunque no la pidan! Ellos conocen mi necesidad casi patológica de hablar y lo aceptan —con resignación—. Son tantas las veces que de niño me han mandado a callar sin motivo que ahora, cuando pillo carrerilla, no hay quien me pare. No obstante, como decía, se perdieron una clase magistral de micología y tecnología textil.

El común de los mortales solo diferencia entre tejidos de origen sintético —como pueden ser las fibras de elastano— y de origen natural —seda, lana, algodón, cáñamo o lino pueden ser buenos ejemplos—. Sin embargo, desde hace unos años hemos incluido en este particular muestrario textil un nuevo tejido de origen fúngico. Sí, ha leído bien. Empresas como MycoWorks o Ecovative Design Several —por citar solo algunos ejemplos— han obtenido varias patentes para la producción y fabricación de productos de «cuero» derivado de micelio fúngico. Entrecomillo la palabra cuero porque, en realidad, se trabaja con esteras de micelio fúngico purificado que se han hecho crecer previamente sobre un sustrato de aserrín sólido. Así, este biopolímero, después de ser sometido a una serie de procesos físico-químicos, aumenta su resistencia, densidad y elasticidad hasta dar origen a un material de consistencia similar al cuero animal. Aunque no se deba llamar así, no son pocas las casas comerciales que lo ofertan a sus clientes bajo el oxímoron publicitario de «cuero vegano». Es más, la famosa empresa Dr. Martens comercializa calzado bajo esta denominación, a pesar de que su tejido es en realidad una mezcla de polímeros sintéticos que, aun simulando las propiedades y tacto del cuero, no tienen origen biológico. Tengamos en cuenta esta excepcional circunstancia, porque aquí voy a hacer referencia al «cuero vegano» de origen fúngico.

¿Pero qué es exactamente este «cuero vegano»? Pues, en realidad, micelios fúngicos trenzados a modo de fibras vegetales. Se sabe que, hasta la fecha, dos especies micológicas diferentes son usadas en este proceso productivo: *Phellinus ellipsoideus* y *Fomitella* spp. Este «cuero», a diferencia del de origen animal, es capaz de soportar temperaturas cercanas a los 250 ºC sin degradarse, lo que ha abierto un abanico de potenciales aplicaciones. Asimismo, ya se han elaborado telas mixtas en las que fibras de origen natural —como algodón o lana— han sido enriquecidas con otras provenientes de micelios de *Ganoderma lucidum* y tres especies distintas del género *Pleurotus* —*P. ostreatus*, *P. eryngii* y *P. citrinopileatus*—. Si hace solo unos años la moda fúngica se circunscribía al ámbito de la gastronomía, a partir de ahora va a ser también protagonista en el mundo de la moda. Y puede apostar, sin miedo a equivocarse, a que el uso o consumo de setas y hongos en ambos ámbitos va a estar sujeto a modas —¿o debería decir recomendaciones de los más variados *influencers*?—.

Aunque parezca que lo que le estoy contando es ciencia ficción, lo cierto es que la popular modista y diseñadora británica Stella McCartney —sí, es la hija de ese McCartney en que está pensando— ha vendido bolsos creados con micelios fúngicos. El Frayme Mylo —así se llamaba este modelo— fue elaborado usando el «cuero» fúngico obtenido por la compañía Bolt Threads, especializada en la investigación y desarrollo de fibras más ecológicas y sostenibles. No es casualidad que este primer bolso confeccionado con «cuero vegano» fuese creado por Stella McCartney, pues desde 2017 ella y la citada compañía parecen compartir una estrategia común de *marketing*: la exclusividad de la que le hablaba anteriormente. Fíjese que los bolsos, en exclusiva edición limitada y numerada, salieron a la venta el pasado 1 de julio de 2022 y se agotaron a las pocas horas... ¡costando cada uno de ellos 1 200 euros! En palabras de su creadora, este bolso «se siente más elevado y con mayor presencia que el de cuero animal gracias a la forma en que se crea, ya que los micelios se cosechan como una capa espumosa que imita la microestructura del colágeno, dando al material final una calidez y esponjosidad imposibles para las alternativas sintéticas». Yo tengo una opinión formada al respecto, pero le dejo a usted sacar la suya propia.

En lo que sí coincide la comunidad científica es en que el «cuero» derivado de hongos es un material emergente sostenible y con un bajo impacto ambiental al reducir los riesgos causados por la producción de cuero bovino o los polímeros elásticos —y plásticos— utilizados en la industria textil. De los 109 millones de fibras textiles producidas durante el año 2020, aproximadamente el 52 % correspondían a poliester y, de ellas, aproximadamente el 15 % provenían de poliester reciclado, según se recoge en el Preferred Fiber & Materials Market Report. Asimismo, se estima que en los países miembros de la Unión Europea se tiran anualmente a la basura casi 6 millones de toneladas de productos textiles, de los que el 60 % están elaborados con materiales plásticos. Todo ello arroja como corolario el siguiente resultado: la industria de la moda es responsable del 20 % del desperdicio de agua en el mundo y el

Walterlan Papetti

La diseñadora Stella McCartney —en primer plano, con la mano sobre su pecho— es una fiel defensora de los derechos de los animales. Junto con la compañía Bolt Threads ha sido capaz de desarrollar un bolso a partir de «cuero» vegano.

10 % de las emisiones de gases de efecto invernadero, a lo que habría que añadir la liberación de microplásticos procedentes del lavado de estas prendas —que vierte al mar otras 500 000 toneladas adicionales de plástico—. Sirvan estos datos para poner de manifiesto una realidad que desde determinados sectores, con la inestimable colaboración de algunas divulgadoras científicas —que se comportan más bien como *influencers* buscando únicamente el patrocinio y el vil metal—, se empeñan en querer desmentir. ¡Negacionistas del daño ecológico por

microplásticos entre la comunidad científica! Quién lo habría dicho, ¿verdad? Comportándose de manera similar a los negacionistas que dicen aborrecer.

Solo unos pocos ponen en duda que la estrategia futura es reducir el impacto que nuestra actividad ocasiona sobre el medio ambiente —y, por extensión, sobre nuestra salud—. Esto no implica bajo ningún concepto que el «cuero vegano» sea la solución a todos nuestros problemas de índole medioambiental. Tampoco se trata de hacer un debate sobre la idoneidad de las alternativas emergentes en la industria textil centrado en las preferencias —ideológicas, moralistas o de cualquier otro tipo— de determinados colectivos. Tampoco se trata de abogar por la eliminación inmediata de todas las prendas de origen sintético, sino de reducir su fabricación y uso de manera progresiva atendiendo a la elevada huella ecológica y el impacto medioambiental que han demostrado tener. Tampoco deben tomarse estas palabras como un ataque a aquellas personas que destinan su vida al desempeño de la química, pues es un llamamiento y alegato en favor del desarrollo de tejidos ambientalmente más responsables. Con un valor añadido, ya que en el proceso de fabricación seguirán siendo necesarios los científicos. Porque estaremos de acuerdo en que los procesos de fabricación necesitarán de un gran dominio de la técnica y la puesta en marcha de una metodología de trabajo minuciosa, ¿verdad? Piénselo: los hongos son capaces de degradar el aserrín o las cáscaras de pistacho, pero el proceso puede agilizarse si somos capaces de conocer con detalle el proceso, ¿verdad? Si biólogos, biotecnólogos, químicos, bioquímicos, botánicos e ingenieros —y otros muchos empleos que requieran de la oportuna cualificación científica— colaboran, no solo tendremos más micelios fúngicos que «trenzar» y convertir en cuero, sino que, en última instancia, estaremos favoreciendo que los precios bajen. ¿O es que solo a mí me preocupa pagar 1 200 euros por un simple bolso?

PARA SABER MÁS

Bourdieu, Pierre F. *La distinción: Criterios y bases sociales del gusto.* Madrid: Taurus, 2012.

Christie, Ian. *El sonido de la bestia: Historia del Heavy Metal.* Barcelona: Ma Non Troppo, 2005.

Elkhateeb, Waill A., Galappaththi, Mahesh C. A., Wariss, H. M. y cols. «Fungi-derived leather (Mushroom leather)». *Myco-King*, n° 1 (2022): 1-9.

Jones, Mitchel; Huynh, Tien; Dekiwadia, Chaitali y cols. «Mycelium composites: a review of engineering characteristics and growth kinetics». *Journal of Bionanoscience* 11, n° 4 (2017): 241-257.

Jones, Mitchell, Gandia, Antoni, John, Sabu y Bismarck, Alexander. «Leather-like material biofabrication using fungi». *Nature Sustainability* 7 (2020): 1-8.

Silverman, Jillian, Cao, Huantian y Cobb, Kelly. «Development of mushroom mycelium composites for footwear products». *Clothing and Textiles Research Journal* 38, n° 2 (2020): 119-133.

Simmel, Georg. *Filosofía de la moda.* Madrid: Casimiro Libros, 2014.

Veblen, Thorstein. *Teoría de la clase ociosa.* Barcelona: Alianza, 2014.

VV. AA. *Preferred Fiber and Materials. Market Report 2020.* Textile Exchange, 2020. https://textileexchange.org/app/uploads/2021/04/Textile-Exchange_Preferred-Fiber-Material-Market-Report_2020.pdf

EN UN FUTURO NO MUY LEJANO…

«Si tú quieres ser feliz
vente conmigo a la Luna
que allí juntos encontraremos
la verdadera fortuna.
Allí podremos vivir
sin pagar contribuciones,
sin abusos ni problemas
y sin contaminaciones.
[…]
Vámonos pronto mi amor
sin que llegue a los oídos;
que pronto estará la Luna
igual que Torremolinos».
Rumba de la Luna, Comparsa
Charlatanes de feria

Diario del director operativo de MycoSpace, Paul Stamets Jr.
Entrada correspondiente al 15 de julio
del año 2175, calendario novaterrano:

Los trabajos realizados por los *tekné* de la empresa están comenzando a dar sus frutos. Como es de sobra sabido, después del Gran Desastre, una serie de oligarcas con inquietudes científicas tuvimos que tomar el control de la humanidad y emprender acciones políticas y económicas encaminadas a evitar lo que los antiguos investigadores conocían como el Colapso. No fue difícil sumarles a esta causa común, puesto que en su mayoría tampoco simpatizan con las políticas implantadas por los *negas*, principales responsables de esta situación de degeneración social, educativa y medioambiental que pretendemos revertir.

Por este motivo, en MycoSpace hemos decidido apostar decididamente por el estudio de los hongos. La intención es ofrecer herramientas variadas y soluciones eficientes a la ciudadanía que deposita su confianza en nuestro hacer. Sin ir más lejos, los trajes que portan nuestros obreros estelares están confeccionados con micelios fúngicos trenzados y convenientemente revestidos por una gruesa capa de 10 mm de espesor de Claspermio-231. Este novedoso tejido ha sido elaborado a partir de hifas y esporas de *Cladosporium sphaerospermum* que, después de ser sometido a un proceso de *mejora genética*, permite reducir al 0.1 % del total la cantidad de radiación a la que están expuestos los operarios. Y esta es solo una de las muchísimas patentes con las que cuenta actualmente nuestra corporación. Hemos decidido poner a los hongos en el centro de nuestra vida diaria, con resultados sorprendentes.

Actualmente, toda la población de Nova Terra calza zapatillas fungotecnológicas. Atrás quedó el polémico «cuero vegano», que en muchos casos solo era un polímero plástico que se asemejaba al de origen animal. A pesar de su popularidad inicial, no resultó ser el producto que demandaba nuestro accionariado: la ciudadanía de Nova Terra. Ventajas e inconvenientes de ser una empresa participada y con aportación a cargo del erario. Esta presión popular ha hecho posible que, en estos momentos, comercialicemos dos tipos de calzado basados en la micotecnología: uno, con fines deportivos, más ligero y con una disposición semidensa de micelios fúngicos de hasta tres especies diferentes de *Pleurotus*; y otro, más resistente a la comprensión, donde distintos tapetes de fibras de ostra rey (*Pleurorus eryngii*) se colocan imbricadamente girados entre sí 15° unos de otros. La obsolescencia de este tipo de calzado es algo que nos preocupa, pues rara vez superan los tres años de utilidad. No obstante, hemos solucionado un grave problema de índole medioambiental, un fenómeno que las autoridades gubernamentales de Paleo Terra no supieron o no quisieron solventar: la contaminación con plásticos asociada a la industria textil. Ahora, los residuos generados como consecuencia del deterioro de nuestros ropajes y calzados retornan a nuestras granjas fúngicas donde, después de descontaminar los suelos, vuelven a reincorporarse a la fabricación de diversos útiles.

A este respecto, debo decir que la factoría Kanesuke Hara, ubicada en la Prefectura del Bambú, es pionera en la descontaminación de suelos afectados por microplásticos. El proyecto Edible Fungi Bamboo Mutarium-1 consiste en hacer crecer a los hongos *Pleurotus ostreatus* y *Schizophyllum commune* sobre una fina lámina de gelatina de algas, que hace las veces de matriz, que retiene y pone a disposición de los hongos aquellos plásticos de los que se van a alimentar. Además de servir como fibra textil, los *tekné* de MycoSpace han conseguido que ambas especies puedan ser utilizadas como alimento en caso de hambrunas, hecho que en Nova Terra conocemos por los registros historiográficos obrantes en la Gran Biblioteca Cognos. Desde el fatídico día en que tuvo lugar el Gran Desastre, nadie en este planeta ha vuelto a morir como consecuencia del hambre o la desnutrición. El hecho de que nadie pasase hambre en este planeta era uno de los objetivos más ambiciosos planteados por todas aquellas personas que gobernaron Paleo Terra, pero han sido las brillantes mentes de los *tekné* de Nova Terra quienes lo han hecho posible. Por supuesto, gracias a los conocimientos micológicos aplicados a la agricultura, la ganadería, la ecología y la producción alimentaria.

Aunque MycoSpace está consiguiendo revertir los daños ocasionados por los *negas*, la transición entre Paleo Terra y Nova Terra aún es, a mi juicio, incompleta. Por este motivo, hemos creado una serie de filiales que muy pronto empezarán a funcionar a pleno rendimiento. Para ello he seleccionado a un heterogéneo grupo de *teknés* con conocimientos en biología, bioquímica, física, química, medicina, farmacología, patología, psicología e incluso sociología. Este sector de la ciudadanía va a ser especialmente necesario para que las etapas III y IV del *Plan de Descontaminación, Regeneración y Terraformación Espacial* lleguen a completarse sin contratiempos ni sobresaltos. Soy consciente de que cualquier tecnosociedad que se precie no puede depender en exclusiva de *teknés* con conocimientos en micología y botánica, por más que las noticias que lleguen desde los laboratorios Matilda Knowles y Andrew Price Morgan, ubicados en las Tierras Altas de Ultramar, sean realmente prometedoras. O precisamente por esto último. El Comité Validador de la Transferencia del Conocimiento Científico ha corroborado el hallazgo de nuestros *tekné*, quienes han conseguido aislar una serie compuestos con actividad farmacológica que podrían mejorar los síntomas de una enfermedad neurodegenerativa conocida como el olvido. Asimismo, estamos esperando que el Alto Consejo apruebe la nueva legislación que permita a quienes sufren de tristeza permanente tratarse con hongos con actividad enteogénica. Lamentablemente, la burocracia es la única enfermedad que Nova Terra arrastra desde tiempos *negas* y para la que los *tekné* no parecen haber encontrado ningún remedio prometedor. Y en este caso es particularmente llamativo, pues parece que algunas tribus pretecnológicas que habitaban Paleo Terra en regiones selváticas ya los usaban; sin embargo, los gobiernos más conservadores de cuantos formaron parte los *negas* prohibieron su uso por considerarlo una actividad peligrosa y un ritual insalubre. Para los *negas* la medicina era un negocio perverso que pretendía nuestro control mental; bajo esta premisa, dejaron morir a muchos inocentes que no tenían acceso al *cognos*. No me cabe duda de que también atacarán en tromba contra nuestros próximos y más brillantes logros y descubrimientos, motivo por el que defiendo que la Gran Biblioteca Cognos sea de uso universal, libre y gratuito. La educación es la mejor forma de arrebatar el poder a los *negas* y los *pseudotekné* —antiguos científicos que han acabado abrazando la causa *nega* por intereses espurios y deshonestos—.

Por este motivo he decidido donar a la conservación y ampliación de la Gran Biblioteca Cognos el 1.5 % de los beneficios generados con los proyectos Spatial Jewelry y Mushroom & Fungi Conservation. El primero de ellos surge como respuesta a la creciente demanda de lujosos materiales provenientes de la minería espacial para, de esta forma, cubrir las necesidades de los *potentados*, un grupo perteneciente a la élite económica y al que los *tekné* aceptamos a cambio de que sufraguen sus caprichos equiparando el desequilibrio existente entre ellos y los *arbeits*, los ciudadanos que más sufrieron los estragos del Gran Desastre. A diferencia del resto de empresas del sector, en MycoSpace apostamos por un modelo productivo que ha resultado ser muy ventajoso: en lugar de construir asentamientos fabriles permanentes en lugares como la Luna o Marte, algo que supone un elevado desembolso económico, la extracción de estos minerales la llevan a cabo hongos. Los *acumuladores* son capaces en nuestro planeta de retirar pequeñas cantidades de metales pesados o tóxicos. ¿Por qué no ir un paso más allá? La técnica ha avanzado muchísimo desde que a comienzos del milenio se describiese el potencial biorremediador de hongos como *Cantharellus cibarius* o *Hypholoma fasciculare* en la retirada del suelo de compuestos de neodimio o torio. Por entonces a algunos se les antojaba un rendimiento escaso; sin embargo, en mi modesta opinión, la solución no pasaba —ni pasa en la actualidad— por extraer más, sino de manera más eficiente: un taladro, en condiciones de microgravedad, va a esparcir en el entorno de la instalación toda una amalgama de materiales de diferente tamaño. Y estoy obviando de forma deliberada el consiguiente peligro que este hecho puede suponer para la mano de obra destinada a la realización de tal labor quien, por supuesto, estaría expuesta al impacto de estos improvisados proyectiles. En resumen, una situación absolutamente inaceptable según los estándares de Seguridad Laboral establecidos por el Convenio Interestelar Proletario. Por el contrario, si abonamos extensas planicies de suelo con hongos *acumuladores* previamente seleccionados para la extracción de materiales específicos, estaremos optimizando el proceso *biominero*. MycoSpace tiene sus miras puestas en la extracción de iridio y otros metales preciosos procedentes de diferentes asteroides y cometas de tamaño intermedio. En breve, podremos dar a conocer los detalles de la expedición a los medios de comunicación.

Por su parte, el Mushroom & Fungi Conservation forma parte de un proyecto mucho más ambicioso y que se encuentra en la propia razón de ser de esta corporación empresarial. Si en MycoSpace estudiamos los hongos y procuramos su conservación es con la finalidad de hacer la vida más fácil a la ciudadanía de Nova Terra. En muchas regiones de Paleo Terra las casas estaban pésimamente aisladas y requerían ingentes cantidades de energía para su refrigeración o calefacción, según se tratase del periodo estival o invernal. Es por ello por lo que hemos comenzado la producción en masa de unas viviendas unifamiliares a las que hemos denominado Gnome's House. Estas construcciones no solo cuentan con ladrillos fabricados a partir de diferentes estructuras fúngicas, sino que también están provistas de un aislamiento térmico elaborado a partir de la compactación de micelios de nuestro organismo modelo, *Pleurotus ostreatus*, con varios desechos agrícolas que, literalmente, eran pasto de las llamas. Este producto permite a quienes lo diseñan, construyen y disfrutan obtener una solución habitacional energéticamente más eficiente y a un precio menos costoso para nuestra salud y medio ambiente.

Nada nos preocupa más que la sostenibilidad, pues el desequilibrio fue lo que llevó a Paleo Terra al Gran Desastre. Por ese motivo, en todos los centros de estudio de Nova Terra se han incluido en los itinerarios académicos el análisis de textos clásicos de Carl Sagan o Rachel Carson y la comprensión y puesta en valor del legado audiovisual de otras grandes personalidades *pretertekné* como Félix Rodríguez de la Fuente, Jacques Cousteau o David Attenborough. Gracias a este avanzado y exigente plan de estudios, nuestros escolares conocen a la perfección que uno de los motivos que abocó a Paleo Terra al Gran Desastre fue el abuso de medios de locomoción basados en combustibles fósiles como el carbón, el petróleo o el gas natural. Por este motivo, la antigua empresa distribuidora de carburantes y gases licuados del petróleo ha sido adquirida por el Alto Comisionado para la Gobernación y ha comenzado la producción en masa de micodiesel siguiendo las enseñanzas de Gary Strobel. Desiertos como el del Sáhara, Atacama o Gobi ahora están cubiertos por extensas plantaciones de *Eucryphia cordifolia*, vulgarmente conocido como ulmo. Este árbol típico de la Región Kawésqar-Elki-Chili ha demostrado ser el único capaz de soportar una condiciones ambientales tan extremas como las que se dan actualmente en estas regiones de Nova Terra. A pesar de ser los que menos contribuyeron al Gran Desastre, los *moradores de las dunas* fueron, sin embargo, los que más sufrieron los estragos de semejante cataclismo. Por este motivo, FP —siglas de Fungi Petroleum— ha decidido hacer uso de su inestimable conocimiento del terreno y emplearlos en la recolección y extrusión de *Gliocladium roseum* con la finalidad de obtener los hidrocarburos volátiles con los que funcionan buena parte de nuestra industria del transporte.

Los retos futuros a los que la ciudadanía de Nova Terra se enfrenta son los mismos a los que MycoSpace busca dar solución. Y así se lo haré saber mañana a la Presidencia del Alto Comisionado durante su ronda semestral de visitas a nuestras instalaciones. En nuestra sociedad actual todos parecemos centrados en resolver problemas de índole económica o medioambiental, como si fuesen dos compartimentos estancos. Todos parecemos querer buscar soluciones para los desafíos a los que nos enfrentamos como sociedad, pero si los *tekné* ayudan a la ciudadanía *novoterrana* es gracias a que mejoran la comprensión del mundo que nos rodea. Nova Terra sigue siendo un mundo hostil y de difícil de comprensión que se ha cimentado sobre el rescoldo de un fuego que casi lo devora por completo.

Para saber más

Almpani-Lekka, Dimitra, Pfeiffer, Sven, Schmidts, Christian y Seo, Seung-il. «A review on architecture with fungal biomaterials: the desired and the feasible». *Fungal Biology and Biotechnology* 8, n.º 1 (2021):17. https://link.springer.com/article/10.1186/s40694-021-00124-5

Campos, Juan A., Tejera, Noel A. y Sanchez, Carlos J. «Substrate role in the accumulation of heavy metals in sporocarps of wild fungi». *Biometals* 22 (2009): 835-841.

León, Pedro . «*Asteroides: La clave del futuro de la humanidad en el espacio*» publicado en 2024 en Asociación Astronomía Sevilla (57:41). https://www.youtube.com/watch?v=p0iVN-Gq8q_0&t=1s&ab_channel=Actividades-Astronom%C3%ADaSevilla

Medyl, Małgorzata, Falandysz, Jerzy y Chidi Nnorom, Innocent. «Scandium, yttrium, and lanthanide occurrence in Cantharellus cibarius and C. minor mushrooms». *Environmental Science and Pollution Research* 30 (2023): 41473-41484. https://link.springer.com/article/10.1007/s11356-023-25210-6

Strobel, Gary. «The story of mycodiesel». *Current Opinion in Microbiology* 19 (2014): 52-58.

De Veen, Bas T. H.; Arnt, F. A. y cols. «Psilocybin for treating substance use disorders?». *Expert Review of Neurotherapeutics* 17, nº 2 (2017) 203-212.

Zajac, Julia. «Fungi as a solution to microplastic solution: A qualitative study examining the opportunities and obstacles of implementing mycoremediation in Swedish agricultural soils from a perspective of ecological sustainability», trabajo de fin de grado (Universidad de Göteborg, 2023). https://gupea.ub.gu.se/bitstream/handle/2077/79152/zajac-julia_144018_7462074_Fungi%20as%20a%20potential%20solution%20to%20microplastic%20pollution.pdf?sequence=1&isAllowed=y

EPÍLOGO

«Las despedidas te hacen pensar.
Te hacen darte cuenta de lo que has tenido,
de lo que has perdido y de lo
que has dado por sentado».
Ritu Ghatourey

Lo que acaba de leer es un relato de ficción —si se me permite la osadía— conocido con el nombre de ficción especulativa de tintes ecológicos o ecotopía. No es casual la inclusión de esta pieza al final de este volumen, pues trata de servir de corolario a todo lo que hemos ido dando a conocer a lo largo de estas páginas. Debemos ser conscientes —y este es el motivo por el que surge este libro— de que los hongos ya no son ese grupo de microorganismos descomponedores del que única y exclusivamente sacar rédito cuando intervienen en la elaboración de productos de consumo tan populares como el queso, la cerveza, el pan o el vino. Son organismos tan versátiles que, solo en los últimos años, hemos empezado a comprender el importante y complejo papel que juegan en los ecosistemas o los problemas que se derivan de su disbiosis. Obviamente, esta es una parte de la historia que aún está por escribir y, aunque el futuro es prometedor, nada puede asegurar que las cosas sucedan tal y como he apuntado hace solo unas páginas. Algunos caminos han comenzado a explorarse de manera más o menos satisfactoria mientras otros están apenas sin «pavimentar». ¿Qué hace falta para «pavimentarlos»? Principalmente, financiación, aunque no solo basta con esto. Urge formar más especialistas en la disciplina y, en segundo lugar, integrarlos en rutinas de trabajo inter y transdisciplinares.

No creo que nadie dude de que una base sólida sirve de cimentación para construir un proyecto ilusionado. Al hilo de esto último, me gustaría hacer con usted, estimado lector, una reflexión. Dentro de poco se cumplirá el 50 aniversario de la Asociación Española de Micología. A diferencia de otras, es una institución muy joven —la Sociedad de Ciencias de Aranzadi cumplirá, por las mismas fechas, su 80 cumpleaños—, lo que *a priori* podría denotar la falta de interés mostrada desde un primer momento en la materia. Sin embargo, me gustaría detenerme en una realidad que me resulta aún más dolorosa: en la asociación, la mayoría de sus integrantes tienen empleos vinculados con la medicina, la veterinaria, la biología o la farmacia. ¿Dónde quedan disciplinas como la química o la ingeniería? Y esto puede hacerse extensivo al resto de asociaciones micológicas de ámbito local, provincial o regional. Si a esto añadimos la dificultad creciente de encontrar expertos taxonómicos en grupos tan complejos como los *Aphelidiomycota* —un grupo de hongos parásitos de macroalgas—, la tarea de conocer, reconocer y caracterizar fisiológicamente a estos microorganismos se vuelve áspera.

Imagino que se estará preguntando quién es el responsable de esta situación. Y la verdad es que no sabría decir quién o quiénes son los principales culpables de esta deriva. Sí puedo decir que, salvo honrosas excepciones, en los grados de Biología la micología no cuenta con una asignatura propia como tal, siendo incluida indistintamente dentro de asignaturas como Botánica o Microbiología. Esta podría ser una solución —parcial, lo sé— al problema, pero por algún sitio hay que empezar a construir la casa. Y mejor hacerlo construyendo unos cimientos sólidos, ¿no? No obstante, también creo que para construir ese futuro un tanto utópico que le acabo de describir en el último capítulo de esta obra es necesario conocer de dónde venimos. Por eso, también he creído pertinente hacer mención de otros episodios menos futuristas, pero igualmente protagonizados por unos seres que, a pesar del pánico que nos han inculcado que debemos tenerle, no nos resultan ajenos. Estoy seguro de que, de una u otra manera, todos nos hemos topado con alguna seta de cuantas protagonizan Super Mario, ha degustado un revuelto de espárragos con champiñones de París o ha sufrido humedades en su vivienda como consecuencia de un aislamiento deficiente. Todas ellas son historias fúngicas que, a mi juicio, no se han contado con el cariño y la trascendencia —o importancia— que merecen. Porque si de algo estoy convencido es de que los hongos «necesitan» que nos acerquemos a ellos con curiosidad y sin temor.

Espero que este libro haya conseguido hacer virtud de una necesidad y haber inoculado la espora de la curiosidad micológica en usted, querido lector. He puesto en cada una de estas páginas toda mi ilusión para desterrar del ostracismo la idea de que la micología es una disciplina árida, compleja e insulsa. ¿Lo he conseguido? Confío en que me lo haga saber. Y si es así, que se acerque a la asociación micológica más cercana a su domicilio para seguir aprendiendo de tan grandes profesionales.

AGRADECIMIENTOS

«Debemos encontrar tiempo para detenernos y agradecer
a las personas que marcan la diferencia en nuestras vidas».
John Fitzgerald Kennedy

Este libro no habría visto la luz sin el apoyo de mis familiares
y amigos, qué duda cabe. Como cabe la posibilidad de que me
deje fuera del listado a alguno de los integrantes del primer
grupo, quiero hacer extensiva mi gratitud a todos cuantos conforman la familia Bazo Coronilla, incluyendo a los integrantes
que lo son en condición de consortes. Dentro de esta categoría,
como no podría ser de otra forma, destaco la figura de mis padres, Eduardo y Loli, que son el primer filtro para las páginas
que ha tenido a bien leer durante esta travesía micológica.

Siguiendo con la familia, no puedo olvidarme de esa de la
que he elegido formar parte, los amigos. No quiero olvidarme
de Los Utreranos Ilustres, hombres de ciencia que, en muchos
casos, han tenido que marchar a lugares remotos para dedicarse
a esta ingrata y denostada disciplina. A «Ruchi», Antonio, Juan
Jesús y Arias: un millón de gracias por el apoyo, las bromas y las
discusiones filosófico-trascendentales con las que pretendemos
arreglar el mundo, en la mayor parte de las ocasiones almuerzo
mediante. Soy consciente de las muchas horas de ausencia que

331

debo restaurar. De igual manera, también les debo salidas nocturnas a los Astrónomos Fallidos: Antonio, Manuel, Laura, Fali y Pedro. Porque, aunque no lo digáis, sé que me echáis en falta.

Si este libro ha terminado siendo mejor que cuando empecé a escribirlo, eso es gracias a la desinteresada labor de personas como Ginesa Blanco, Sonia Fernández, Thuban Rodríguez, Carlos Lobato y Daniel Torregrosa. Sus correcciones o apostillas me han permitido en innumerables ocasiones depurar el texto y mejorarlo. Es más, muchas de las curiosidades que aquí se cuentan han surgido después de reflexionar sobre diferentes conversaciones surgidas al amparo de un café o una anodina conversación telefónica. Dar las gracias también a Rosa María Mateos, por la interesantísima lección magistral ofrecida sobre vinos y demás aspectos relacionados con la viticultura, que me han permitido aprender sobre la materia y desterrar algunas ideas preconcebidas sobre la materia.

A Eugenio Manuel Fernández, por la confianza depositada tanto en mí como en el proyecto. A Curro, Tamara, Álex, Jacqueline, Aitor, Rosa y los demás empleados de los bares La Fuente I y La Fuente II, por los cafés, las conversaciones y las mil y una veces en las que me he marchado para grabar una nota de voz o apuntar alguna «idea brillante». Muy especialmente a Curro Jr., con quien las horas de tertulia han inspirado algunos de los capítulos que ha podido disfrutar aquí.

Al comando Córdoba, capitaneado por Rafi. A Rafa, Paqui, Elena, «los Pedros», Anahí y todos cuantos integran la comunidad de padres y alumnos del Centro de Altas Capacidades de Córdoba, que tan bien me han acogido y aceptado.

A los compañeros de facultad, a los que el tiempo ha tenido a bien poner nuevamente en mi camino, en esta ocasión, en forma de grupo de juegos de mesa: Vane, Frank, Víctor y Ángel. Gracias por las horas de entretenimiento y por recordar una época de nuestras vidas en la que éramos más jóvenes.

A los trabajadores de la Biblioteca Municipal de Utrera, que con tanto cariño me tratan siempre: Paqui, Ana, Ángela y Julián. Gracias por las recomendaciones y la ayuda prestada en cada una de mis consultas.

Y a ti, estimado lector, por la confianza depositada. Espero que este libro haya sido de tu agrado y te haya invitado a seguir descubriendo los entresijos de este fascinante mundo.

Este libro se terminó de imprimir en el mes de febrero de 2025 en Liberdúplex S.L. (Barcelona).